计算机安全

余粟　周伟　张辉　编著

清华大学出版社
北京

内 容 简 介

本书对计算机安全学的基本原理和应用进行了系统的阐述，讨论了计算机安全领域中最基础、最普遍的问题。全书共三大部分，分为9章，第一部分介绍了计算机安全的基本技术与原理，概述支持各种有效安全策略所必需的技术领域；第二部分是关于密码学的基本原理，包括编码算法以及各种基本类型的加密算法及其安全机制；第三部分是计算机网络安全的基本知识，关注的是为在Internet上进行通信提供安全保障的原理和措施，介绍计算机网络安全方面的应用。此外，各章后面都有一定数量的习题供读者练习，以加深对书中内容的理解。

本书可作为高等院校计算机及相关专业的教材，亦可作为计算机从业人员的参考书或广大电脑爱好者的自学读物。

图书在版编目(CIP)数据

计算机安全/余粟，周伟，张辉编著．—北京：清华大学出版社，2017
ISBN 978-7-302-38972-9

Ⅰ．①计…　Ⅱ．①余…　②周…　③张…　Ⅲ．①计算机安全　Ⅳ．①TP309

中国版本图书馆CIP数据核字(2017)第311998号

责任编辑：张占奎
封面设计：常雪影
责任校对：赵丽敏
责任印制：宋　林

出版发行：清华大学出版社
网　　址：http://www.tup.com.cn，http://www.wqbook.com
地　　址：北京清华大学学研大厦A座　**邮　　编**：100084
社 总 机：010-62770175　**邮　　购**：010-62786544
投稿与读者服务：010-62776969，c-service@tup.tsinghua.edu.cn
质量反馈：010-62772015，zhiliang@tup.tsinghua.edu.cn
印 装 者：北京密云胶印厂
经　　销：全国新华书店
开　　本：185mm×260mm　**印　　张**：12.75　**字　　数**：289千字
版　　次：2017年10月第1版　**印　　次**：2017年10月第1次印刷
印　　数：1～2000
定　　价：38.00元

产品编号：032423-01

前言

foreword

计算机安全问题已经被高度重视。越来越多的计算机联网，包括因特网、内联网和外联网，对计算机安全有着深刻的影响。通过网络远程方便地访问的最大风险是让系统变得更脆弱。正如计算机更容易被访问那样，攻击的威胁也随之增加。通过本书的学习，你将对计算机安全有全面系统的了解。作为高校的教材，能很好地把计算机安全的理论和应用结合起来。它既详细介绍了有关计算机安全的基础理论知识，又把目前计算机安全出现在实际中的问题作了分析，充分达到了计算机专业对于该专业学生对于计算机安全教育的目的。通过本书的学习，知道什么是计算机安全，以及它的理论体系和应用原理，懂得如何防范简单的安全问题。本书提供了一个基本的安全框架，读者可以对它进行增补以实现最大限度保护自己的信息系统和资源的目的。

本书系统地介绍计算机安全的基本原理与应用技术。全书包括 9 章。第 1 章计算机安全概述，讲解计算机安全的基本原理和基本模型，介绍什么是计算机安全、基本安全服务、对于安全的威胁、对应的基本策略和机制等；描述计算机安全所关心的问题，并探讨计算机安全所面临的问题和挑战，为其他章节的展开打下了基础；第 2 章计算机安全与访问控制，包括访问控制矩阵和基础结论等；第 3 章安全模型，包括经典模型、访问控制模型以及信息流模型等；第 4 章密码学概述，包括密码学基础、多种不同密钥管理、密码技术和认证等；第 5 章现代加密技术，包括不同加密技术的原理介绍和实现描述；第 6 章密钥管理技术，介绍了密钥的分类、密钥的产生以及密钥的分配等相关原理和技术；第 7 章计算机网络安全，介绍网络安全的基础知识和分类等；第 8 章网络操作系统安全，包括网络操作系统安全概念的介绍以及具体的网络操作系统安全策略的介绍；第 9 章计算机病毒，包括计算机病毒概念的介绍以及几种常见计算机病毒防治的介绍，深入浅出，循行渐进地围绕计算机安全的主题进行了详细的讨论。各章配有相关的习题，便于教学和自学。

本书围绕计算机安全的定义，从理论和实际应用两方面进行了深入浅出的论述，非常适合作为高校还没有设置计算机安全专业的学生教材，也可以作为计算机安全专业学生的基础课或者导论课教材，同时也可供从事信息安全、计算机、通信等领域的科技人员参考。本书理论讲得透彻，应用举例分析得具体实际。

在这里非常感谢 Dr. Jon. J. Brewster，是他促使了这本书的撰写并对本书提出许多好的建议。感谢我们的家人，有了你们的支持我们才有信心完成这本书。

作　者

2017 年 1 月

contents

第1章

计算机安全概述

1.1 不安全因素

随着时代的发展，计算机安全也具有了一些新的含义，它更加积极和普及了，也出现了一些涉及各行各业的旨在提供安全培训和认证的推广。例如，提醒消费者的身份有否被盗窃，给武器专家提供采取与国家安全有关的预防措施等，同时也帮助普通人提高了对黑客的认识。关于计算机和网络安全的新的重点逐渐地放在了普通用户的电脑上，因为一个用户的安全通常会影响到所有网上用户的安全，网络的安全是关乎每个人的。

当今，计算机网络的信息共享和资源共享等优点，日益受到人们的注目，并获得广泛的应用。同时，随着 Internet 应用范围的扩大，使得网络应用进入到一个崭新的阶段。一方面，入网用户能以最快的速度、最便利的方式及最廉价的费用，获得最新的信息，并在国际范围内进行交流；另一方面，随着网络规模越来越大和越来越开放，网络上的许多敏感信息和保密数据难免受到各种主动或被动的人为攻击。也就是说，人们在享受计算机网络所提供的益处的同时，必须考虑如何对待网络上日益泛滥的信息垃圾和非法行为，即必须研究网络安全问题。

众所周知，利用计算机环境进行全球通信已成为时代发展的必然趋势。但是，如何在一个开放式的计算机网络物理环境中构造一个封闭的逻辑环境来满足国家、群体和个人实际需要，已成为必须考虑的实际问题。互联的计算机网络常常由于节点分散、难以管理等问题，而受到攻击和蒙受分布操作带来的损失。若没有安全保证，则会给系统带来灾难性的后果。

无论是在一个独立的计算机上还是对于互联网上的计算机，计算机用户都不得不开始面对前所未有的关于隐私权部分的威胁，不得不付出对付这些威胁的代价。为了解决泄露隐私的问题，各国制定了大量的发挥了很大作用的新的法律，它们尽量让信息免遭广泛传播，规范公司之间金融信息的交换。这些新的法律都有很长的名称，如健康保险流通与责任法案（HIPAA Health Insurance Portability and Accountability Act），以及家庭教育权利与隐私权法（FERPA Family Educational Rights and Privacy Act）。这些法律使有意泄露个人信息的行为成为犯罪，并经常通报被掩盖的发生在计算机安全方面的罪行，以避免机构或公司再次出现类似这样的事情。

普通的用户，从早上登录一直要到晚上才关机（如秘书或商场的售货员），他们从没有想到安全问题。事实上，他可能没有想到，蠕虫或其他攻击一直影响他正在工作的计算机。现在，公众的计算机安全意识急剧上升。计算机安全方面的知识已经出现，越来越多的文章警告公众对病毒和其他危险的防范。媒体还介绍一系列的解决办法，从改变上网习惯，到增加防火墙和入侵保护系统等。

1.2 安全历史

计算机安全是一个热点话题，包括安全法规和标准的发展，安全机制的研究，关于如何保护信息的安全和由此带来的维护费用等。通过总结关键事件的历史，可以看到计算机安全的发展。

1793 年，法国的 Chappe 兄弟在位于巴黎附近的两个地点之间建立了第一个商业信号灯系统（使用机械化）。由于拿破仑喜欢它，很快便在法国就有了信号系统，后来该系统蔓延到意大利、德国和俄罗斯，雇用数千名人员来操作，运作速度约为每分钟 15 个字符。但在英国信号灯并不很成功，主要是因为英国的雾和工业革命的烟雾影响较大。在美国，信号系统也得到了很好应用，至今留下了众多的社区地理名称，如信号山等。

塞缪尔 F. B. 莫尔斯发明电报引来了人们对于传输信息保护机制的关注。仅在其后一年，一个商业加密代码的开发保证了传播信息的秘密。

在 1881 年电话发明后的五年内，一个关于声音干扰的专利被提交。

在 20 世纪 20 年代，政府和犯罪势力使用电话窃听导致舆论哗然，美国国会听证会最终立法禁止了大多数窃听行为。

在 20 世纪 30 年代，第六通信法禁止未经授权的有线或无线电的通信拦截和传播，但同时赋予总统某些权力，以处理在战争或其他国家紧急事件的通信事项。

在 20 世纪 40 年代，关于控制原子能源信息的扩散促成了 1946 年的原子能法，是针对需要特别保护的信息和对其传播的处罚。类似的管制已经实施在其他的科学领域中并取得新的进展。

在 20 世纪 90 年代，主要关注不仅要抵挡不法人员，还要更好抵挡不良的代码。病毒已经出现了一段时间，它发生在家庭和企业电脑的数量急剧增加，计算机病毒开始困扰和计算机打交道的每一个人。

在 21 世纪初，病毒已经分化成间谍软件，它可以检测并暴露用户在网上的活动，其中有些恶意广告在介绍商品同时也有针对性地传播恶意软件，其目的是造成损害或是进行进一步非法目的。

在2001年的“9·11”恐怖袭击后，美国国土保护法对于私人通信信息的收集实施了广泛的行政权力。

在计算机发展的早期，计算机系统是非常庞大的、罕见的和非常昂贵的。很自然，人们只需要尽力地去保护一台计算机。计算机安全纯粹是一般的物理安全问题。如计算机楼和房间的守卫，防止除计算机操作人员以外人员的入侵和破坏。物理安全的重点在于防止非法闯入，盗窃计算机设备，破坏磁盘、磁带或其他设备。当时很少人知道如何使用计算机，大多数用户从来没见过电脑。随着时代的变迁，在20世纪60年代末和70年代，网络极大地改变了人们的通信方式。用户可以通过终端计算机直接与系统进行交互，给了用户更多的权力和灵活性，但也由此带来了新的危险。

偏远地区的用户能够访问计算机以及共享程序和数据，从根本上改变了计算机的应用。大型企业开始自动存储有关客户和供应商的在线信息和商业交易。网络把小型计算机联系在一起，让它们互相沟通。越来越多的人知道如何使用计算机。今天，如果一些资源在你的计算机中找不到，则可以将这台机器连接到另一台具有这些资源的计算机。不可避免地，网络系统及信息供应增加导致滥用。计算机安全问题逐渐扩大。相比以前担心外人侵入计算机设施和设备(间或是计算机操作人员的失误)，现在不得不担心被不留痕迹的入侵者窃取或篡改资料。计算机犯罪事件开始时有报道。对有关金融、法律和医疗共享网上的数据库记录的可用性构成了非常大的威胁。随着计算机终端和调制解调器的普及，这些危险正在加剧。

20世纪80年代开始，互联网技术飞速发展。1987年，世界各地的计算机用户几乎同时发现了形形色色的计算机病毒，如大麻、IBM圣诞树、黑色星期五等。1988年3月2日，一种苹果机的计算机病毒发作，当天受感染的苹果机停止工作，只显示“向所有苹果计算机的使用者宣布和平的信息”，以庆祝苹果机生日。但计算机病毒开始大肆流行是在1988年11月2日。美国康奈尔大学23岁的研究生罗特·莫里斯制作了一个蠕虫病毒，并将其投放到美国Internet网络上，致使计算机网络中的6000多台计算机受到感染，许多联网计算机被迫停机，直接经济损失达9600万美元。1990年1月发现首例隐藏型计算机病毒“4096”，它不仅攻击程序还破坏数据文件。自从1987年发现了全世界首例计算机病毒以来，病毒的数量早已超过1万种，并且还在以每年两千种新病毒的速度递增，不断困扰着涉及计算机领域的各个行业。1997年，随着万维网(World Wide Web)上Java语言的普及，利用Java语言进行传播和资料获取的病毒开始出现，典型的代表是JavaSnake病毒，还有一些利用邮件服务器进行传播和破坏的病毒，例如Mail-Bomb病毒，它会严重影响因特网的效率。1989年，俄罗斯的Eugene Kaspersky开始研究计算机病毒现象。从1991年到1997年，俄罗斯大型计算机公司KAMI的信息技术中心研发出了AVP反病毒程序。这在国际互联网反病毒领域具有里程碑的意义。防火墙是网络安全政策的有机组成部分。1983年，第一代防火墙诞生。到今天，已经推出了第五代防火墙。进入21世纪，政府部门、金融机构、军事军工、企事业单位和商业组织对IT系统的依赖也日益加重，IT系统所承载的信息和服务的安全性就越发显得重要。2007年初，一个名叫“熊猫烧香”的病毒在极短时间内通过网络在中国互联网用户中迅速传播，曾使数百万台计算机中毒，造成重大损失。近年来，我国互联网用户保持持续快速增长，截至2015年

12 月，中国网民规模达 6.88 亿，超过美国居全球首位。与此同时，网络“黑客”犯罪行为也日益猖獗。2008 年 12 月 22 日，我国全国人大常委会开始审议的刑法修正案（七）草案特地增加相关条款，严惩网络“黑客”犯罪。

1.3 基本安全服务

在不同的时代对计算机安全一词的解释是不同的。早期，计算机安全强调对于被放置在房子中的计算机核心的安全，使房子免受破坏，同时提供不断冷却和持续供电。当计算机进入互联网时代时，计算机安全的问题尤其重要，如维护和保护数据的有效性，防止数据窃取和网络攻击。计算机安全建立在保密性（confidentiality）、完整性（integrity）和可用性（availability）之上，也称 CIA 三元组。对它们的解释也随着它们所源自环境的不同而不同。

1.3.1 保密性

保密性是指确保信息资源不暴露给未授权的实体和进程，即信息的内容不会被未授权的第三方所知。防止信息失窃和泄露的保障技术称为保密技术。信息保密的需求来自计算机在敏感领域的使用，比如政府和企业。政府中的军事、民事机构经常对需要获得信息的访问人群设定限制。最早是由于军事部门试图实现控制机制，导致了计算机安全领域中最早的形式化研究工作的出现。这一原则同时也适用于企业，它可保护企业的专利设计的安全，避免竞争者窃取设计成果。

访问控制机制支持保密性。其中密码技术就是一种保护保密性的访问控制机制，这种技术通过对数据进行编码，使数据内容变得难以理解。密匙控制着非编码数据的访问权，当然这样一来，密匙本身又成为另一个有待保护的数据对象。例如：加密一份人事档案可防止任何人阅读它，只有密匙的拥有者能够将密匙输入解密程序以查看它。然而，如果在密匙输入解密程序时，其他人能读取该密匙，则这份人事档案的保密性就被破坏了。对一些重要场所如导弹发射的同行检验等情况下，通常必须有两人或多人同时参与才能生效的方法，引入了门限方案的概念，即把密钥分成 n 份，由 n 个人持有，必须其中的 k 个部分都知道，才能构造出原来的密钥。由简单的概率知识我们知道这种方案比单人持有密钥安全得多。

其他一些依赖于系统的机制能够防止信息的非法访问。不同于加密数据的是，受这些控制保护的数据只有在控制失效或者控制被旁路时才被读取，因此它们的优点中也存在相应的缺点。这些机制能比密码技术更完整地保密数据，但如果机制失效或被攻破，则数据就变为可读的了。

资源隐藏是保密性的另一个重要课题。某个站点通常希望隐藏其配置信息及其正在使用的系统，机构也不希望别人知道他们的某些特有设备（否则这些设备会被非法使用或者被误用);同样,从服务提供商处获取按时租借服务的公司不希望别人知道他们正在使用哪些资源,访问控制机制能提供这些功能。保密性也同样适用于保护数据的存在性,存在性有时候比数据本身更能暴露信息。所有实施保密性的机制都需要来自系统的支持服务,这就引出了操作系统和应用程序的安全、编码的安全。

1.3.2 完整性

完整性是指信息未经授权不能进行更改的特性,即信息在存储或传输过程中保持不被偶然或者蓄意地删除、修改、伪造、乱序、重放、插入等破坏和丢失的特性。完整性要求信息不会受到各种因素的破坏。影响完整性的主要因素有设备故障、误码、人为篡改和计算机病毒等。完整性包括数据完整性(即信息的内容)和来源完整性(即数据的来源)。信息的来源会涉及来源的准确性和可信性,也涉及人们对此信息所赋予的信任性。例如,某份报纸可能会刊登从企业内部泄露出来的信息,却声称信息来自于另外一个信息源。信息按原样刊登(即保持数据完整性),但是信息的来源不正确(即破坏了来源的完整性)。

完整性机制可分为两大类,即预防机制和检测机制。

预防机制通过阻止任何未经授权的改写数据的企图,或通过阻止任何使用未经授权的方法改写数据的企图,以确保数据的完整性。区分这两类企图是很重要的。前者发生在当用户企图改写未经授权修改的数据时,而后者发生在已经授权对数据做特定修改的用户试图使用其他手段来修改数据。例如,假设有人入侵一个计算机的财务系统,并企图修改账目上的数据,即一个未经授权的用户在试图破坏财务数据库的完整性。但如果是被公司雇用来维护账簿的会计想挪用公司的钱款,他把钱款寄到海外,并隐瞒这次交易的过程,即用户(会计员)企图用未经授权的方法(把钱款转移到其他银行的账户上)来改变数据(财务数据)。适当的认证与访问机制控制一般都能够阻止外部侵入,但要阻止第二类企图就需要一些截然不同的控制方法。

检测机制并不能阻止完整性的破坏,它只是报告数据的完整性已不再可信。检测机制可以通过分析系统事件(用户或系统的行为)来检测出问题,或者(更常见的是)通过分析数据本身来查看系统所要求或者期望的约束条件是否依然满足。检测机制可以报告数据完整性遭到破坏的实际原因(某个文件的特定部分被修改),或者仅仅报告文件现在已被破坏。

与处理保密性相比,处理完整性有很大的差别。对保密性而言,数据或者遭到破坏,或者没有遭到破坏,但是完整性则要同时包括正确性和可信性。数据来源(即如何获取数据和从何处获取数据)、数据在到达当前机器前受到的保护程度、数据在当前机器中所受到的保护程度等都影响数据的完整性,可见评价完整性通常是很困难的,因为它还取决于数据源的假设和关于数据源的可信性的假设,这是两个常常被忽略的安全基础。

1.3.3 可用性

可用性是信息系统可被授权实体访问并能够按需求提供信息服务的特性。可用性是系统可靠性与系统设计中的一个重要方面,因为一个不可用的系统所发挥的作用还不如没有。可用性之所以与安全相关,是因为有人可能会蓄意地使数据或服务失效,以此来拒绝对数据或服务的访问。授权用户或实体需要信息服务时,信息服务应该可以使用;当信息系统部分受损或需要降级使用时,仍能为授权用户或实体提供有效服务。可用性一般用系统正常使用的时间和整个工作时间之比来度量。得到授权的实体在需要时可访问资源和服务。可用性是指无论何时,只要用户需要,信息系统必须是可用的,也就是说信息系统不能拒绝服务。例如,网络最基本的功能是向用户提供所需的信息和通信服务,而用户的通信要求是随机的、多方面的(话音、数据、文字和图像等),有时还要求时效性。网络必须随时满足用户通信的要求。攻击者通常采用占用资源的手段阻碍授权者的工作。可以使用访问控制机制阻止非授权用户进入网络,从而保证网络系统的可用性。增强可用性还包括如何有效地避免因各种灾害(战争、地震等)造成的系统失效。

企图破坏系统的可用性称为拒绝服务攻击,这可能是最难检测的攻击,因为这要求分析者能够判断异常的访问模式是否可以归结为对资源或环境的蓄意操控。统计模型的本质注定要使得这种判断非常复杂。即使模型精确地描述了环境,异常事件也仅仅对统计学特性起作用。故意使资源失效的企图可能仅仅看起来像异常事件,或者可能就是异常的事件。但在有些环境下,这种企图甚至可能表现为正常事件。

以上三个信息安全属性在世界范围内得到了共识,各国专家对此均无异议。但是对于信息安全的其他属性,信息安全界则没有统一的意见。在我国强调较多的还有信息的可控性(controllability)和不可否认性(non-repudiation)。可控性是指能够控制使用信息资源的人或主体的使用方式。对于信息系统中的敏感信息资源,如果任何主体都能访问、篡改、窃取以及恶意散播的话,安全系统显然会失去了效用。对访问信息资源的人或主体的使用方式进行有效控制,是信息安全的必然要求。从国家层面看,信息安全的可控性不但涉及信息的可控性,还与安全产品、安全市场、安全厂商、安全研发人员的可控性紧密相关。

不可否认性也称抗抵赖性、不可抵赖性。它是传统的不可否认需求在信息社会的延伸。人类社会的各种商务和政务行为是建立在信任的基础上的。传统的公章、印章、签名等手段便是实现不可否认性的主要机制。信息的不可否认性与此相同,也是防止实体否认其已经发生的行为。信息的不可否认性分为原发不可否认(也称原发抗抵赖)和接收不可否认(接收抗抵赖)。前者用于防止发送者否认自己已发送的数据和数据内容;后者防止接收者否认已接收过的数据和数据内容。实现不可否认性的技术手段一般有数字证书和数字签名。

1.4 威胁

威胁是对安全的潜在破坏，这种破坏不一定要实际发生才成为威胁。破坏可能发生的这个事实意味着必须防止(或预防)那些可能导致破坏发生的行为，这些行为称为攻击，行为的完成者或者导致行为完成的人称为攻击者。

有三种安全服务——保密性、完整性和可用性——能减少系统安全的威胁。威胁可分为四大类：泄露，即对信息的非授权访问；欺骗，即接受虚假数据；破坏，即中断或妨碍正常操作；篡夺，即对系统某些部分的非授权控制。因为威胁是普遍存在的，所以这些问题将重复出现在整个计算机安全学的学习过程中。以下将对每一种威胁进行简单介绍。

嗅探，即对信息的非法拦截，它是某种形式的信息泄露。嗅探是被动的，即某些实体仅仅是窃听(或读取)消息，或者仅仅浏览文件或系统信息。搭线窃听或被动搭线窃听是一种监视网络的嗅探形式(称它为搭线窃听，是因为线路构成了网络，在不涉及物理线路时也使用这个术语)。保密性服务可以对抗这种威胁。

篡改或更改是对信息的非授权改变。篡改的目的可能是欺骗。欺骗过程中，一些实体要根据修改后的数据来决定采取什么样的动作，或者不正确的信息会被当做正确的信息接收和发布。如果被修改的数据控制了系统操作，就会产生破坏和篡夺的威胁。与嗅探不同的是，篡改是主动性的，其起因是某实体对信息做出变更。主动搭线窃听是篡改的一种形式，在窃听过程中，传输于网络中的数据会被更改，“主动”使得主动搭线窃听有别于嗅探(被动搭线窃听)。中间人攻击就是一种主动搭线攻击的例子：入侵者从发送者那里读取消息，再将(可能修改过的)同版本的消息发往接收者，希望接收者和发送者不会发现中间人的存在。完整性服务能对抗这种威胁。

伪装或电子欺骗，即一个实体被另一个实体假冒，是兼有欺骗和篡夺的一种手段。这种攻击引诱受害者相信与之通信的是另一个实体。例如，如果某用户试图通过 Internet 登录一台计算机，但实际却进入了另一台自称是前者的机器，这样用户就被欺骗了。类似情况还包括：如果某用户尝试去读取一个文件，但是攻击者却给他准备了一份不同的文件，这也是一种欺骗。

伪装可以是被动攻击(用户并不想认证接受者的身份，而直接访问它)，但通常是主动攻击(冒充者发出响应来误导用户，以隐瞒身份)。尽管伪装的主要目的是欺骗，但攻击者也常常通过伪装来冒充被授权的管理员或控制者，以篡夺系统的控制权。完整性服务(在此称为“认证服务”)能对抗这种威胁。

某些形式的伪装是允许的，比如委托发生在一个实体授权另一个实体代表自己来行使职责之时。伪装与委托之间存在重大的差别。如果 Susan 委托 Thomas，让他代表自己，即 Susan 赋予 Thomas 执行特别操作的许可，就像是她自己在执行这些操作一样。各方都知道这种委托关系。Thomas 不会假装成 Susan；相反，他会说：“我是 Thomas，并且我有权代表 Susan 来做这事。”如果有人询问 Susan，她也会证实 Thomas 说的是真的。然而，如果是伪装攻击，则 Thomas 会假冒成 Susan，没有任何一方(包括 Susan)会发现这种伪装，Thomas 会说："我是 Susan。"如果任何人发现与之交易的是 Thomas，并就此事而询问 Susan 的话，Susan 会否认她曾授权 Thomas 来代表自己。就安全而言，伪装是一种破坏安全的行为，而委托不是。

信源否认，即某实体欺骗性地否认曾发送(或创建)某些信息，是某种形式的欺骗。例如：假设一个顾客给某供货商写信，说同意支付一大笔钱来购买某件产品。供货商将此产品送过去并索取费用。这个顾客却否认曾经订购过该产品，并且根据法律，他有权不支付任何费用而可扣留这件主动送上门的产品，即顾客否认了信件的来源。如果供货商不能证明信件来自于这位顾客，那么攻击就成功了。这种攻击的一种变形是：用户否认曾创建过特定信息或实体，比如文件等。完整性机制能应付这种威胁。

信宿否认，即某实体欺骗性地否认曾接收过某些信息或消息，这也是一种欺骗。假设一个顾客预定了一件昂贵的商品，但供货商要求在送货前付费。该顾客付了钱，然后供货商送来商品，接着顾客再一次询问供货商何时可以送货。如果顾客以前已经接收过货物，那么这次询问就构成一次信宿否认攻击。为免于攻击，供货商必须证明顾客确实接收过货物，尽管顾客在否认。完整性机制和可用性机制都能防止这种攻击。

延迟，即暂时性地阻止某种服务，这是一种篡夺攻击，尽管它能对欺骗起到支持的作用。通常消息的发送服务需要一定的时间，如果攻击者能够迫使消息发送所花的时间多于前面所需的时间，那么攻击者就成功地延迟了消息发送。这要求对系统控制结构的操控，如对网络部件或服务器部件的操控，因此它是一种篡夺。如果某实体在等待的认证信息被延迟了，它可能会请求二级服务器提供认证。即使攻击者可能无法伪装成主服务器，但是他可能伪装为二级服务器以提供错误的信息。可用性机制能缓解这种威胁。

拒绝服务，即长时间地阻止服务，这也是一种篡夺攻击，尽管它常与其他机制一起被用于欺骗。攻击者采用的方法是阻止服务器提供某种服务。拒绝可能发生在服务的源端(即通过阻止服务器取得完成任务所需的资源)，也可能发生在服务的目的端(即阻断来自服务器的信息)，还可能发生在中间路径(即通过丢弃从客户端或服务器端传来的信息，或者同时丢弃这两端传来的信息)。拒绝服务产生的威胁类似于无限的延迟。可用性机制能对抗这种威胁。

拒绝服务或延迟可能是由直接攻击引起的，但也可能是由与安全无关的问题所导致的。从我们的观点来看，原因与结果是重要的，而隐藏于原因与结果下的目的却并不重要。如果延迟或者拒绝服务破坏了系统安全，或者是导致系统遭到破坏的一系列事件中的一部分，那么可将它视为破坏系统安全的一种企图。这种企图可能并非蓄意的破坏，事实上，它可能是环境特征的产物，而非攻击者的特定行为。

1.5 策略与机制

策略与机制之间的差别对于安全的研究非常关键。

定义 1.1 安全策略是对允许什么、禁止什么的规定。

定义 1.2 安全机制是实施安全策略的方法、工具或者规程。

机制可以是非技术性的，比如在修改口令前总要求身份认证。实际上，策略经常需要一些技术无法实施的过程性机制。

举个例子，假如某所大学的计算机科学实验室有一项策略：禁止任何学生复制其他学生的作业文件。计算机系统提供防止其他人阅读用户文件的机制。Anna 没有使用这些机制来保护她的作业文件，并且被 Bill 复制了作业。这就发生了安全破坏，因为 Bill 违反了安全策略。Anna 未能保护好她的文件，但她并未授权 Bill 复制她的作业。

在这个例子中，Anna 本可以容易地保护好她的文件，但在其他的环境中，这样的保护就不容易了，例如 Internet 只提供最基本的安全机制，这不足以保护传送于网络中的信息。然而，像记录口令和其他敏感信息这样的行为违反了大多数站点隐含的一条安全策略（特别地，口令是用户的保密特性，任何人都不能记录）。

可以用数学方法表达策略，将其表示为允许（安全）或不允许（不安全）的状态列表。为达到这个目的，可假设任何给定的策略都对安全状态和非安全状态做了公理化描述。实践中，策略极少会如此精确，通常策略使用文本语言描述什么是用户或工作人员允许做的事情。这种描述的内在歧义性导致某些状态既不能归于“允许”一类，也不能归于“不允许”一类。比如，考虑上面讨论过的作业策略。如果某人查看另一用户的目录，但不复制作业文件，这破坏安全了吗？问题的答案取决于特定单位的习惯、规则、规章和法律，这些都不是我们关注的焦点，而且它们也会随时间而改变。

当两个不同的单位进行通信或合作时，它们所组成的实体会使用一种新的安全策略，且这种策略要建立在这两个单位的安全策略之上。如果单位的策略不一致，则必须由这两个单位之一或这两个单位共同决定复合单位的安全策略。这种不一致性经常表现为对安全的破坏。例如，如果把专利文件发给学校，公司的保密策略将会与大多数学校更开放的策略相冲突。学校和公司必须开发共同的安全策略以满足双方需求，这才能产生出相容策略。当两个单位通过独立的第三方（如 Internet 服务供应商）进行通信时，这种情形下的复杂度就会陡然增加。

1.5.1 安全的目的

如果给定描述“安全”和“非安全”行为的安全策略规范，安全机制就能够阻止攻击、检测攻击或在遭到攻击后恢复工作。可以组合使用安全机制，也可以单独使用安全机制。

阻止意味着攻击的失败。例如：如果有人企图通过 Internet 闯入某台主机，但那台主机并没有连入 Internet，这就阻止了攻击。一般地，阻止涉及对机制的实现，要求所实现的机制是使用者无法逾越的，同时也相信机制必然是通过正确的、不能变更的方法实现的，使得攻击者不能用改变机制的方法来攻破机制。阻止机制往往非常笨重，它会干扰系统的使用，甚至达到阻碍系统正常使用的程度。但一些简单的阻止机制，如口令等机制已被广泛接受（设置口令的目的是要防止非授权用户访问系统）。阻止机制能防止系统不同部分免受攻击。一旦阻止机制被合理实现，该机制所保护的资源就无须因为安全问题而受到监控，至少从理论上说是这样的。

当不能阻止攻击时，检测是最有用的，同时它也体现出防范措施的有效性。检测机制通常基于这样的理念：攻击总会发生，检测的目的就是要判定攻击是正在进行之中还是已经发生。检测机制会基于结果给出报告。尽管攻击有可能无法阻止，但攻击却可被监视，从而能采集有关攻击的性质、严重性和结果的数据。典型的检测机制要监视系统的各个方面，寻找指示攻击的行为或信息。这种机制的一个很好的例子是：当用户输入三次错误的口令后就发出警告。登录程序还可继续，但是系统日志中的一条报错信息将报告这次不寻常的多次敲错口令的事件。检测机制不能阻止对系统的攻击，这是一种严重的缺陷。受检测机制保护的资源会因安全问题而被持续不断地或者周期性地监控。

恢复有两种形式。第一种是阻断攻击，并且评估、修复由攻击造成的任何损害。例如：若攻击者删除了一份文件，那么某恢复机制应能从备份磁带中恢复该文件。实践中，恢复要远远复杂得多，因为每种攻击都有其独特的性质。很难完整地刻画出任何一种损害的类型和程度。此外，攻击可能会再次发生，所以恢复的功能应包括辨识和修复攻击者用以闯入系统的系统脆弱性。在某些情况下，报复(通过攻击攻击者的系统或通过合法渠道让攻击者对其行为负责)也是恢复的一部分。在所有这些情况下，系统的机能都因攻击而受到压制。依据定义，恢复还应具备还原正确操作的功能。

第二种恢复方式要求在攻击发生时，系统仍能继续运作。由于计算机系统的复杂性，这类恢复相当难以实现。这类恢复机制同时利用容错技术和安全技术，一般用于可靠性非常关键的系统。与第一种方法不同，因为在任何时候这种系统都不会在功能上出错，而只会将系统不重要的功能禁用，当然这类恢复常常会以一种较弱的方式出现。借助这种方法，系统可自动检测错误的功能，并改正(或试图改正)该错误。

1.5.2 假设与信任

如何判断策略是否正确地描述了特定单位所要求的安全等级和安全类型？这个问题是所有计算机领域及其他一些领域中的核心安全问题。安全要以特定的假设为基础，而它依赖的假设明确地指出了安全所要求的安全类型及安全所在的系统环境。

例如，开门需要钥匙。这里的假设是：锁是安全的，无法撬开。这个假设被当做公理提出，这是因为大多数人需要钥匙才能开门。然而，一位技术高超的撬锁人不用钥匙就能打开门。因此，在有高超技术且不可信任的撬锁人的环境下，这个假设就是错误的，并且该假设所导致的结果将是无效的。

如果撬锁人是可信的，假设就有效。“可信”意味着撬锁人不会去撬锁，除非锁的主人授权他把锁撬开。这是信任的作用的另一个例子。这条规则的一个明确的例外是：绕开安全机制(例子中的锁)提供“后门”。信任基于这样的信念：后门不会被使用，除非安全策略对它进行了指定。如果后门被使用，则这种信任就是错误的，且安全机制(锁)无法提供安全。

类似于锁的例子，策略往往包括一系列公理，策略的制定者相信它们能够被实施。策略的设计者始终假设两点：首先，策略准确而无歧义地把系统状态分成“安全”和“非安全”两类状态；其次，安全机制能防止系统进入“非安全”状态。如果这两点假设的其中之一是错误的，系统就是不安全的。

这两条假设具有本质上的区别。第一种假设断言策略对“安全”系统的组成做了正确的描述。例如，银行的策略可能规定银行职员有权在多个账户中转移资金。如果某银行职员往自己的账户里转入1000美元，那么是否可以说他破坏了银行的安全呢？如果只考虑上述策略声明，答案就是否，因为职员有权移动资金。在现实世界里，这种行为就属于贪污，任何公司都会认为这是违反安全的行为。

第二种假设认为安全策略可由安全机制实施。这些机制或者是安全的，或者是精确的，或者是宽泛的。设 P 表示所有可能状态的集合，Q 表示安全状态集（由安全策略详细指定）。设安全机制将系统限定在状态集 R 内（因此 $R \subseteq P$），于是有以下的定义。

定义 1.3　若 $R \subseteq Q$，则称安全机制是安全的；若 $R = Q$，则称安全机制是精确的；若存在状态 r 使得 $r \in R$ 但 $r \notin Q$，则称安全机制是宽泛的。

理想情况下，系统中运行的所有安全机制的并集会产生一个独立的、精确的机制（即 $R = Q$）。实际情况中，安全机制是宽泛的，即它允许系统进入非安全状态。在进一步探讨策略的形式化表达时会再次提到这个问题。

要相信这些机制能起到安全作用，还需要以下假设：

(1) 每种机制都被设计用于实现安全策略的一个或多个部分。

(2) 多种机制的并集实现了安全策略的所有规定。

(3) 机制都被正确地实现。

(4) 机制都被正确地安装和管理。

1.6　安全保障

可信度是不能精确量化的，系统的规范、设计和实现则为判断系统的可信度提供依据。这方面的信任称为安全保障，它试图为支持（或者证实、规范）系统可信度提供基础。

例如在美国，如果阿司匹林是产于国内著名制造商的，且置于密闭的容器中运送到药店，在卖出时还保持原有的密封包装，就会得到大多数人的信赖。信任是建立在如下基础之上的：

(1) 食品和药物管理部门对该药品（阿司匹林）做出的测试和认证

美国食品及药物管理局拥有对很多类药品的管理权限，仅当药品符合一定的临床有效标准时才允许流入市场。

(2) 医药公司的生产标准和公司为保证药品不受污染所采取的防范措施

国家和政府的监管委员会要确保药品生产符合特定的合理标准。

(3) 瓶子的密封性

要把危险药物放到安全封闭的瓶子里而不破坏瓶子的封口是很困难的。

这三项技术（认证、生产标准和防护性的密封包装）为阿司匹林不受污染提供了某种程度的安全保障。购买者对阿司匹林纯净度的信任程度取决于这三个过程。

在20世纪80年代，药品生产满足上述前两项标准，但是没有使用安全密封的方法。曾有一个知名制造商生产的药品在生产后和销售前的时段内受到了污染，这一事故引发了一阵“药品恐慌”。生产者即时引进了密封包装，以使顾客相信容器内的药品和从生产工厂运出来时是一样的。

在计算机领域，安全保障与此类似，也需采用一些特定的步骤来确保计算机的正常运行。这一系列的步骤包括：对所期望的（或不期望的）行为做详细的规范；对硬件、软件和其他部件进行分析，以表明系统没有违反规范；论证或证明系统的实现、运作和维护过程将产生预期行为。

定义 1.4 如果规范正确地描述了系统的工作方式，则称系统满足规范。

此定义同样适用于满足规范的设计和实现。

1.6.1 规范

规范是对系统所期望功能的（形式化的或非形式他的）描述。规范可以是高度数字化的，可任意使用以形式化规范为目的的语言进行描述；规范也可以是非形式化的，例如可使用英语来描述系统在特定环境下所做的工作；规范可以是低层次的，它将程序代码与逻辑和时态关系进行结合，以描述事件的有序性。规范中定义的性质是对系统可做什么或系统不可做什么的规定。例如，一家公司计划购买一台新电脑供内部使用，公司需要相信新系统可以抵御来自 Internet 的攻击。公司制定的（文本）规范中可能会有这么一条：“该系统不会受到来自 Internet 的攻击”。

规范不仅仅用于安全领域，在针对可靠性的系统设计（比如医药技术）中，也会用到规范。此时，规范要限制系统，以避免其系统行为导致危害。用于调节交通信号灯的系统必须确保：同一方向的一组灯必须同时变成红灯、绿灯或黄灯，而且任一时刻在十字路口最多只有一组灯是绿灯状态。

规范的一个主要衍生部分是对需求集是否相关于系统的规划用途的判定。

1.6.2 设计

系统设计将规范转换成实现该规范的系统构件。如果在所有的相关环境下，设计不允许系统违背规范，则称设计满足了规范。例如，可为上述公司的计算机系统做出这样一种设计：没有网卡，没有调制解调器，在系统内核中也没有网络驱动程序。这种设计满足规范，因为系统不会进入 Internet，因此系统不会受到来自 Internet 的攻击。

分析者可以使用几种方法来判断某种设计是否满足一系列规范。如果使用数学语言来表达规范和设计，则分析者必须证明所设计的公式表达与规范保持一致。尽管许多工作可以通过自动化手段来完成，但是仍然需要人力来对违背规范的设计组件（在某些情况下无法证明组件满足规范）做一些分析和修改工作。如果不是使用形式化方法来进行规范和设计，则必须做出令人信服的、强有力的论证。通常的情况是，规范是模糊的，而论证则相当随意，没有说服力，或者覆盖面不完整。设计往往要依赖于对规范含义的假设。我们将会看到，这将导致系统的脆弱性。

1.6.3 实现

给定一种设计，实现就是要创建符合该设计的系统。如果这种设计也符合规范，依据传递性，则实现同样符合规范。

实现阶段的困难在于：证明程序正确地实现了设计是复杂的，因而证明程序正确地实施了系统规范也是复杂的。

定义 1.5 如果程序实现的功能满足规范，则称程序是正确的。

证明程序的正确性需要对每一行源代码进行精确的正确性验证。每一行源代码都被视为一个函数，它把输入（由先决条件约束）映射为一些输出（由该函数及其先决条件所导出的后发条件约束）。每一个例程都表现为函数的复合，而每一个函数都可以追溯到构成程序的代码行。和这些函数一样，与例程相对应的函数也有输入和输出，也分别受到先决条件和后发条件的限制。使用例程的组合，可建立程序并形式化地进行验证。可以将此技术应用到程序集合中，并因此可验证系统的正确性。

这个过程存在三方面的困难。首先，程序的复杂性使其数学验证变得非常复杂。除了内在的困难之外，程序自身也存在源于系统环境的先决条件。这些先决条件常常非常微妙而难以规范，除非所用形式化工具可以精确地表达它们，否则程序的验证就可能无效，因为关键的假设可能就是错误的。其次，程序验证通常假设程序是经过正确编译、连接和加载的，并且执行也是正确的。但是，硬件错误、代码错误以及其他工具使用中的错误都可能使得前提条件变为无效。比如，一个编译器不正确地将代码

```
X: = X+1
```

编译为

```
move X to regA
subtract 1 from contents of regA
move contents of regA to X
```

这次不正确的编译使得证明表述“代码行之后 X 的值比之前的 X 值大 1”变为无效，从而使得正确性证明也失效。最后，如果验证依赖于输入的条件，那么程序必须拒绝所有不能满足这些条件的输入，否则程序只能得到部分验证。

由于正确性的形式化证明很耗费时间，所以一种称为测试的事后验证技术得到了广泛的应用。在测试的过程中，测试者使用特定数据来执行程序（或者部分程序），以此判断输出是否符合要求，并因此知道程序出错的可能性有多大。测试技术包括：给定大量输入，确保所有的操作路径都被测试；在程序中引入错误操作，判断这些错误如何影响程序的输出；制定规范，并测试程序以查看程序是否满足规范要求。尽管这些技术比形式化方法简单得多，但它们并不能提供形式化方法所提供的同等程度的保障。此外，测试依赖于测试过程与测试文档，这两者中的错误也将使测试结果失效。

尽管安全保障技术不能确保系统的正确性或安全性，但是这种技术为系统评估提供了牢固的基础：为了使系统的安全性值得信赖，必须确保哪些方面的可信性。它们的价

值就在于可以消除可能出现的、常见的错误源,迫使设计者精确地定义系统的功能行为。

习题

1. 将下列事件归类为违反保密性、违反完整性、违反可用性,或者是它们的组合。

(a) John 复制了 Mary 的作业。

(b) Paul 使 Linda 的系统崩溃。

(c) Carol 将 Angelo 的支票面额由 100 美元改成 1000 美元。

(d) Gina 在一份合同上伪造了 Roger 的签名。

(e) Rhonda 注册了"AddisonWesley. com"的域名,并拒绝该出版公司收购或使用这个域名。

(f) Jonah 获得了 Peter 的信用卡号码,Jonah 使信用卡公司注销了这张卡,并使用另一张有不同账号的卡来替换前一张卡。

(g) Heny 通过欺骗 Julie 的 IP 地址,而获得了 Julie 的计算机的访问权。

2. 确定能实现以下要求的机制,指出它们实施了哪种或哪些策略。

(a) 一个改变口令的程序将拒绝长度少于 5 个字符的口令,也拒绝可在字典中找到的口令。

(b) 只为计算机系的学生分配该系计算机系统的访问账号。

(c) 登录程序拒绝任何三次错误地输入口令的学生登录系统。

(d) 包含 Carol 的作业的文件的许可将防止 Robert 对它的欺骗和复制。

(e) 当 Web 服务流量超过网络容量的 80%时,系统就禁止 Web 服务器的全部通信。

(f) Annie 是一名系统分析员,她能检测出某个学生正在使用某种程序扫描她的系统,以找出脆弱点。

(g) 一种用于上交作业的程序,它在交作业的期限过后将自行关闭。

3. "通过隐匿得到安全"这条格言暗示隐藏信息可以提供某种程度的安全性。给出一个实例,在 这种情况下隐藏信息不能增加任何一点点对系统的安全性。再给出一个实例,在这种情况下隐藏信息可以增加系统的安全性。

4. 给出一个实例,在此情况下保密性的破坏导致对完整性的破坏。

5. 证明这三种安全服务(保密性、完整性和可用性)足以应付泄露、破坏、欺骗和篡夺等的威胁。

6. 针对以下陈述,分别给出满足其中陈述的实例。

(a) 防范比检测和恢复更重要。

(b) 检测比防范和恢复更重要。

(c) 恢复比防范和检测更重要。

7. 可以设计并实现没有任何关于信任的假设的系统吗? 为什么?

8. 安全策略限制在某个特定系统中的电子邮件服务只针对教职员工,学生不能在这台主机中收发电子邮件。将以下机制归类为安全的机制、精确的机制或者宽泛的机制。

(a) 发送和接收电子邮件的程序被禁用。

(b) 在发送或接收每一封电子邮件时,系统在一个数据库中查询该邮件的发送者(或接收者)。如果此人名字出现在教职员工列表中,则该邮件被处理,否则邮件被拒绝(假定数据库条目是正确的)

(c) 电子邮件发送程序询问使用者是不是一名学生。如果是,则邮件被拒绝,而接收电子邮件的程序则被禁用。

9. 用户通常使用 Internet 上传、下载程序。给出实例,说明这个站点允许用户这样做所带来的好处超过了因此导致的危险。再给出另一个实例,说明站点允许用户这样做所导致的危险超过了因此所带来的好处。

10. 一位受人尊敬的计算机科学家曾经说过,没有计算机可以做到完美地安全。为什么会这样说?

第2章

计算机安全与访问控制

访问控制是通过某种途径显式地准许或限制主体对客体访问能力及范围的一种方法。它是针对越权使用系统资源的防御措施,通过限制对关键资源的访问,防止非法用户的侵入或因为合法用户的不慎操作而造成的破坏,从而保证系统资源受控地、合法地使用。访问控制的目的在于限制系统内用户的行为和操作,包括用户能做什么和系统程序根据用户的行为应该做什么两个方面。访问控制的核心是授权策略。授权策略是用于确定一个主体是否能对客体拥有访问能力的一套规则。在统一的授权策略下,得到授权的用户就是合法用户,否则就是非法用户。访问控制模型定义了主体、客体、访问是如何表示和三者之间是如何操作的,它决定了授权策略的表达能力和灵活性。若以授权策略来划分,访问控制模型可分为传统的访问控制模型和新型访问控制模型。传统的访问控制模型有两种,即自主访问控制(discretionary access control,DAC)和强制访问控制(mandatory access control,MAC);新型访问控制模型主要分为基于角色的访问控制(role-based access control,RBAC)模型、基于任务的访问控制(task-based access control,TBAC)模型、基于任务和角色的访问控制 T-RBAC 模型等。

2.1 访问控制模型

计算机网络上的资源分为两部分,即动态资源和静态资源。动态资源是指在计算机网络上传输的数据、文件,以及接在计算机网络上的主机正在运行的程序和数据库等。静态资源是指存放于接在计算机网络上主机而没有运行的程序和数据资源。对计算机网络上的资源保护,通常是划分为两种资源的保护:一是对在计算机网络上传输的资源保护;二是对接在计算机网络上的主机资源进行保护。对在计算机网络上传输资源的保护通常是以加密方法实现,而对接在计算机网络上主机的资源进行保护主要是通过访问控制来实现保护的。

访问控制就是对接在计算网络上的主机资源实行有效的保护。从范围来划分,有基于单个主机的访问控制和基于区域计算机网络的访问控制。从具体的实现方面来划分，有访问控制法和防火墙技术两种方法。实际上，对于接在计算机网络上单个主机的访问控制，通常是采用访问控制方法，而对于接在计算机网络上一个区域的多个主机的访问控制，通常是通过防火墙技术来实现。

进一步说访问控制可以防止未经授权的用户非法使用系统资源，这种服务不仅可以提供给单个用户，也可以提供给用户组的所有用户。访问控制是通过对访问者的有关信息进行检查来限制或禁止访问者使用资源的技术，分为高层访问控制和低层访问控制。高层访问控制包括身份检查和权限确认，是通过对用户口令、用户权限、资源属性的检查和对比来实现的。低层访问控制是通过对通信协议中的某些特征信息的识别、判断，来禁止或允许用户访问的措施(图 2.1)。

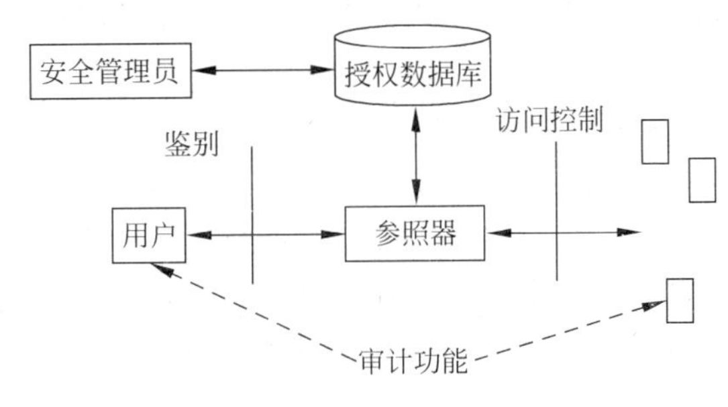

图 2.1　访问控制的基本结构

2.2　自主访问控制 DAC

自主访问控制是基于主体或主体所在组的身份的，这种访问控制是可选择性的，也就是说，如果一个主体具有某种访问权，则它可以直接或间接地把这种控制权传递给别的主体(除非这种授权是被强制型控制所禁止的)。

自主访问控制被内置于许多操作系统当中，是任何安全措施的重要成部分。文件拥有者可以授予一个用户或一组用户访问权。选择性访问控制在网络中有着广泛的应用，下面将着重介绍网络上的选择性访问控制的应用。

在网络上使用自主访问控制应考虑如下几点：

(1) 某人可以访问什么程序和服务？

(2) 某人可以访问什么文件？

(3) 谁可以创建、读取或删除某个特定的文件？

(4) 谁是管理员或“超级用户”？

(5) 谁可以创建、删除和管理用户？

(6) 某人属于什么组，以及相关的权利是什么？

(7) 当使用某个文件或目录时，用户有哪些权利？

Windows NT 提供两种选择性访问控制方法来帮助控制某人在系统中可以做什么，

一种是安全级别指定,另一种是目录/文件安全。

下面是常见的安全级别内容,其中也包括了一些网络权力。

(1) 管理员组享受广泛的权力,包括生成、消除和管理用户账户、全局组和局部组,共享目录和打印机,认可资源的许可和权利,安装操作系统文件和程序。

(2) 服务器操作员具有共享和停止共享资源、锁住和解锁服务器、格式化服务器硬盘、登录到服务器以及备份和恢复服务器的权力。

(3) 打印操作员具有共享和停止共享打印机、管理打印机、从控制台登录到服务器以及关掉服务器等权力。

(4) 备份操作员具有备份和恢复服务器、从控制台登录到服务器和关掉服务器等权力。

(5) 账户操作员具有生成、取消和修改用户、全局组和局部组,不能修改管理员组或服务器操作员组的权力。

(6) 复制者与目录复制服务联合使用。

(7) 用户组可执行授予它们的权力,访问授予它们访问权的资源。

(8) 访问者组仅可执行一些非常有限的权力,所能访问的资源也很有限。

DAC是一种最普遍的访问控制手段。在这种方式下,用户可以按照自己的意愿对系统参数适当进行修改,以决定哪些用户可以访问他的文件。

2.3 强制性访问控制MAC

强制性访问控制源于对信息机密性的要求以及防止特洛伊木马之类的攻击。MAC通过无法回避的存取限制来阻止直接或间接的非法入侵。系统中的主/客体都被分配一个固定的安全属性,利用安全属性决定一个主体是否可以访问某个客体。安全属性是强制性的,由安全管理员(security officer)分配,用户或用户进程不能改变自身或其他主/客体的安全属性。MAC的本质是基于格的非循环单向信息流政策,系统中每个主体都被授予一个安全证书,而每个客体被指定为一定的敏感级别。访问控制的两个关键规则是:不向上读和不向下写,即信息流只能从低安全级向高安全级流动。任何违反非循环信息流的行为都是被禁止的。

在强制访问控制下,用户(或其他主体)与文件(或其他客体)都被标记了固定的安全属性(如安全级、访问权限等),在每次访问发生时,系统检测安全属性以便确定一个用户是否有权访问该文件。

强制访问控制是"强加"给访问主体的,即系统强制主体服从访问控制政策。强制访问控制(MAC)的主要特征是对所有主体及其所控制的客体(例如:进程、文件、段、设备)实施强制访问控制。为这些主体及客体指定敏感标记,这些标记是等级分类和非等级分类的组合,它们是实施强制访问控制的依据。系统通过比较主体和客体的敏感标记来决定一个主体是否能够访问某个客体。用户的程序不能改变他自己及任何其他客体的敏感标记,从而使系统可以防止特洛伊木马的攻击。

强制访问控制一般与自主访问控制结合使用，并且实施一些附加的、更强的访问限制。一个主体只有通过了自主与强制性访问限制检查后，才能访问某个客体。用户可以利用自主访问控制来防范其他用户对自己客体的攻击，由于用户不能直接改变强制访问控制属性，所以强制访问控制提供了一个不可逾越的、更强的安全保护层以防止其他用户偶然或故意滥用自主访问控制。

MAC起初主要用于军方的应用中，并且常与DAC结合使用，主体只有通过了DAC与MAC的检查后，才能访问某个客体。由于MAC对客体施加了更严格的访问控制，因而可以防止特洛伊木马之类的程序偷窃，同时MAC对用户意外泄露机密信息也有预防能力。但如果用户恶意泄露信息，则可能无能为力。由于MAC增加了不能回避的访问限制，因而影响了系统的灵活性；另一方面，虽然MAC增强了信息的机密性，但不能实施完整性控制；再者网上信息更需要完整性，否则会影响MAC的网上应用。在MAC系统实现单向信息流的前提是系统中不存在逆向潜信道。逆向潜信道的存在会导致信息违反规则的流动。但现代计算机系统中这种潜信道是难以去除的，如大量的共享存储器以及为提升硬件性能而采用的各种Cache等，这给系统增加了安全隐患。

2.4 基于用户的访问控制RBAC

为了克服标准矩阵模型中将访问权直接分配给主体，引起管理困难的缺陷，在访问控制中引进了聚合体(aggregation)概念，如组、角色等。在RBAC模型中，就引进了“角色”概念。所谓角色，就是一个或一群用户在组织内可执行的操作的集合。角色意味着用户在组织内的责任和职能。在RBAC模型中，权限并不直接分配给用户，而是先分配给角色，然后用户分配给那些角色，从而获得角色的权限。RBAC系统定义了各种角色，每种角色可以完成一定的职能，不同的用户根据其职能和责任被赋予相应的角色，一旦某个用户成为某角色的成员，则此用户可以完成该角色所具有的职能。在RBAC中，可以预先定义角色-权限之间的关系，将预先定义的角色赋予用户，明确责任和授权，从而加强安全策略。与把权限赋予用户的工作相比，把角色赋予用户要容易灵活得多，这简化了系统的管理。

2001年，标准的RBAC参考模型NIST RBAC被提出，如图2.2所示。

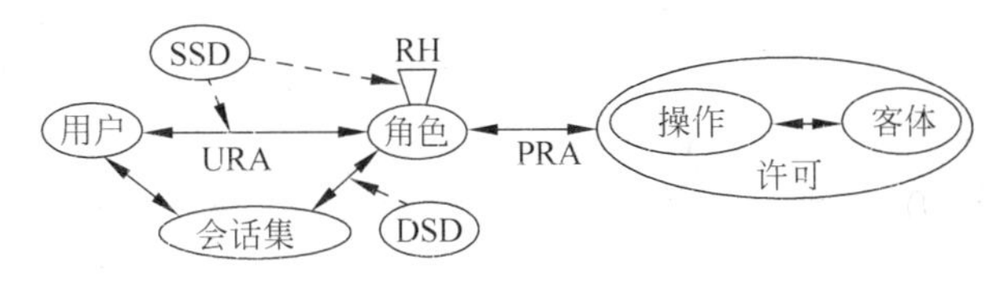

图2.2 NIST RBAC参考模型

NIST RBAC参考模型分成基本RBAC、等级RBAC和约束RBAC三个子模型。基本RBAC定义了角色的基本功能，它包括五个基本数据元素：Users(用户)、Roles(角色)、Sessions(会话集)、Objects(客体)、Operations(操作)，以及角色权限分配(PRA)、用户角色分配(URA)。其基本思想是通过角色建立用户和访问权限之间的多对多关系,用户由此获得访问权限。

等级RBAC在基本RBAC的基础上增加了角色的等级,以对应功能的或组织的等级结构。角色等级又可分为通用角色等级和有限角色等级。在通用角色等级中,角色之间是一种代数的偏序关系,而有限角色等级是一种树结构。在角色等级中,高等级的角色继承低等级角色的全部权限,这是一种"全"继承关系。但这并不完全符合实际企业环境中的最小特权原则,因为企业中有些权限只需部分继承。

约束RBAC在基本RBAC的基础上增加了职责分离(SoD)关系,而职责分离又分为静态职责分离(SSD)和动态职责分离(DSD)。静态职责分离用于解决角色系统中潜在的利益冲突,强化了对用户角色分配的限制,使得一个用户不能分配给两个互斥的角色。动态职责分离用于在用户会话中对可激活的当前角色进行限制,用户可被赋予多个角色,但它们不能在同一会话期中被激活。DSD实际上是最小权限原则的扩展,它使得每个用户根据其执行的任务可以在不同的环境下拥有不同的访问权限。

NIST RBAC参考模型中还包括功能规范,分为管理功能、系统支持功能和审查功能,这里不再详述。上述的DAC,MAC和RBAC都是基于主体-客体(Subject-Object)观点的被动安全模型,它们都是从系统的角度(控制环境是静态的)出发保护资源。在被动安全模型中,授权是静态的,在执行任务之前,主体就拥有权限,没有考虑到操作的上下文,不适合于工作流系统;并且主体一旦拥有某种权限,在任务执行过程中或任务执行完后,会继续拥有这种权限,这显然使系统面临极大的安全威胁。工作流是为完成某一目标而由多个相关的任务(活动)构成的业务流程,它的特点是使处理过程自动化,对人和其他资源进行协调管理,从而完成某项工作。在工作流环境中,当数据在工作流中流动时,执行操作的用户在改变,用户的权限也在改变,这与数据处理的上下文环境相关,传统的访问控制技术DAC和MAC对此无能为力。若使用RBAC,则不仅需频繁更换角色,而且也不适合工作流程的运转。为了解决此问题,人们提出了基于任务的访问控制模型TBAC。

基于任务的访问控制模型是一种以任务为中心,并采用动态授权的主动安全模型。TBAC判断是否授予主体访问权限时,要考虑当前执行的任务。

基于任务的访问控制TBAC模型是一种以任务为中心的、并采用动态授权的主动安全模型,该模型的基本思想是授予给用户的访问权限:不仅仅依赖主体和客体,还依赖于主体当前执行的任务和任务的状态;当任务处于活动状态时,主体拥有访问权限,一旦任务被挂起,主体拥有的访问权限就被冻结;如果任务恢复执行,主体将重新拥有访问权限;任务处于终止状态时,主体拥有的权限马上被撤销。TBAC适用于工作流分布式处理、多点访问控制的信息处理以及事务管理系统中的决策制定,但最显著的应用还是在安全工作流管理中。

T-RBAC模型结合了基于任务的访问控制模型TBAC和基于角色的访问控制模型RBAC的优点,较好地解决了当前工作流系统中存在的安全性问题。

2.5 访问控制技术

本节主要介绍隔离法、访问控制矩阵法和钥-锁访问控制法。

2.5.1 隔离法

在计算机网络系统中，进行访问控制最直接的方法就是给每个用户建立自己的复制。主要有以下两种方法。

(1) 在系统中，把各种活动的用户进程分配给不同的存储器，使得每个用户仅有自己的复制。

(2) 虚拟机理法。每个用户仅能复制他正在使用的程序，仅是他操作系统的自己的复制，所以也称此方法为镜像机理。

图 2.3 给出两种用户(A,B,C)间的相互隔离方法。其中，图 2.3(a)中用户使用的是他自己的复制程序；图 2.3(b)中每个用户拥有自己的复制程序和他自己的操作系统。

操作系统
用户 A
用户 B
用户 C

(a)

需镜像		
复制 A 的操作系统	复制 B 的操作系统	复制 C 的操作系统
A 的程序和数据	B 的程序和数据	C 的程序和数据

(b)

图 2.3 两种隔离法

采用隔离方法进行访问控制存在的问题是：当对较多的用户实现控制时，对系统的占用是无法忍受的；如果用户超过一定的数量，就会使系统无法工作。显然，这种对多用户来说是无法实现的，因为受计算机系统资源的制约。

2.5.2 访问控制矩阵法

对于不同的用户，设置不同访问控制权限的另一种方法，是通过设置访问控制矩阵实现。在这个访问控制矩阵中，矩阵的行对应着客体，列对应着主体，矩阵的元素对应着访问权限。如表 2.1 所示，用户 A 被授权读文件 F 和执行程序 P，程序 P 被授权读文件 F 和 G，对文件 F 进行写操作和执行程序 Q。用户 A 不能读文件 G，但是能通过执行程序 P 来读文件 G。

在系统设计中，通常用“0”来表示访问权限，“1”表示执行权限，“2”表示只读权限，“3”表示可写权限，“4”表示拥有权限。因此，表 2.1 可改写为表 2.2 所示。

表 2.1 访问控制矩阵

主体	客体			
	文件 F	文件 G	程序 P	程序 Q
用户 A	读		执行	
程序 P	读	读		执行
	写	读		

表 2.2 访问控制矩阵

主体	客体			
	文件 F	文件 G	程序 P	程序 Q
用户 A	2		1	
程序 P	2	2		1
	3	2		

访问控制矩阵有如下两种形式。

(1) 访问列表(access list)

通常是建立在文件目录里，对每一个文件进行指定，是用来识别访问控制矩阵中的列所对应的客体。

(2) 能力列表(capability list)

它是针对主体设计的。当一个主体具有访问客体权限时，其权限称作主体能力，如图 2.4 所示。

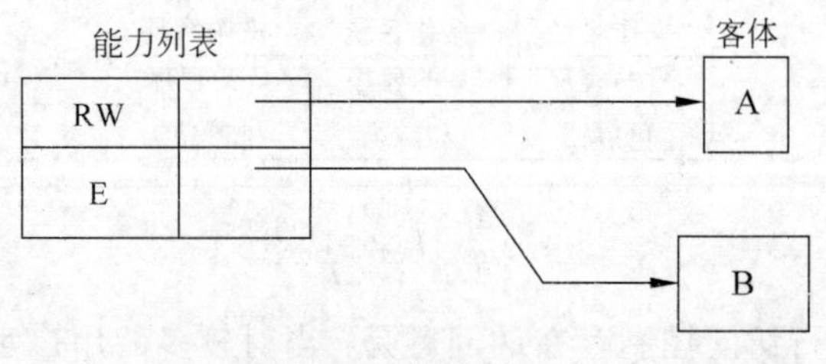

图 2.4 能力列表

在这个能力列表系统中，主体对客体 A 具有读、写权限；对客体 B 有执行权限。能力列表和访问列表访问权限的查找是在整个系统中进行的。所以，查找是非常费时间的，因为查找某个用户对某个文件的访问权限，需要查找所有的项。

2.5.3 钥-锁访问控制法

为了提高访问控制效率，可采用钥-锁访问控制法。在这个系统中，每一个用户拥有一个钥匙，每一个文件拥有一个锁。当一个用户访问一个文件时，钥-锁访问控制系统通过对用户密钥和文件的操作来验证对文件的访问权限，其基本原理如图 2.5 所示。

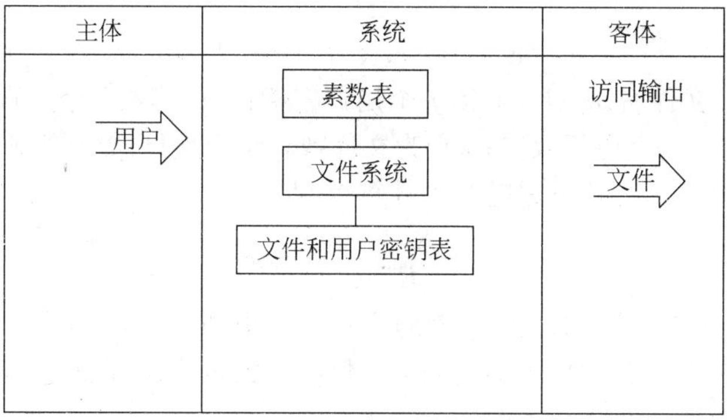

图 2.5　钥-锁访问控制

其访问控制原理是基于孙子剩余定理。对于这样的访问控制，用户可增加新的文件和用户，但是不允许删除文件和用户。下面给出具有 8 个用户和 8 个文件的访问控制实现方法。它由三个部分组成，即素数表、文件密钥表和用户密钥表，如表 2.3～表 2.5 所示。

表 2.3　素数表

	m_1	m_2	m_3	m_4	m_5	m_6	m_7	m_8	m_9	m_{10}	m_{11}
PN	7	11	13	17	19	23	29	31	37	41	47

表 2.4　文件密钥表

用户	用户密钥	文件数	素数项
U_1	392 230	5	0
U_2	687 040	5	0
U_3	8725	5	0
U_4	1 401 480	5	0
U_5	899 045	5	0
U_6	9 068 532	6	0
U_7	922 626	6	0
U_8	1 807 021 324	7	1

表 2.5　用户密钥表

文件	文件密钥	用户数	素数项
F_1			
F_2			
F_3			
F_4			
F_5			
F_6	135 257	5	0
F_7	1 960 733 880	7	1
F_8	147 430 123 672	8	1

在上列表中，文件密钥和用户密钥通过下式计算得到：

$$K_i = r_{i1} + r_{i2}t + \cdots + r_{in}F_i t_{i-1}^{nF}$$

$$K_j = r_{1j} + r_{2j}t + \cdots + r_n U_{ij} t_{j-1}^{nU}$$

其中，K_i 为第 i 个文件密钥；K_j 为第 j 个用户密钥；t_{i-1} 为第 i 个用户的锁定值；t_{j-1} 为第 j 个文件锁定值；r_{ij} 为访问权限；nF 为文件数；nU 为用户数。第 i 个用户访问第 j 个文件的权限，如果 $nF_i \geqslant j$，便可通过下式计算得到：

$$r_{ij} = \frac{K_i}{m_j + EPn_i} \pmod{nF_i}$$

其中，K_i 为第 i 个用户的密钥；EPn_i 为用户密钥表中所对应的素数项的数；nF_i 为用户密钥表中所对应的文件数。如果 $nF_i < j$，以上各个变量表示是文件密钥表中的数，按照以上的计算可得表 2.6。

表 2.6 基于钥-锁访问控制

	F_1	F_2	F_3	F_4	F_5	F_6	F_7	F_8
U_1	4	4	1	2	0	0	2	3
U_2	3	3	4	4	0	1	1	0
U_3	1	3	1	3	4	4	2	0
U_4	1	2	1	0	2	3	0	1
U_5	0	1	2	0	3	3	2	1
U_6	2	0	1	1	3	0	4	0
U_7	1	1	3	2	1	4	0	1
U_b	2	1	1	3	2	0	1	1

访问控制是一种重要的信息安全技术，是现代商务企业保障其信息管理系统安全不可缺少的。网络技术的发展为访问控制技术提供了更为广阔的发展空间，也使得对访问控制技术的研究显得尤其重要。因篇幅所限，本文只对几种主要的访问控制模型作了概述。事实上，仅 RBAC 模型就有多种。很多问题，如权限表示方法等，有待进一步研究。

习题

1. 访问控制的类型有哪几类？其工作原理是什么。

2. 观察下面的访问控制矩阵：

	O_1	O_2	O_3	O_4	S_1	S_2	S_3
S_1	r,w,o	—	—	—	r,w,o	w	—
S_2	—	r,w,o	—	r,w,o	—	r,w,o	—
S_3	—	—	r,w,o	—	—	—	r,w,o

其中，S_i 是系统进程，O_j 是对应系统文件的进程处理的对象。r，w 和 o 分别代表了读、写和拥有的动作权限，问进程 S_1 能否读 O_4 文件对象？

3. 试述隔离法、访问控制矩阵法和钥-锁控制法的区别。

第3章

安全模型

3.1 引言

要开发安全系统，首先必须建立系统的安全模型。安全模型给出安全系统的形式化定义，正确地综合系统的各类因素，包括系统的使用方式、使用环境类型、授权的定义、受控制的共享等，这些因素构成安全系统的形式化抽象描述。安全模型允许使用数学方法证明系统是否安全，或发现系统的安全缺陷。安全模型的目的是保护计算机系统的机密性和完整性，其研究可追溯到20世纪60年代，随着支持远程访问和分时多用户系统的使用，共享计算机系统的安全问题日益引起重视。安全问题一直是计算机科学的中心问题之一。在三十多年的发展中，先后提出了多种安全模型，其中一些主要模型形成于20世纪70年代到80年代初期，如著名的访问矩阵模型、BLP模型、HRU模型、格模型、无干扰模型等。这些早期安全模型从各个不同的方面对安全问题进行抽象，对安全系统的研究与开发具有重要的意义，本书中称这些安全模型为经典模型。研究这些模型，对我们全面理解计算机系统的安全问题具有重要意义。

3.2 经典模型及分类

3.2.1 经典模型

最早的形式化安全模型可追溯到C. Weissman 1969年发表的高水标(high-water-mark)模型。迄今已有多种安全模型发表于公开刊物上。1981年，Landwehr综述了10种安全模型，其中重点评述了高水标模型、访问矩阵(access matrix)模型、BLP模型和格(Lattice)模型。Landwehr 将安全模型近似地分为三类：访问控制模型、信息流模型和程序通道模型。程序通道模型所面向的安全问题是信息流的演绎性质，即系统中实体通过观察系统部分行为，从中推断系统的其他行为，这种性质本质仍属信息流的干扰性质。1994 年，John McLean 在他的论文中讨论了两类三种具有重要影响的模型，HRU 模型、BLP 模型和无干扰模型，同时还提到了另外 9 种模型，其中除 Clark_Wilson 模型外，其他 8 种基本上都是上述三种模型的扩展或限制。Silvana Castano 等人在他们的著作中综述了 11 种安全模型，将他们分为两类，即自主访问控制和强制访问控制。

表 3.1 列出了几种早期最重要的安全模型，并将它们称为经典模型。这些模型有如下特点：

① 模型是开创性的；

② 模型所定义的安全问题具有典型性；

③ 模型对后续的研究具有重要影响；

④ 它们的研究基本覆盖了安全研究的各个侧面。

表 3.1　经典模型及分类

<table>
<tr><th colspan="2">模型分类</th><th>模　型</th><th>作　者</th><th>年代</th><th>说明</th></tr>
<tr><td rowspan="3">访问控制
模型</td><td rowspan="2">自主访问控制</td><td>Access Matrix Model</td><td>Butler W. Lampson</td><td>1971</td><td>机密性</td></tr>
<tr><td>HRU Model</td><td>Michael A. Harrison, Walter L. Ruzzo, Jeffrey D. Ullman</td><td>1976</td><td>机密性</td></tr>
<tr><td>强制访问控制</td><td>BLP Model</td><td>D. Elliott Bell, Leonard J. LaPadula</td><td>1973</td><td>机密性</td></tr>
<tr><td rowspan="2">信息流
模型</td><td>信息流控制</td><td>Lattice Model</td><td>Dorothy E. Denning</td><td>1975</td><td>机密性
完整性</td></tr>
<tr><td>完美安全模型</td><td>Non-interference Model</td><td>Joseph A. Goguen. Jose Meseguer</td><td>1982</td><td>机密性
完整性</td></tr>
</table>

3.2.2 经典模型分类

安全模型可分为两大类，即访问控制模型和信息流模型。按此分类的经典模型见表 3.1。最早期的形式化模型基本上都属于访问控制模型。访问控制模型也可形象地称为“公文世界模型”，是现实公文世界保密管理机制的数学抽象，直接背景是军事安全的组织模型。访问控制模型在操作系统和数据库系统中都有典型的应用，如 UNIX 操作系统中的访问控制机制。

访问控制模型又可分为两种，即自主访问控制(DAC)和强制访问控制(MAC)。自主访问控制是最常用的一类模型，它基于客体-主体间的所属关系，根据主体所属的组来限制对客体的访问。所谓自主，是指主体可以根据自己的意愿将访问控制权限授予其他主体，或从其他主体那里收回访问权限。也就是说，DAC的基本思想是将用户作为客体的拥有者，它有权自主地决定哪些用户可以访问他的客体。在强制访问控制模型中，主体不能修改访问权，也不能将自己的访问权授予其他主体。MAC的最初目标是军事领域安全，防止非法获取敏感信息，因此在MAC模型中，主体和客体都有固定的安全属性。这些安全属性由系统设置，并只由系统使用，系统按主体和客体的安全级别决定主体是否有权访问客体。

访问控制模型试图控制系统的行为来保证系统的安全性。与访问控制模型不同，信息流模型的目的是控制系统内的信息流，防止未经许可的信息流。因此，信息流模型所研究的是信息在各系统实体的流动以及由此所产生的系统实体间的相互关系。在理论上，信息流模型可以有效地防止隐蔽信息流。与访问控制模型相比，信息流模型在本质上更抽象。

在这里我们讨论两种信息流模型，即格模型和无干扰模型。Dorothy E. Denning提出使用格模型定义信息流的控制结构，将信息流抽象为安全等级间的偏序关系。在这种偏序关系下，安全等级构成一个全有界的格。由于格本身是纯数学结构，所以格模型是一类更为抽象的安全模型。我们知道，BLP模型经常被批评为没有彻底形式化，因为在BLP模型中.作为原于操作的“读”和“写”很难被形式化。

无干扰模型也被称为“完美模型(perfect model)”，是由Joseph A. Goguen和Jose Meseguer在他们的开创性论文中提出的一种形式化信息流模型。直观地说，所谓无干扰是指系统一个用户在系统中的行为不会影响另一个用户所观察到的系统行为。Goguen和Meseguer的无干扰概念可以表述为：为保证不存在从用户A到用户B的信息流，只需要保证用户A的行为不会影响用户B的观察视图，即用户B所看到的系统行为与用户A的行为无关。

3.3 访问控制模型

3.3.1 访问矩阵

B. W. Lampson使用主体、客体和访问矩阵等概念，第一次对访问控制问题进行形式化抽象。该模型相当简单，因而被广泛应用。访问矩阵包含三类主要对象：客体集O，表示访问操作中的被动实体；主体集S，表示访问操作中的主动实体；访问规则集R，也称权限集，它规定主体对客体的操作。典型的客体是文件、终端、设备以及其他一些操作系统实体。主体可能同时也是客体，即其他主体可对其执行读操作或其他操作。访问矩阵是一个正交数组，每个矩阵元素表示主体对客体的访问方式。

典型的访问方式包括读、写、添加、执行以及所属关系。实际上，访问矩阵还定义了系统的当前安全状态。系统的所有安全状态可表示为一个矩阵阵列。特定的操作引起系统安全状态的转移，并进入下一个安全保护。如文件主体删除文件后，与该文件相应的矩阵行也被删除，由此得到的新矩阵表示了后继的安全状态。

我们以 $Q_1=(S_1,O_1,M_1)$ 表示系统的状态，也称为格局(configuration)。操作的系统状态转移可以表示为

$$Q_i=>opQ_i+1$$

即执行操作 op 后，系统格局的变化。由于访问矩阵模型是对系统状态的抽象，与安全策略的执行机制无关，因此该模型实现了策略执行机制与策略本身的分离。

3.3.2 HRU 模型

1976 年，M. A. Harrison、W. L. Ruzzo 和 J. D. Ullman 发表了他们关于操作系统保护的基本理论，描述了 HRU 模型。模型使用的基本概念包括：主体、客体、访问矩阵、格局、操作、命令和保护系统。其中访问矩阵是 HRU 模型中的最主要的概念之一。保护系统的定义如下。

HRU 模型的一个保护系统由以下两部分构成：

(1) 访问规则集 R，在 HRU 模型中称为权限集；

(2) 命令集 C，其命令形式为

```
command C(X1, …, Xk)
    if r1 in M[Xs1,Xo1] ∧ … ∧ rm in M[Xsm,Xom]
    then op1, …, opn
end
```

其中，$X_1,\cdots,X_k$ 是形式参数；$r_1,\cdots,r_m$ 是访问权限；$s_1,\cdots,s_m$ 和 $o_1,\cdots,o_m$ 是从 1 到 k 的正整数。如果 $m=0$，命令没有条件部分，可简单地写成以下非条件命令：

```
command C(X1, …, Xk)
    op1, …, opn
end
```

每个操作 $op_1,\cdots,op_n$ 是表 HRU 中的 6 个原语操作之一。

原语操作会改保护变系统的格局。格局(S,O,M)在操作 op 作用下转移到格局(S',O',M')，记作$(S,O,M)=>op(S',O',M')$。完成这一转移的规则全部列在表 HRU 中。

每个命令都封装了一组原语操作，因此，命令会引起系统格局的系列变化。如果有一组参数 $x_1,\cdots,x_k$，当系统执行特定的命令 $C(x_1,\cdots,x_k)$时，系统格局会产生下列变化，即存在一个格局序列 $Q_1,\cdots,Q_n$，使得

$$Q=Q_1=>op_1Q_2=>op_2\cdots=>op_nQ_n=Q'$$

则称 $Q\vdash cQ'$，其中 op_i 表示以实参 $x_1,\cdots,x_k$ 替换形参 $X_1,\cdots,X_k$ 后，命令 C 所执行的原语操作。在下面的定义中，用记号 $\vdash *Q'$ 表示 Q 执行 0 次或多次命令后转移到格局 Q'。

表 3.2　HRU 原语操作及转移规则

原语操作	解释	结构格局(S',O',M')
enter r into $M[s,o]$	授予主体 s 对 O 访问权 r	$S'=S, O'=O, M'[s,o]=M[s,o]\cup\{r\}$ 当 $s'\neq s, o'\neq o$ 时, $M'[s',o']=M[s',o']$
delete r from $M[s,o]$	收回主体 S 对 O 访问权 r	$S'=S, O'=O, M'[s,o]=M[s,o]-\{r\}$ 当 $s'\neq s, o'\neq o$ 时, $M'[s',o']=M[s',o']$
create subject s	增加一个新主体 S	$S'=S\cup\{s\}, O'=O\cup\{s\}$ 对所有 $s\in S, o\in O, M'[s,o]=M[s,o]$ 否则 $M'[s,o]=\varnothing$
destroy subject s	删除一个旧主体 S	$S'=S-\{s\}, O'=O-\{s\}$ 对所有 $s\in S', o\in O', M'[s,o]=M[s,o]$
create object o	增加一个新客体 O	$S'=S, O'=O\cup\{o\}$ 对所有 $s\in S, o\in O$, $M'[s,o]=M[s,o]$ 否则 $M'[s,o]=\varnothing$
destroy object o	删除一个旧客体 O	$S'=S, O'=O-\{s\}$ 对所有 $s\in S', o\in O', M'[s,o]=M[s,o]$

定义(HRU_1) 假设给定一个保护系统中的权限 r,如果存在格局 Q 和一个命令 C,系统从初始格局 Q_0 出发,使得:

(1) $Q_0 \vdash * Q'$ 即存在命令串 $C_1,\cdots,C_n$ 和格局 $Q_1,\cdots,Q_n$, $Q_0 \vdash_{C_1} Q_1 \vdash_{C_2} \cdots \vdash_{C_m} Q_n = Q$;

(2) C 在 Q 上泄露权限 r,即 C 中有原语将 r 加入到访问矩阵中原来不含 r 的元素中;则称 Q_0 对 r 是不安全的。如果 Q_0 对 r 不是不安全的,则称 Q_0 对 r 是安全的。

对于由 HRU 定义的保护系统,Harrison、Ruzzo 和 Ullman 证明了三个定理来说明安全问题的复杂性。Hartison、Ruzzo 和 Ullman 提出的安全问题是:在一个给定的保护系统中,一个给定的格局对某个特定的权限是安全的吗?下面这个问题被称为 HRU 安全问题。

定理 HRU1 HRU 安全问题是不可判定的。

定理 HRU2 若保护系统中每个命令只包含一个原语操作,则 HRU 安全问题是可判定的。

定理 HRU3 如果将保护系统限制为没有 create 操作,则 HRU 安全问题是 PSPACE 完全的。

3.3.3 BLP 模型

BLP 模型是第一个形式化的多级安全模型。BLP 模型在所有的安全级之间定义了一个偏序,主体能否访问客体由两者的当前安全级决定。在 BLP 模型中,使用访问控制矩阵对访问模式进行补充约束,决定一个任意主体对一个任意客体的访问模式。表 3.3 列出了下面讨论中所用到主要元素。表 3.4 列出了 BLP 模型的安全公理(安全特性)。

表 3.3 BLP 模型主要元素

集合	语　义	集合	语　义
S	主体集：进程，正在执行的程序	R	请求集：请求/释放访问；授予/撤销访问；请求创建客体/重分级等
O	客体集：数据，文件，主体等		
A	$A=\{a、e、r、w\}$；访问属性集，其中 a：添加；r：读；w：写；e：执行	V	$V=B\times M\times F\times H$；$v=(b、M、f、H)\in V$ 表示系统状态
M	访问矩阵：表示自主访问控制模式，$M[s,o]\subseteq A$ 主体 s 对客体 o 的权限	W	$W\subset R\times D\times V\times V$：$w=(r、d、v、v')$ 表示在请求 r 下，产生决策 d，系统从状态 v 转移到 v'
H	客体的层次结构		
F	F 是等级函数（f_s、f_o、f_c）的集合，其中 f_s：主体等级函数；f_o：客体等级函数；f_c 当前安全等级函数	X	$X=\{x: T\rightarrow R\}$：T 到 R 的函数集，x 表示一个请求序列
B	$B\in\mathbb{P}(S\times O\times A)$：当前访问集合	Y	$Y=\{y: T\rightarrow D\}$：T 到 D 的函数集，y 表示一个决策序列
T	正整数集，表示离散时间集合	Z	$Z=\{z: T\rightarrow V\}$：T 到 V 的函数集，z 表示一个状态序列
D	$D=\{yes、no、error、?\}$：决策集		

表 3.4 BLP 模型的安全公理

状态的安全特性	条件：对于 $v=(b、M、f、H)$ 和所有 $(s,o,x)\in b$
ss-安全特性	简单安全特性：v 是 ss-安全的 $\Leftrightarrow$ (1) $x=a$ 或 $x=e$；(2) $x=r$ 或 $x=w\Rightarrow f_s(s)\geqslant f_o(o)$
*-安全特性	*-安全特性：v 是 *-安全的 $\Leftrightarrow$ (1) $x=a\Rightarrow f_s(s)\leqslant f_o(o)$；(2) $x=w\Rightarrow f_s(s)=f_o(o)$；(3) $x=r\Rightarrow f_s(s)=f_o(o)$
ds-安全特性	自主安全特性：v 是 ds-安全的 $\Leftrightarrow x\in M[s,o]$
(*, S')-安全特性	对于 $S'\subset s$，v 关于 S' 是 *-安全的，当 $s\in S'$ 时 (1) $x=a\Rightarrow f_s(s)\leqslant f_o(o)$；(2) $x=w\Rightarrow f_s(s)\leqslant f_o(o)$；(3) $x=r\Rightarrow f_s(s)\leqslant f_o(o)$
(ss, l)-安全特性	对于 $l=(l_s、l_o、l_c)\in F$、v 关于 l 是 ss-安全的 $\Leftrightarrow$ (1) $x=a$ 或 $x=e$；(2) $x=r$ 或 $x=w\Rightarrow l_s(s)\geqslant l_o(o)$

在 BLP 模型中，一个 BLP 系统 $\sum(R,D,W,z_0)\subset X\times Y\times Z$ 定义如下：

(1) z_0 称为系统的初始状态；

(2) 每个三元组 $(x,y,z)\in\sum(R,D,W,z_0)$ 称为系统的表象；

(3) 每个四元组 (x_i,y_i,z_i,z_{i-1}) 称为系统的动作。

系统表象 $(x,y,z)\in\sum(R,D,W,z_0)$ 满足 ss-特性的条件是状态序列 $z=(z_0,z_1,\cdots)$ 中每个状态都满足该特性，系统满足 ss-特性的条件是它的每个表象都满足 ss-特性。类似地，可以定义系统满足 *-特性和 ds-特性。

BLP 系统的安全性，有 BLP 的四条安全定理来保证，这四条安全定理如下：

简单安全定理　当 z_0 满足 ss-特性时，$\sum(R,D,W,z_0)$ 满足 ss-特性的充分必要条件是，即对任意 $w=(R_i,D_i,(b^*,M^*,f^*,H^*),(b,M,f,H))$，$W$ 满足以下条件：

(1) 每个$(s,o,x)\in b^*-b$,满足(ss,f^*)-特性;

(2) 如果$(s,o,x)\in b$但不满足(ss,f^*)-特性,则$(s,o,x)\notin b^*$。

***安全定理** 设$S'\subset S$,初始状态z_0满足$(*,S')$-特性,那么$\sum(R,D,W,z_0)$满足$(*,S')$-特性的充分必要条件是对任意$w=(R_i,D_i,(b^*,M^*,f^*,H^*),(b,M,f,H))$,$W$满足以下条件:

(1) 对每个$s\in S'$,$(s,o,x)\in b^*-b$满足$(*,S')$-特性;

(2) 对每个$s\in S'$,如果$(s,o,x)\in b$不满足$(*,S')$-特性,则$(s,o,x)\notin b^*$。

自主安全定理 $\sum(R,D,W,z_0)$满足ds-特性,当且仅当z_0满足ds-特性,且对于每个活动$w=(R_i,D_i,(b^*,M^*,f^*,H^*),(b,M,f,H))$,$W$满足:

(1) 如果$s\in S'$,$(s,o,x)\in b^*-b$,则$x\in M^*[s,o]$;

(2) 如果$s\in S'$,$(s,o,x)\in b$且$x\notin M^*[s,o]$,则$(s,o,x)\notin b^*$。

基本安全定理 $\sum(R,D,W,z_0)$是安全系统,当且仅当z_0是安全状态,且W的活动满足简单安全定理、*安全定理和自主安全定理。

3.3.4 评述

访问控制模型依据的基本原理是:如果在系统执行的每一步,系统中实体的行为都符合指定的规范,则系统是安全的。但HRU的结果表明,当系统以访问矩阵作为访问控制机制时,一个进程能否取得对客体访问权这一问题,是不可判定的。因为HRU模型是一类简单的模型,并部分将授权的自由交给用户,所以,HRU的结果还表明,安全必须以牺牲自由为代价。

与HRU不可判定定理相关的另一个问题是所谓"特洛伊木马"问题。因为用户可以自主地将访问权授予其他用户,所以客体的访问权可能在宿主不知道的情况下被授予了其他用户。自主访问控制不能防止"特洛伊木马"。对"特洛伊木马"问题的处理,将访问控制区分为自主访问控制和强制访问控制。强制访问控制模型可以阻止使用直接信息通道的"特洛伊木马",但不能防止隐蔽信息通道,即访问权限某种特殊组合产生的隐蔽信息流。McLean指出,访问控制模型来自"公文世界",因此,隐蔽通道问题是不可避免的。

因为有BLP基本安全定理,所以我们相信BLP模型是安全的。但McLean却指出,在证明系统安全性方面,BLP基本安全定理并没有任何作为。如果系统状态的索引支持归纳证明,那么不论如何定义"安全状态",类似的定理都成立。如此一来,基本安全定理证明的只不过是状态索引的性质,而非安全性。为此,McLean构造了一个明显不安全的系统,并在这样的系统中证明了基本安全定理。这说明,对于BLP这类的模型,安全是一种平凡性质,从数学上证明是安全的系统,不一定表示实际系统也是安全的。

3.4 信息流模型

隐蔽通道的概念，是 Butler W. Lampson 在研究禁闭问题时提出的。因为访问控制模型仅考虑主体对客体的访问行为，而不考虑信息的流动问题，所以此类模型不能检查信息的间接流动，因此也就不能消除隐蔽信息通道。例如对于 if a=0 then b=c 这样的语句，信息流关系 c→b 是显式的，而 a→b 则是隐式的，访问控制只能检查到前者。信息流模型可以处理这类间接的信息流动。

3.4.1 格模型

格模型由 Dorothy E,Denning 提出。一个格信息流模型 FM 定义为

FM = (N,P,SC,⊗,→)

其中，$N=\{a,b,\cdots\}$是客体集，即逻辑存储对象或信息储藏器的集合。N 中的元素，根据模型设计详细程度，可以是文件，也可以是程序的变量。系统中的每个用户也可以视为客体。$P=\{p,q,\cdots\}$，是进程的集合。进程是引起信息流动的主动主体。$SC=(A,B,\cdots)$是安全级的集合，是信息的不相交分类的集合。定义这一集合的目的，是要把“安全保密级别”“保密等级”“需知权”等概念包容到信息流模型中来。每个客体 a 属于一个安全级，标记为 $\underline{a}$，表明存储于 a 中信息的安全等级。有两种把客体绑定到安全级上的方法；静态绑定和动态绑定。对于静态绑定，客体的安全级别是恒定不变的。动态绑定时，客体的安全级别可随其内容变化。用户被静态地绑定到称为“安全级别”的安全等级上。进程 p 也要绑定到安全级上，标记为$\underline{p}$。$\underline{p}$可能取决于 p 的宿主用户的安全等级，或 p 所访问过的客体和安全等级。等级联合算子⊗是可结合和可交换的二元算子。→是一个自反、传递和非对称的二元关系，称为流关系，$A\rightarrow B$ 表示允许从 A 到 B 的信息流。

模型的主要概念是全有界格。一个全有界格是指这样一种代数结构：一个有最小上界算子和最大下界算子的有限偏序集。在下面的假设之下，$(SC,\rightarrow\otimes)$是一个全有界格。

(1) $(SC,\rightarrow)$是偏序集。

(2) SC 是有限集。

(3) SC 有下界 L，且对所有 $A\in SC$，$L\rightarrow A$。

(4) ⊗是 SC 上的最小上界算子。

在一般系统中。上述假设是合理的。可以证明，上述假设蕴含这样一个结果：SC 有最大下界 L 和最小上界 H。最小上界算子⊗可以扩展到子集上。若 X 是 SC 的子集，即 $X\subseteq SC$，如果 $X=\emptyset$ 则令$\otimes X=L$，否则令$\otimes X$ 表示 X 中所有安全级的最小上界，即对任意 $n>1$ 和 $X=\{A_1,\cdots,A_n\}$，令$\otimes X=A_1\otimes\cdots\otimes A_n$。

因为$(SC,\rightarrow,\otimes,)$有最大下界，所以可以引入最大下界算子⊗，它定义为 $A\otimes B=\otimes\{C\mid C\rightarrow A \text{ and } C\rightarrow B\}$，⊗也可扩展到集合上去。如果 $X=\varnothing$，则$\otimes X=H$，否则，令$\otimes X$

表示 X 中所有安全级的最大下界，即对任意 $n>1$ 和 $X=\{B_1,\cdots,B_n\}$，令$\otimes X=B_1\otimes\cdots\otimes B_n$。

这样，$(SC,\rightarrow,\otimes,\otimes)$是一个有最小上界和最大下界的全有界格。最小上界算子和最大下界算子还有下面的性质：

(1) $A_i\rightarrow B(1\leqslant i\leqslant n)$当且仅当$\otimes X\rightarrow B$，或 $A_1\otimes\cdots\otimes A_n\rightarrow B$。意思是说，$a_1,\cdots,a_n$客体可分别独立地流向客体 b，当且仅当里$\underline{a_1}\otimes\cdots\otimes\underline{a_n}\rightarrow\underline{b}$，即 $a_1,\cdots,a_n$的组合所对应的安全级，可以流向 b。

(2) $A\rightarrow B_i(1\leqslant i\leqslant n)$，当且仅当 $A\rightarrow\otimes X$，或 $A\rightarrow B_1\otimes\cdots\otimes B_n$，意思是说，客体 a 能够流到客体 $b_1,\cdots,b_n$，当且仅当$\underline{a}\rightarrow\underline{b_1}\otimes\cdots\otimes\underline{b_n}$。

有了以上概念，就可以定义什么是安全信息流了：信息流模型 FM 是安全的，如果操作序列不会产生违反“→”关系的信息流。

使用格模型，我们可以构造 if C then S1 的安全模型，更一般地，可以构造 case C of $S_1,\cdots,S_n$的安全模型，因为前者是后者的特殊情形。以 C：S1，…，Sn 表示上述语句。首先归纳地定义语句 S 的结构：

(1) 赋值语句 S$\underline{\triangle}$b=f(a1，…，an)是原子语句。其中 a1，…，an，b 是客体(变量)，f 是求值函数。所有原子语句都是语句；

(2) 如果 S1 和 Sn 是语句，则 S$\underline{\triangle}$S1；S2 也是语句；

(3) 如果 S1，…，Sn 是语句，C 是变量，则 S$\underline{\triangle}$C：S1，…，Sn 也是语句。

每个 s 都包含信息的流动。令 In(S)表示 S 中信息流入的客体安全级的集合，Out(S)表示信息流出的客体安全级的集合，那么，归纳地定义，In(S)和 Out(S)定义如下：

(1) 如果 S$\underline{\triangle}$b=f(a1，…，an)是赋值语句，那么 S 是安全的，当且仅当则 In(S)=$\{\underline{b}\}$，Out(S)=$\{\underline{a1},\cdots,\underline{an}\}$；

(2) 如果 S$\underline{\triangle}$S1，S2，则 In(S)=In(S1) U In(S2)，Out(S)=Out(S1) U Out(S2)；

(3) 如果 S$\underline{\triangle}$C：S1，…，Sn，则 In(S)=$\mathrm{U}_{i=1}^{n}$In(S1)，Out(S)=$\mathrm{U}_{i=1}^{n}$Out(S1) U {C}。

现在可以定义语句 S 的安全性如下：语句 S 是安全的，当且仅当$\otimes$Out(S)→$\otimes$In(S)。显然按照这一关于语句 S 的安全模型，语句 if a=0 the b=c 是安全的，当且仅当$\underline{a}\otimes\underline{c}\rightarrow\underline{b}$。

3.4.2 无干扰模型

无干扰模型是 Goguen 和 Meseguer 针对多级安全提出的信息流安全模型，无干扰性质使用的自动机模型称为 GM 自动机，其定义如下：

定义(NIl) 一个 GM 自动机 M 由以下诸要素构成：

(1-1)集合 U，其中的元素称为“用户”。

(1-2)集合 S，其中的元素称为“状态”。它实际是对用户程序、数据、消息等信息的完整刻画。

(1-3)集合 C，表示导致状态改变的操作的集合，其中的元素称为“状态操作”。

(1-4)集合 O，其中的元素称为“输出”。一个输出串实际上表示用户所观察到的一次系统行为。

(1-5)集合 R,读操作的集合,其中的元素称为“读操作”。以及

(2-1)函数 do: S×U×C→S,称为状态转移函数,表示用户执行状态操作后所发生的状态变化。

(2-2)函数 out: S×U×C→0,称为输出函数,表示用户执行读操作的可见结果。

表 3.5 的左边列出了 GM 状态自动机的基本元素,右边列出了状态自动机的状态转移函数与输出函数。对于从初始状态 s0 出发,经历操作序列 w∈(U×C)′后,所达到的状态, Goguen 和 Meseguer 使用了一个简单记号ⅡwⅡ,即ⅡwⅡ=do′(s0,ww)。因此, Out(ⅡwⅡ,v,r)表示用户 v 在状态 s=ⅡwⅡ=do′(s0,ww)执行读 r 的结果。

表 3.5 GM 自动机的基本元素及动作函数

基本元素	操　作
U:用户集合	$w=(u_1,c_1)\cdots(u_n,c_n)\in(U\times C)''$:系统经历的状态操作序列。$empty$ 表示空序列。$w=w_1w_2$ 表示两个序列的连接
$G\subseteq U$:用户组	
$G'\subseteq U$:用户组	$do:S\times U\times C\rightarrow S$:状态转移函数。$do(s,u,c)=s'$:用户 u 在状态 s 下执行状态操作 c,系统转移到状态 s'
C:状态操作集	
$A\subseteq C$:状态操作子集	
R:读操作集	$do'':S\times(U\times C)''\rightarrow S$:广义状态转移函数。$do''(s,empty)=s,do''(s,w'(u,c))=do(do''(s,w),(u,c))$
$B\subseteq R$:读操作子集	
S:系统状态集合	$out:S\times U\times R\rightarrow O$:输出函数。$out(s,u,r)=0$:用户 u 在状态 s 下执行读操作 r,并将结果 o 输出
$s_0\in S$:初始状态	

对于操作序列 w,我们定义 w 上的过滤函数 $PG,A(w)$为从 w 中删除 $u\in G$ 且 $c\in A$ 的序对(u,c)所得到的子序列,即:

当 $u\in G$ 并且 $c\in A$ 时,$PG,A((u,c)w)=PG(w)$。

当 $u\notin G$ 或者 $c\notin A$ 时,$PG,A((u,c)w)=(u,c)\ PG,A(w)$。且分别在 $A=C$ 或 $G=U$ 或 $G=\{u\}$,$A=C$ 时,我们将 PG,A 分别简记成 PG,PA,Pm。

我们可以这样的观点来考察 GM 自动机:系统中有两个我们感兴趣的用户组 G 和 G',其中 G 在系统中执行状态操作子集 A 中操作行为,G'希望观察 G 在系统中的行为,即 G 执行了哪些状态操作。G'所能使用的方法是执行读操作子集 B 中的读操作,然后输出结果。我们称 G 在 A 上的操作 G' 对 B 上观察无干扰,如果无论 G 执行什么样的操作,G'所观察到的结果都是一样的,就像 G 从来没有执行过任何 A 中的状态操作。形式地,无干扰性质定义如下:

定义($NI2$) 执行状态转移命令子集 A 的用户组 G,对另一个执行输出命令子集 B 的用户组 G'无干扰,记为:

$$G,A:\ |\ G',B$$

其表达式为:对任意 $w\in(U\times C)'$,$v\in G'$,$r\in B$

out(ⅡwⅡ,v,r) = out(ⅡPG,A (w)Ⅱ,v,r)

其中 P 是过滤函数。

根据上述定义，我们可以构造多级安全(MLS)系统。设 L 是安全等级的有序集，并设函数

$$level: U \to L$$

定义用户的安全等级。那么一个 MLS 系统是满足以下(MLNI)性质的系统：

$$(MLNI)\ out(\llbracket w \rrbracket, v, r) \neq out(\llbracket PG, A(w) \rrbracket, v, r) \Rightarrow level(u) \leqslant level(v)$$

意思是说，只要 u 的安全级比 v 高，则 u 对 v 无干扰。

3.4.3 评述

不论是 Denning 的格模型，还是 Goguen 和 Meseguer 的无干扰模型，都使用了纯数学概念，因此，可以说信息流模型在形式化方面迈出了重要一步。对于无干扰模型，隐蔽通道实际上已经对低安全级用户的观察造成了影响，因此将被(MLNI)禁止。

无干扰模型对于定义什么是安全来说更为本质，它将安全问题与计算机科学中的另一个中心问题，即系统行为的等价性联系到一起。安全问题实质上与系统行为的等价问题是一致的，而后者可以使用纯数学的方法描述。所谓两个系统的行为等价，是指这两个系统的行为对观察者来说是一样的。对于确定性的系统，定义等价性是很简单的，如 Goguen 和 Mesaguer 所考察的系统。对于非确定性系统，目前不存在一致公认的等价性定义，因此，也就不存在一致公认的无干扰性定义。

访问控制是比较成熟的系统安全技术，但是，从访问控制的角度寻找一种安全访问控制策略，并保证系统中不存在信息泄露，却不是一件易事。访问控制模型所要面对的主要问题是如何防止"特洛伊木马"。C2 级操作系统如 UNIX 和 Windows NT，都以自主访问控制作为 TCB 主要安全机制，因而不能防止内部攻击。如 UNIX 的文件管理系统允许用户决定文件的访问权，这几乎可以肯定要导致系统的安全漏洞，假如某个用户 A 执行了一个能修改其文件访问权限的"特洛伊木马"程序，就可能将 A 的文件的访问权限授予任意用户。

对于强制访问控制，同样的"特洛伊木马"将被禁止，因为在 MAC 模型中，规则是由系统强制实施的。按照 BLP 模型，"特洛伊木马"程序不能将高安全级的信息泄露到低安全级用户，因为它违反"禁止向上读"或"禁止向下写"原则。但如果"特洛伊木马"利用系统的功能间接地传递秘密信息，则 MAC 不能阻止这种信息泄露。例如两个不同安全级的进程共享一块有限大小的存储资源. 这块存储资源既可能构成一个隐蔽存储通道，也可能构成一个隐蔽时间通道。因此，TCSEC 要求，B2 级以上安全的操作系统必须有隐蔽通道分析。

访问控制模型，特别是 BLP 模型，是一类最实用的安全模型。但随着信息处理系统越来越复杂，不论军事部门还是商业部门，都需要更加灵活的安全策略，需要更加细致地划分控制粒度，需要更加灵敏的信息流控制；而新的软件范型，如面向对象、超文本、虚拟

机、移动代码、智能主体等却引入了大粒度的实体；还有一些更加复杂的环境很难区分可以独立分级标记的实体。因此，模仿“公文世界”的访问控制模型已经不能适应新的安全需求。现在已经明确，安全问题可归结为信息流的无干扰性质，而无干扰性质又可归结为系统的等价性问题，后者是计算机科学中的中心问题之一。

习题

1. 访问控制有哪几类？其工作原理是什么？

2. 试述隔离法、访问控制矩阵法和钥-锁方控制法的区别。

3. 安全模型的类型有哪些？请分别作简单的解释。

4. 降低密级违反了BLP模型中的 *-属性。提升客体的密级是否会违反该模型的任何一项属性？为什么？

第4章

密码学概述

在现实世界中，安全是一个相当简单的概念。例如，房子门窗上要安装足够坚固的锁，以阻止窃贼的闯入；安装报警器是阻止入侵者破门而入的进一步措施；当有人想从他人的银行账户上骗取钱款时，出纳员要求其出示相关身份证明也是为了保证存款安全；签署商业合同时，需要双方在合同上签名以产生法律效力也是保证合同的实施安全。

在计算机被广泛应用的今天，由于计算机网络技术的迅速发展，大量信息以数字形式存放在计算机系统里，信息的传输则通过公共信道。这些计算机系统和公共信道在不设防的情况下是很脆弱的，容易受到攻击和破坏，信息的失窃不容易被发现，而后果可能是极其严重的。

密码技术是实现信息安全的核心技术，是保护数据最重要的工具之一。通过加密变换，将可读的文件变换成不可理解的乱码，从而起到保护信息和数据的作用。我们在讨论密码技术及其理论时，有三个专业术语的需要首先分清楚，它们是密码学(cryptology)、密码编码学(cryptography)和密码分析学(cryptanalysis)。其中，密码编码学是指用各种不同的加密算法对信息进行加密；密码分析学则反之，它是指如何对密码进行分析、破解和攻击；而密码学作为数学的一个分支，它是一个比较综合的概念，涵盖了密码编码学和密码分析学。精于此道的人称为密码学家(cryptologist)，现代的密码学家通常也是理论数学家。

4.1 安全的通信

我们首先看一个简单的例子，一对通信伙伴 Alice 和 Bob 要进行通信，在没有任何防护的情况下，第三方 Eve 可以两种不同的方式对他们的通信进行攻击。

被动攻击：Eve 通过各种办法，如搭线窃听、电磁窃听、声音窃听、非法访问等，非法截收通信渠道中的信息。

主动攻击：Eve 对通信渠道中的信息进行非法篡改，如删除、增添、重放、伪造等。

相应地，密码技术也分为两个部分：第一部分是信息保密，用来抵抗被动攻击；第二部分是信息认证，用来抵抗主动攻击。信息认证的功能是对信息的认证、对发送信息者身份的认证和对接收信息者身份的认证，使得对信息的篡改会被立即发现。

因此，Alice 和 Bob 如果要通过不安全的公共信道进行通信，还要保证通信的安全，可能会采用的通信方案如图 4.1 所示。

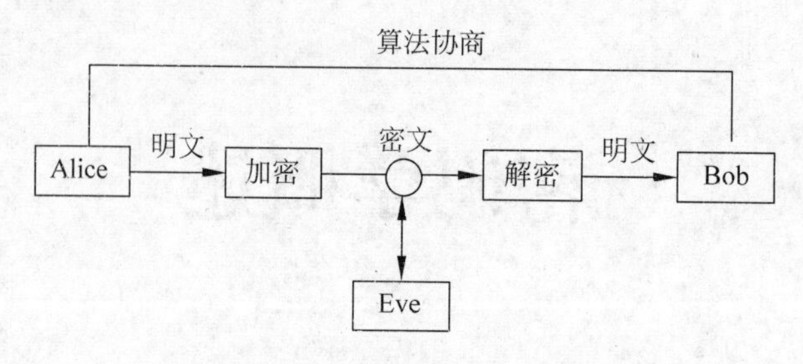

图 4.1 含加密和解密过程的通信方案

当 Alice 要借助于通信渠道传递一个消息（即明文 plaintext）给 Bob 时，她需要通过其他渠道事先与 Bob 约定好加密算法，然后使用该加密算法加密要传递的消息，加密后的结果称为密文（ciphertext）。密文在通过通信渠道到达 Bob 后，Bob 需要使用相应的方法（即解密算法）解密传来的密文，恢复 Alice 要传递的消息。

4.1.1 受限制的算法

如果通信的安全要基于加密算法的保密性，那么这种算法称为受限制的算法。

受限制的算法的特点表现为：

(1) 密码分析时因为不知道算法本身，还需要对算法进行恢复；

(2) 处于保密状态的算法只为少量的用户知道，产生破译动机的用户也就更少；

(3) 不了解算法的人或组织不可用。

受限制的算法具有历史意义，但是按照现在的安全标准，它们的保密性已远远不够。尤其是对于那些大的组织，如果其中的一个用户离开该组织，则该组织的其他用户就必须改换另外不同的算法。

更糟的是，受限制的密码算法不可能进行质量控制或标准化，每个用户组织必须有他们自己的唯一算法。这样的组织不可能采用流行的硬件或软件产品，因为窃听者可以买到这些流行产品并学习算法，于是用户不得不自己编写算法并予以实现。如果这个组织中没有好的密码学家，那么他们就无法知道是否拥有安全的算法。

尽管有这些主要缺陷，受限制的算法对低密级的应用（用户或者没有认识到，或者不在乎他们系统中存在的问题）来说，还是很流行的。

4.1.2 密钥

从商用的角度出发，要求加密和解密算法应该是公共的标准算法，是公开的。因此，包括攻击者 Eve 在内的所有人都知道加密和解密算法。这就要求安全性应不依赖于加密和解密算法是否保密，现代密码学用密钥解决了受限制算法的问题，从而使安全性仅仅依赖于密钥是否保密。

此时 Alice 和 Bob 二人的通信，将采取的通信方案如图 4.2 所示。

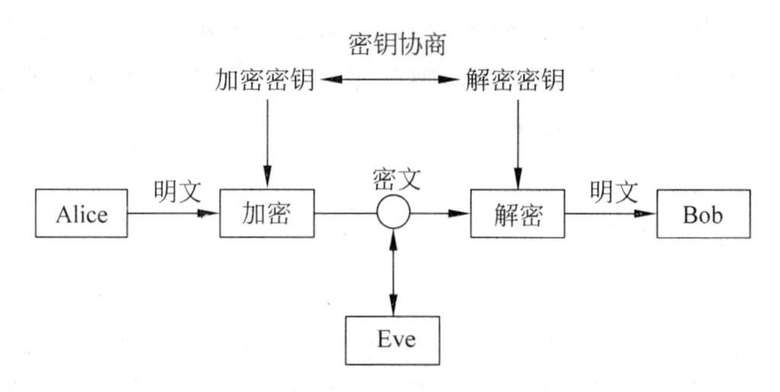

图 4.2 现代密码学的基本通信方案

此时，所有这些算法的安全性都基于密钥的安全性，而不是基于算法细节的安全性。这就意味着算法可以公开，也可以被分析，可以大量生产使用算法的产品。即使窃听者 Eve 知道算法也没有关系，如果她不知道 Alice 和 Bob 所使用的具体密钥，她就不可能阅读二者的消息。

算法公开的优点包括：

(1) 它是评估算法安全性的唯一可用的方式；

(2) 防止算法设计者在算法中隐藏后门；

(3) 可以获得大量的实现，最终可走向低成本和高性能的实现；

(4) 有助于软件实现；

(5) 可以成为国内、国际标准；

(6) 可以大量生产使用该算法的产品。

这些正是基于 1883 年 Kerchoffs 所提出的、后来被广泛接受的 Kerchoffs 原理：加密解密算法的知识、密钥的长短和明文的获取是现代密码分析学的标准假设，由于攻击者最终也有可能获取这些信息，在评价密码体制的强度上，我们最好不要依赖于它们的保密性。

现代的密码体制正是由算法以及所有可能的明文、密文和密钥组成。如果每一次加密解密过程都要选择一次加密解密密钥，则加密解密方式称为一次一密的。一次一密的加密解密方式通常具有很好的安全性，但是需要频繁地更换密钥，每次通信之前都需要通信伙伴之间进行协商来确定新的密钥，因而一次一密的加密解密方式是不实用的。

如果加密解密密钥在多次加密解密过程中反复地重复使用，则加密解密方式称为多次一密的。现有的实用加密解密方式都是多次一密的。多次一密的加解密方式极大地省却了通信伙伴的工作量。

从原理上，加密和解密的方法分为两类，即对称密钥(symmetric key)和非对称密钥(asymmetric key)。

在对称密钥体制中，Alice 和 Bob 双方均知道加密和解密密钥，而且在很多情况下，加密密钥和解密密钥是相同的，因此对称密钥体制有时也称为单钥密码体制，Alice 和 Bob 都必须保证该密钥的保密性。古典的加密体制(1970 年以前)以及数据加密标准

(DES)和高级加密标准 Rijndael(AES)都是基于对称密钥的。

在非对称密钥体制中,密钥分成公开密钥(public key)和私有密钥(private key)两部分,简称公钥和私钥,Alice 和 Bob 拥有各自的公钥和私钥,因此非对称密钥体制有时也称为双钥密码体制。由于 Bob 的公钥是公开的,Alice 可以使用它来加密给 Bob 的消息,只有 Bob 拥有用来解密的私钥,而其他人则几乎不可能通过计算来发现解密密钥。最流行的这类密码体制是 RSA 密码体制。

4.1.3 密码分析

密码分析是在不知道密钥的情况下恢复出明文。密码设计和密码分析是一对互逆的过程,两者密切相关,但解决问题的途径有很大差别。密码设计是利用数学来构造密码;密码分析除了依靠数学、工程背景、语言学等知识外,还要靠经验、统计、测试、眼力、直觉判断能力,有时还靠点运气。

一种称为穷举搜索的密码分析,是指对截获的密文依次用各种可能的密钥试译,直到得到有意义的明文。各种可能的密钥的总数称为密钥量。显而易见,只要有足够多的计算时间和存储容量,原则上穷举搜索总是可以成功的。因此,任何一种实用密码的密钥量都要远远大于攻击者所能承受的计算时间和存储容量。

如果对密码体制的任何攻击,都不优于(对明文)完全盲目的猜测,这样的密码体制就称为无条件安全的。在实际应用中,我们更多追求的是一种所谓的计算安全。对于计算安全,我们可以按级别给出以下定义:

对密码体制的任何攻击,虽然可能优于完全盲目的猜测,但超出了攻击者的计算能力。这是最高级别的计算安全。

对密码体制的任何攻击,虽然可能没有超出攻击者的计算能力,但所付出的代价远远大于破译成功所得到的利益。这是第二级别的计算安全。

对密码体制的任何攻击,虽然可能没有超出攻击者的计算能力,但破译成功所需要的时间远远大于明文本身的有效期限。这是另一种形式的第二级别的计算安全。

当前大多数成功的密码,是基于计算安全的基础之上的。

因此,对于密码分析而言,要求成功的密码分析不仅能恢复出消息的明文或密钥,也可以发现密码体制的弱点。

如果被动攻击者 Eve 完全能够截获收发者 Alice 和 Bob 之间的密文传递,她希望试图获取二人通信的明文信息,并且她知道二人通信所使用的加密算法和解密算法,但不知道加密密钥和解密密钥,她可能会采取以下四种手段发起攻击。

(1) 唯密文攻击(ciphertext-only attack)

Eve 有一些消息的密文,这些消息都用同一加密算法加密。Eve 试图根据已有密文推测恢复出尽可能多的明文,或者最好是能推算出加密消息的密钥来,以便利用该密钥解出其他被加密的消息。

(2) 已知明文攻击(known-plaintext attack)

Eve 不仅可得到一些消息的密文,而且也知道这些消息的明文,只是不知道加密和解密的密钥。Eve 的任务就是用加密信息推出用来加密的密钥，从而可以像 Alice 一样对任何明文进行加密，以便发起主动攻击；或者 Eve 计算出了解密密钥，从而可以像 Bob 一样对用同一密钥加密的任何新的消息进行解密。

比如，Eve 中途截获了加密后的密文，第二天又获得了（通过其他方式，比如贿赂 Alice 或 Bob 的朋友）经解密的明文。又如，Alice 给 Bob 的通信总是以“dear Bob”开头，那么 Eve 即使只获得了一小部分密文及其相应的明文，对于大多数较弱的密码体制，这些信息也足以用来破译密码，甚至对功能稍强的密码体制，这些信息也足以破译密码了。

(3) 选择明文攻击(chosen-plaintext attack)

Eve 不仅可得到一些消息的密文和相应的明文，而且她也可选择特定的明文去加密，这些明文可能产生更多的关于密钥的信息。Eve 的任务是推出用来加密信息的密钥；或者导出一个算法，该算法可以对用同一密钥加密的任何新的消息进行解密。

比如，Eve 临时获取了加密的机器，虽然她不能打开它获取密钥，但可以通过大量经过挑选的明文，去试着利用其产生的密文来推测密钥。

(4) 选择密文攻击(chosen-ciphertext attack)

Eve 能选择不同的被加密的密文，并可得到对应的解密的明文。Eve 的任务就是推出密钥。

比如，Eve 临时获得了用来解密的机器，利用它去“解密”一些经过挑选的密文，以尽可能地利用结果推测出密钥。

除了上述四种攻击手段，一些文献中还提到了诸如自适应选择明文攻击等其他一些密码分析攻击手段，在此不再赘述，感兴趣的读者可查阅有关文献。

已知明文攻击和选择明文攻击还是很容易做到的。在日常生活中，我们也常听说，某国的密码分析者通过贿赂得到加密的明文消息，或者他们捕获和分析了加密和解密设备，这些都不足为怪。

很明显，唯密文攻击是最困难的，因为分析者可供利用的信息最少。上述攻击的强度是递增的。一个密码体制是安全的，通常是指在前三种攻击下的安全性，即攻击者一般容易具备进行前三种攻击的条件。

所以，密码体制的强度若依赖于攻击者不知道算法的内部机理，那该体制注定会失败。如果相信保持算法的内部秘密比让研究团体公开分析它更能改进密码体制的安全性，那更是大错特错。最好的算法是那些已经公开的，并经过世界上最好的密码分析家们多年的攻击，但还是不能破译的算法。好的密码分析家总会坚持审查，以图把不好的算法从好的算法中剔除出去。

4.2 古典密码体制

为理解受限制算法的局限性，我们将介绍一些在计算机发明以前常使用的一些经典的密码体制。尽管从现在看来，特别是用计算机来处理时，这些密码体制相当脆弱，以至于如今已基本不再使用。但是讨论这些弱密码，研究它们的细节，让我们认清它们的弱点，才可以在未来的工作中有效避开，也可以在一定程度上帮助我们理解为什么密码会失效。如果我们只看到那些不可攻击的密码，那么对于密码如何失效就不得而知了。

在本章后面的描述中，我们约定，所有消息均用英文表示，明文将用小写字母书写，密文则用大写字母书写，使用英文字母与集合{0,1,2,…,25}中元素如表4.1的对应关系，并且通常我们会认为英文字母与相应整数是等同的，此外，忽略空格和标点符号。加密过程的加密变换函数用$E(x)$表示，解密过程的解密变换函数用$D(x)$表示。

表4.1　英文字母与集合{0,1,2,…,25}中元素的对应关系

a,A	b,B	c,C	d,D	e,E	f,F	g,G	h,H	i,I	j,J	k,K	l,L	m,M
0	1	2	3	4	5	6	7	8	9	10	11	12
n,N	o,O	p,P	q,Q	r,R	s,S	t,T	u,U	v,V	w,W	x,X	y,Y	z,Z
13	14	15	16	17	18	19	20	21	22	23	24	25

4.2.1　移位密码

移位密码是最简单的一种密码，因为这种密码有时也称为Caesar密码，所以其创始人至少可以追溯到Julius Caesar(即古罗马统帅恺撒)。在使用Caesar密码时，为了给消息加密，消息中每个字母均被后移3位，字母表的最后3个字母又转到开始，换句话说，移位密码实现了26个英文字母的循环移位，其加密效果如表4.2所示。

表4.2　Caesar密码

加密前	a	b	c	d	e	f	g	h	i	j	k	l	m
加密后	D	E	F	G	H	I	J	K	L	M	N	O	P
加密前	n	o	p	q	r	s	t	u	v	w	x	y	z
加密后	Q	R	S	T	U	V	W	X	Y	Z	A	B	C

加密变换函数为

$$E(x)=(x+3)\bmod 26,\quad 0\leqslant x<26$$

相应地，解密变换函数为

$$D(x)=(x-3)\bmod 26,\quad 0\leqslant x<26$$

按照上述Caesar密码的加密规则，假设明文为

caesar cipher is a shift substitution

将得到密文为

FDHVDU FLSKHU LV D VKLIW VXEVWLWXWLRQ

这样，如果消息被截获，对于大多数人来讲，看到这样不能读、正常人也不会这样写的句子，这种加密还是能起到保密作用的。而对于接受方，解密是加密的逆过程，具体过程就是将字母向前移3位即可。一般地，对于非特定的字母表，移位密码的加密和解密过程

都是循环移位运算，加密变换函数为

$$E_k(x)=(x+k) \bmod q, \quad 0 \leqslant x < q$$

其中，k 为密钥，$0<k<q$。

解密变换函数为

$$D_k(x)=(x-k) \bmod q, \quad 0 \leqslant x < q$$

但是如果加密解密算法已知，由上可知，移位密码的密钥只有 $q-1$ 种情况，密钥空间很小，因而移位密码很容易通过强力攻击得到破解后的明文，即移位密码很容易受到唯密文攻击。尤其是当密文中如果有一个字母相应的明文已知，则密钥即可确定，所以移位密码根本不能抵抗已知明文攻击。

4.2.2 乘数密码

乘数密码又称为采样密码。因为密文字母表是将明文字母表每 k 位取出一个字母排列而成字母表，如果已取到明文字母表结尾，则重新从头取，即乘数密码的加密变换函数为

$$E_k(x)=k\,x \bmod q, \quad 0 \leqslant x < q$$

其中，k 为密钥，$0 \leqslant k < q$。

但是加密变换函数是否是一一对应呢？毕竟只有一一对应，才能保证由密文恢复出明文。

假设明文字母表长为 q，由数论知识，仅当 k 与 q 互素时，明文字母与密文字母才是一一对应的。因为，利用数论中求最大公因子的欧几里得算法，对任意整数 k、q，可求得 k 和 q 的最大公因子 d，同时可得到两个整数 m 和 n，使得 $mk+nq=d$。只有当 k 与 q 互素时，才会有 $mk+nq=1$，即，$mk \bmod q=1$，此时，称 m 为 k 模 q 的乘法逆元，并记 $m=k^{-1}$；而若 k 与 q 不互素，则不会有 $mk \bmod q=1$，即不存在 k 的乘法逆元 k^{-1}，因而也就无法由密文恢复出明文。

因此，解密变换函数为

$$D_k(x)=k^{-1}\,x \bmod q, \quad 0 \leqslant x < q$$

按照上述变换规则，采用英文字母表作为明文字母表，则 $q=26$，如果 $k=9$，则 q 与 k 互素，加密变换函数为一一对应。又因为 $9 \times 3 \bmod 26=1$，所以其加密变换函数和解密变换函数分别为

$$E_k(x)=9x \bmod 26$$

$$D_k(x)=3x \bmod 26$$

所以得明文与密文字母对应关系如表 4.3 所示。

表 4.3 $q=26, k=9$ 的乘数密码

加密前	a	b	c	d	e	f	g	h	i	j	k	l	m
加密后	A	J	S	B	J	T	C	L	U	D	M	V	E
加密前	n	o	p	q	r	s	t	u	v	w	x	y	z
加密后	N	W	F	O	X	G	P	Y	H	Q	Z	I	R

按照上述乘数密码的加密规则，假设要发送消息

multiplicative cipher

将得到密文为

EYVPUFVUSAPUHK SUFLKX

对于 $q=26,k=9$ 的乘数密码，因为 9 与 26 互素，所以加密变换是一一映射的。对于 $q=26$，这样的 k 的选择有 11 种（$k=1$ 虽然与 q 互素，但明显不可用来加密）：

$$k=3,5,7,9,11,15,17,19,21,23,25$$

因此，可能尝试的密钥也只有 11 个，密钥空间太小。一般对于已知的明文字母表，乘数密码同样也很容易受到唯密文攻击。尤其是当密文中如果有一个字母相应的明文已知，则密钥即可确定。

4.2.3 仿射密码

仿射密码，也称作线性同余密码，它的加密变换函数为

$$E_k(x)=(k\,x+b)\bmod q,\quad 0\leqslant x<q,\quad 0\leqslant b<q$$

其中数对(k,b)为密钥，$0<k<q$。显然当 $k=1$ 时，仿射密码就退化成为移位密码，移位密码是仿射密码的特例。

显然同乘数密码，如果 k 与 q 互素，则对区间 $0\leqslant t<q$ 的任意整数，$tmk \bmod q=t$，即上述加密函数是一一对应的，其解密变换函数为

$$D_k(x)=k^{-1}(x-b)\bmod q,\quad 0\leqslant x<q,\quad 0\leqslant b<q$$

对于 $q=26$ 的英文字母表，满足与 q 互素的 12 个不同值相应的乘法逆元如表 4.4 所示。

表 4.4 与 26 互素的各整数的乘法逆元

$1^{-1} \bmod 26=1$	$3^{-1} \bmod 26=9$
$5^{-1} \bmod 26=21$	$7^{-1} \bmod 26=15$
$9^{-1} \bmod 26=3$	$11^{-1} \bmod 26=19$
$15^{-1} \bmod 26=19$	$17^{-1} \bmod 26=23$
$19^{-1} \bmod 26=11$	$21^{-1} \bmod 26=5$
$23^{-1} \bmod 26=17$	$25^{-1} \bmod 26=25$

假设 $k=9,b=2$，因为 k 与 q 互素，因此加密函数为

$$E_k(x)=(9x+2)\bmod 26$$

假设要加密的消息为 affine，加密过程如下：

第一个明文字母 a（相应 $x=0$），它加密成$(9\times0+2)\bmod 26=2$，即字母 C；

第二个明文字母 f（相应 $x=5$），它加密成$(9\times5+2)\bmod 26=21$，即字母 V；

第三个明文字母仍是 f，所以仍加密为 V；

第四个明文字母 i（相应 $x=8$），它加密成$(9\times8+2)\bmod 26=22$，即字母 W；

第五个明文字母 n(相应 $x=13$)，它加密成$(9\times13+2)\bmod 26=15$，即字母 P；

最后一个明文字母 e(相应 $x=4$)，它加密成$(9\times4+2)\bmod 26=12$，即字母 M。

可得到密文为 C V V W P M。

由表 4.4，$k^{-1}=3$，所以解密变换函数为

$$D_k(x)=3\times(x-2)\bmod 26=(3x-6)\bmod 26=(3x+20)\bmod 26$$

让我们来测试一下，字母 V(相应 $x=21$)被映射成$(3\times21+20)\bmod 26=83\bmod 26=5$，即字母 f，类似地，可恢复得到明文 affine。

如果我们的加密变换函数为

$$E_k(x)=(13x+4)\bmod 26$$

假设要加密的消息为 input，仿照上面的加密过程可得到密文 ERROR；如果要加密的消息为 alter，得到的密文也是 ERROR。很明显，我们不可能由密文恢复明文，这说明上述的加密变换函数出错了，它违反了加密函数必须是一一对应的原则。它出错的原因是，$k=13$ 与 $q=26$ 不是互素的，因而若要求 k^{-1}，即求满足 $k\,m\bmod 26=1$ 的 m，会发现该方程无解。因此，仿射密码的密钥空间是这样的一对数(k,b)，其中 k 与 q 互素。对应英文字母表，与 26 互素的 k 有 12 种选择，b 有 26 种选择，去除等值变换数对(1，0)，可供选择的密钥一共有 $12\times26-1=311$ 种。

相比移位密码，对于同样的 q，仿射变换的密钥空间大了很多，并且通常我们取 q 为素数，这样任意满足 $0<k<q$ 和 $0\leqslant b<q$ 的所有数对(k,b)都可以作为密钥。但对于使用计算机进行的唯密文攻击来说，穷举搜索所有密钥，虽然比移位密钥花费的时间要多些，但仍不是什么难事。当所有密钥的可能值试过以后，仅通过一段很短的明文就可能推算出密钥。而且，也可以采用频率计算，根据不同字母的出现频率进行统计比较，对于较长的明文也可推算出密钥。

如果知道了明文的两个字母及其相对应的明文内容，发动已知明文攻击，那么通过求解联立方程组，就能够找出密钥；即便未能找出密钥，也可以极大地减小可能密钥的范围。

例如，假设明文用 if 开头，其相应的明文是 PQ，即 i(相应 $x=8$)映射成了 P(即，15)，f(相应 $x=5$)映射成了 Q(即，16)，这就意味着可得如下方程组：

$$(8\times k+b)\bmod 26=15$$

$$(5\times k+b)\bmod 26=16$$

两式相减得 $3k\bmod 26=-1$，由 $0\leqslant k<26$ 可得出唯一解 $k=17$，进而代入方程组中任一方程，并由 $0\leqslant b<26$ 可求得 $b=9$。

即便假设攻击者仅知道明文中的一个字母对应的密文，那么仅得到上述方程组中一个方程，但仍可以将原本 311 个的密钥空间缩小到只有 12 种可能性。因为与 26 互素的 k 只有 12 种选择，而对于每种选择，相应的 b 值是唯一确定的。因此，穷举搜索 12 个可能的密钥就可以计算出正确的密钥。

而对于选择明文攻击，只需以 ab 作为明文便可轻易找到密钥。

4.2.4 代换密码

代换密码体制已经广泛使用几百年，其基本思想是将明文字母表的一个置换作为加密变换函数，对于 26 个英语字母表，加密变换即相当于重新排列了字母表的顺序。

表 4.5 是一个随机置换的例子，它包含了一个加密变换函数。

表 4.5 代换密码例

加密前	a	b	c	d	e	f	g	h	i	j	k	l	m
加密后	X	N	Y	A	H	P	O	G	Z	Q	W	B	T
加密前	n	o	p	q	r	s	t	u	v	w	x	y	z
加密后	S	F	L	R	C	V	M	U	E	K	J	D	I

因此，$E_k(\mathrm{a})=\mathrm{X}$，$E_k(\mathrm{b})=\mathrm{N}$，…。解密变换函数是反向置换。这相当于是“加密后”变成了“加密前”，而“加密前”变成了“加密后”。因此，$D_k(\mathrm{A})=\mathrm{d}$，$D_k(\mathrm{B})=\mathrm{l}$，等等。

代换密码的一个密钥就是字母表中字母的一种置换，而移位密码和仿射密码也字母表中字母的一种置换，因此它们也都是代换密码的特例。对于英文 26 个字母而言，存在 26!种不同的置换，这个数量超过 4.0×10^{26}，是一个非常大的数。因此，通过穷举搜索密钥甚至对计算机而言也是不能实行的。

然而，通过对大量英文文章、报纸、小说和杂志进行的统计分析，我们可以得到每个字母在日常文本中出现的概率，一些文献上给出了如表 4.6 所示 26 个英文字母出现的概率。

表 4.6 英文字符出现概率

字符	A	B	C	D	E	F	G	H	I
概率	0.082	0.015	0.028	0.043	0.127	0.022	0.020	0.061	0.070
字符	J	K	L	M	N	O	P	Q	R
概率	0.002	0.008	0.040	0.024	0.067	0.075	0.019	0.001	0.060
字符	S	T	U	V	W	X	Y	Z	
概率	0.063	0.091	0.028	0.010	0.028	0.001	0.020	0.001	

由表 4.6 可知，26 个英文字符的出现概率可以划分成 5 个部分：

(1) 字符 E 的概率大约为 0.12。

(2) 字符 A、H、I、N、O、R、S、T 的概率为 0.06～0.09。

(3) 字符 D、L 的概率大约为 0.04。

(4) 字符 B、C、F、G、M、P、U、W、Y 的概率为 0.015～0.023。

(5) 字符 J、K、Q、V、X、Z 的概率小于 0.01。

当然，除了 26 个英文字符呈现出的统计规律性外，还有一些字母组合也很常见，如 TH、HE、IN、RE、DE、ST、EN、AT、OR、IS、ET、IT、AR、TE、HI、OF、THE、ING、ERE、ENT、FOR 等，这些规律都为密码分析提供了很好的依据。

根据以上英文字母的统计规律性，可以实现对各种古典密码体制的破译。如果攻击者截获了大量密文，通过对密文中字母出现的频率计算，并同表 4.6 中字母的出现概率进行比较，还是比较容易推算出密钥的。

4.2.5　维吉尼亚密码

前面介绍的几种密码体制中，一旦加密密钥被选定，则字母表中每一个字母都会被加密成唯一的一个密文字母，这些密码被称为单表代换密码。本节介绍一种多表代换密码——维吉尼亚密码(Vigenère Cipher)，它是由法国人 Blaise de Vigenère 在 1858 年提出的。在维吉尼亚密码中，密钥 K 是一个长度为 m 的字符串 $k_1k_2\cdots k_m$，将输入明文按密钥长度 m 进行分组，对任意明文分组 $x_1x_2\cdots x_m$，加密变换为

$$E_K(x_1,x_2,\cdots,x_m)=(x_1+k_1,x_2+k_2,\cdots,x_m+k_m)\bmod 26$$

相应地，解密变换为

$$D_K(y_1,y_2,\cdots,y_m)=(y_1-k_1,y_2-k_2,\cdots,y_m-k_m)\bmod 26$$

看下面这个例子。

假设 $m=6$ 和关键字是 CIPHER，这对应于密钥 $K=(2,8,15,7,4,17)$。假设明文是

```
this cryptosystem is not secure
```

首先将明文进行分组如下：

```
thiscr  yptosy  stemis  notsec  ure
```

然后依次对每个分组进行加密，所以，得到密文为

```
VPXZGIAXIVWPUBTTMJPWIZITWZT
```

具体加密过程如表 4.7 所示。

要解密，我们可以使用同一个关键字，但是我们将减去密钥中相应字符并对 26 求余数，而不是增加。注意到，在一个维吉尼亚密码中长度为 m 的可能关键字的数量的是 26^m，因此即使考虑相对较小的 m 值，穷举搜索密钥也将需要很长时间。

表 4.7　维吉尼亚密码例($m=6$ 和关键字是 CIPHER)

加密前	t	h	i	s	c	r	y	p	t	o	s	y	s	t
密钥	2	8	15	7	4	17	2	8	15	7	4	17	2	8
加密后	V	P	X	Z	G	I	A	X	I	V	W	P	U	B
加密前	e	m	i	s	n	o	t	s	e	c	u	r	e	
密钥	15	7	4	17	2	8	15	7	4	17	2	8	15	
加密后	T	T	M	J	P	W	I	Z	I	T	W	Z	T	

例如，如果我们采用 $m=5$，则密钥空间大小将超出 1.1×10^7。这已经足够大，完全可以阻止手工的穷举搜索，但对计算机来说还不行。

在一个关键字长为 m 的维吉尼亚密码体制中，一个字符可以被映射为 m 个可能的字

符(假设关键字包含 m 个不同字符),这样的密码体制称为多表的。一般来说,多表密码体制的密码分析首先要猜测分组长度,因此比单表密码体制的密码分析要困难得多。

4.2.6 置换密码

前面所讨论的密码都涉及代换:明文字符被不同的密文字符所替换。置换密码的思想是保持明文字符不变,但是通过重新排列改变它们在消息的位置而达到对一个消息进行加密变换。置换密码(也称为换位密码)已运用数百年。置换密码是古典密码中除代换密码外的重要一类,它被广泛应用于现代分组密码的构造。

在置换密码体制中,选择 $m \geqslant 2$ 的一个正整数,K 是集合$\{1,2,\cdots,m\}$上所有可能置换构成的集合。若置换$\boldsymbol{\pi}=\begin{pmatrix}1 & 2 & 3 & 4 & 5\\ 3 & 1 & 5 & 2 & 4\end{pmatrix}$,即第一个元素经置换后排在第三个位置,第二个元素置换后排在第一个位置,第三个元素置换后排在第五个位置,第四个元素置换后排在第二个位置,第五个元素置换后排在第四个位置。我们也记$\boldsymbol{\pi}(1)=3$,$\boldsymbol{\pi}(2)=1$,以此类推。相应地,若记$\boldsymbol{\pi}^{-1}$为$\boldsymbol{\pi}$的逆置换,则$\boldsymbol{\pi}^{-1}=\begin{bmatrix}3 & 1 & 5 & 2 & 4\\ 1 & 2 & 3 & 4 & 5\end{bmatrix}=\begin{bmatrix}1 & 2 & 3 & 4 & 5\\ 2 & 4 & 1 & 5 & 3\end{bmatrix}$。

对分组长度为 m 的分组$(x_1,x_2,\cdots,x_m)$和置换$\boldsymbol{\pi}\in K$,加密变换函数为

$$E_\pi(x_1,x_2,\cdots,x_m)=(x_{\pi(1)},x_{\pi(2)},\cdots,x_{\pi(m)})$$

若记加密结果为$(y_1,y_2,\cdots,y_m)$,则解密变换函数为

$$D_\pi(y_1,y_2,\cdots,y_m)=(y_{\pi(1)}^{-1},y_{\pi(2)}^{-1},\cdots,y_{\pi(m)}^{-1})$$

对于长度大于分组长度 m 的明文消息,可对明文消息先按照长度 m 进行分组,然后依次对每一个分组消息进行置换加密过程。

例如,令 $m=4$,$\boldsymbol{\pi}=\begin{pmatrix}1 & 2 & 3 & 4\\ 3 & 1 & 4 & 2\end{pmatrix}$。

假设明文为

this cryptosystem is not secure

加密过程首先根据 $m=4$,将明文分为 6 个分组,每个分组 4 个字符

this cryp tosy stem isno tsec rue

然后应用置换变换$\boldsymbol{\pi}$加密成下面的密文:

hsti rpcy oyts tmse soin scte rue

相应地,解密密钥为$\boldsymbol{\pi}-1=\begin{pmatrix}1 & 2 & 3 & 4\\ 2 & 4 & 1 & 3\end{pmatrix}$。在以上加密过程中,首先应用给定的分组长度 m 对消息序列进行分组。当消息长度不是分组长度的整数倍时,可以在最后一段分组消息后面添加足够的特殊字符,从而保证能够以 m 为消息分组长度。上例中,我们在最后的分组消息 ure 后面增加了 1 个空格,以保证分组长度的一致性。

对于固定的分组长度 m,$\{1,2,\cdots,m\}$上共有 $m!$种不同的排列,所以相应的置换密码共有 $m!$种不同的密钥。应注意的是,置换密码并未改变密文消息中英文字母的统计

特性，所以置换密码对于抗频度分析技术来说是不安全的。

在前面介绍的几个典型的古典密码体制里，含有代换和置换两个基本操作。代换实现了英文字母外在形式上的改变；置换实现了英文字母所处位置的改变。这两个基本操作具有原理简单且容易实现的特点。随着计算机技术的飞速发展，古典密码体制的安全性已经无法满足实际应用的需要，但是代换和置换这两个基本操作仍是构造现代对称加密算法最重要的核心方式。举例来说，代换和置换操作在数据加密标准(DES)和高级加密标准(AES)中都起到了核心作用。几个简单密码算法的结合可以产生一个安全的密码算法，这就是简单密码仍被广泛使用的原因。除此之外，简单的代换和置换密码在密码协议上也有广泛的应用。

习题

1. 密码学包括哪两个部分？
2. 攻击可以哪两种方式进行？
3. 受限制算法的局限性体现在什么地方？
4. 什么是 Kerchoffs 原理？
5. 为什么说一次一密具有很好的安全性？
6. 从原理上讲，对称密钥和非对称密钥的区别在哪里？
7. 密码体制的安全性衡量标准有哪些级别？
8. 攻击的手段一般有哪些？
9. 恺撒密码密钥为 $k=11$，明文为 we will meet at midnight，请将其加密。
10. 在 Alice 和 Bob 的保密通信中，传送的密文是 RJJY RJ TS YMJ XFGGFYM BJ BNQQ INXHZXX YMJ UQFS，如果他们采用的是恺撒密码算法，试解密其通信内容。
11. 已知仿射密码的密钥为(13,5)，应用该密钥对明文消息 cryptography and network security 进行加密，试给出相应的密文消息。
12. 维吉尼亚密码的密钥字为“CODE”，试将明文“this cryptosystem is not secure”加密。
13. 在一个密码体制中，如果对应一个密钥 k 的加密函数 E 和解密函数 D 相同，那么将这样的密钥 k 称为对合密钥。试找出定义在 26 个英文字母上的移位密码体制中的所有对合密钥。
14. 设置换密码体制中，$m=6$，给定的置换$\boldsymbol{\pi}$如下：

$$\begin{bmatrix} 1 & 2 & 3 & 4 & 5 & 6 \\ 3 & 5 & 1 & 6 & 4 & 2 \end{bmatrix}$$

试给出置换$\boldsymbol{\pi}$的逆置换，并应用置换$\boldsymbol{\pi}$对以下明文消息进行加密：a secure cipher does not exist

15. 为什么说古典加密体制是较弱的密码体制？

第5章

现代加密技术

第4章介绍的各种密码是一些在计算机发明以前常使用的一些经典密码，其开发、实现和分析大多数都可以手工完成，即便使用计算机，也是为了让加密和分析更有效率。本章介绍的各种密码将充分利用计算机善于处理加密的复杂性特征，它们的实现利用手工几乎是不能完成的，对它们的分析即使是使用计算机也是非常复杂甚至没有有效方法的。

5.1 DES

DES是迄今为止流行最广、使用时间最长的加密算法，也是现代分组密码技术的典型。1977年，根据美国国家安全局的建议，经过修改后的IBM的Lucifer加密系统成为了数据加密标准——DES。原规定使用期10年，每隔5年美国国家安全局对其安全性进行一次评估，以便确定是否继续使用它作为加密标准。然而10年后并未发现有任何攻击能够威胁到它的安全，且比它更好的标准尚未产生，所以直到20世纪90年代，它一直在延期使用，可见它是很成功的。在1994年1月的评估后决定，1998年12月以后不再将DES作为加密标准。虽然DES的使用寿命已经到了尽头，但在它之后产生的许多加密方法都直接或间接地受到了它的启发。作为密码学历史上最为重要的一个传统密码系统，DES对推动密码理论的发展和应用起了重大的作用。

5.1.1 分组密码

分组密码也是基于代换和置换这两个基本操作的，它是将明文分成固定长度的一些分组，在密钥作用下逐段进行加密的方法。这样做的好处是处理速度快，可靠性高，软硬件都能实现，而且节省资源，容易标准化。因此，分组密码得到了广泛的应用，同时也使分组密码成为许多密码组件的基础。

1. 分组密码实现的设计原则

分组密码的实现依赖于相应的软硬件环境。

分组密码软件实现的要求是：使用特定分组长度和简单的运算。加密运算在分组上进行，因此要求分组的长度能自然地适应软件编程，如8、16、32bit等。在分组上所进行的加密运算尽量采用易于软件实现的运算，最好是用标准处理器所具有的一些基本指令，如加法、乘法、移位等。

分组密码硬件实现的要求是：加密和解密的相似性，即加密和解密过程的不同应仅仅在密钥使用方式上，以便采用同样的器件来实现加密和解密，以节省费用和空间。尽量采用标准的组件结构，以便能适应于在超大规模集成电路中实现。

2. 分组密码的结构

DES是基于Feistel分组密码的结构而设计的，因此这里介绍的是Feistel型分组密码的基本结构。加密算法的初始输入是一个长度为$2L$位的明文分组序列和一个初始密钥K，在加密之前先将分组的明文序列等分成长度均为L的L_0和R_0两部分。加密过程分为n轮进行，其中第i轮以第$i-1$轮输出的L_{i-1}和R_{i-1}作为输入，此外第i轮加密过程的输入还包括从初始密钥K产生的子密钥K_i。第i轮的加密过程由两步操作实现：第一步先对R_{i-1}使用轮函数f和子密钥K_i进行变换，将变换结果与L_{i-1}再进行异或运算，运算结果作为R_i；第二步将R_{i-1}直接作为L_i得到第i轮的输出值。最终将加密过程的输出序列L_n和R_n组合起来产生相应的长度是$2L$位的密文。

第i轮加密流程图如图5.1所示。

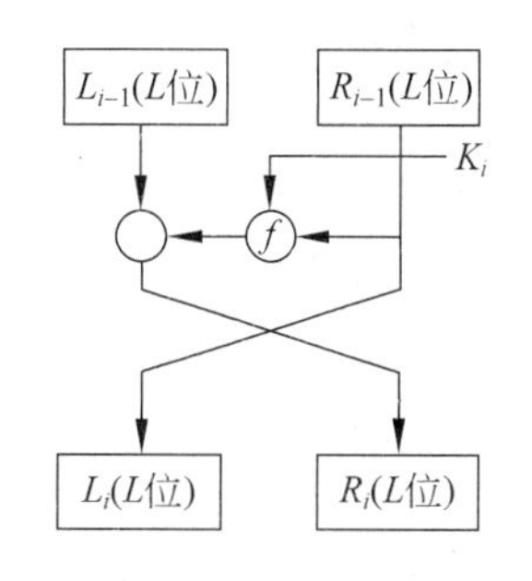

图5.1 第i轮加密流程图

根据分组密码的基本结构可知，Feistel型分组密码的安全性取决于以下几个方面。

(1) 分组大小

在其他条件相同的情况下，每一轮加密的分组长度越大，加密算法的安全性也就越高，但相应的处理速度也就越慢。对于通过计算机来实现的分组密码算法，通常选取的分组长度为64位。但是，随着近年来计算机计算能力的不断提高，分组长度为64位的分组密码的安全性已越来越不能满足实际需要，为了提高加密的安全性，很多分组密码开始选择128位作为算法的分组长度。

(2) 子密钥的大小

子密钥长度越大，加密算法的安全性也就越高，但相应的处理速度就会降低，所以设计分组密码时同样需要在安全性和加密效率之间进行平衡。在实际应用中，一般认为，要保证分组加密算法满足计算安全性，子密钥的长度至少要大于128位。

(3) 轮数

加密轮数越多安全性越高，但相应的加密效率也就越低。典型的加密轮数取16次。

(4) 子密钥产生算法

在初始密钥给定的情况下,产生子密钥的算法越复杂,加密算法的安全性越高,相应的处理速度也就越慢。

(5) 轮函数 f

对于轮函数的讨论相对较复杂,一般认为,轮函数 f 越复杂,对应的加密算法的安全性越高。

Feistel 分组密码的解密过程与加密过程是相同的。解密过程将密文作为算法的输入,同时按照与加密过程相反的次序使用子密钥对密文序列进行"加密":即第 1 轮使用 K_n,第 2 轮使用 K_{n-1},以此类推,最后一轮使用 K_1,进行相同次数"加密","加密"的结果就得到相应的明文序列。

3. f 函数的设计准则

Feistel 分组密码的核心是轮函数 f。设计轮函数 f 的一个基本准则是要求 f 是非线性的。f 的非线性程度越强,则算法的安全性能越高,相应的攻击难度也就越大。

在前面介绍的古典密码系统中(如维吉尼亚密码),它们有的也要对明文进行分组,例如表 4.7 中维吉尼亚密码的例子分组长度为 6。但它们不能称为分组密码的原因是,如果明文分组中单个字符发生改变,只会导致密文分组中单个字符发生改变。在分组密码中,密文分组中的所有位与明文分组中的所有位有关,如果明文分组的单个位发生变化,那么密文分组中平均有一半的位要发生改变。这就是所谓的加密算法应该具有良好的"雪崩效应"。

设计的 f 函数应该满足严格雪崩准则(strict avalanche criterion,SAC),这个准则的具体内容是:对于任意的 i、j,当任何一个输入位 i 发生改变时,任何输出位 j 的值发生改变的概率为 1/2。

设计 f 函数还应该满足保证雪崩准则(guaranteed avalanche criterion,GAC),这个准则的具体内容是:一个好的 f 函数应该满足 n 阶的 GA(guaranteed avalanche),也就是说对于输入序列中 1 位的值发生改变,输出序列中至少有 n 位的值发生改变。一般要求 n 的值介于 2～5 之间。

f 函数的设计除了要满足以上讨论的 SAC 和 GAC 准则外,还应满足的一个准则是位独立准则(bit independence criterion,BIC),这个准则的具体内容是:对于任意的 i、j、k,当任何一个输入位 i 发生改变时,输出位 j 和 k 的值应该独立地发生改变。

当然除了以上要求,关于 f 函数的设计还有很多其他的建议和要求。这些要求和建议都是为了改进 f 函数的非线性和随机性,从而增强分组密码算法的安全性。

4. 分组密码的工作模式

在介绍 DES 细节之前,有必要先看看分组密码的常见工作模式。这样,应用方法就没有与特定的实现绑定在一起,任何分组密码(比如 DES、AES 等)可以使用以下几种模式之一:电码本模式(electronic-codebook mode,ECB),密文分组链接模式(cipher-block-chaining,CBC),计数器模式(counter mode,CTR)。除了这几种模式外,人们还开发了多种其他分组加密模式。

ECB 模式是最简单的模式。事实上，我们前面介绍的就是这种模式，明文中一系列连续的消息分组被依次分别加密成密文的连续分组。由于这种工作模式类似于电报密码本中指定码字的过程，因此被形象地称为电码本模式。解密过程类似，密文的一系列连续分组被依次分别解密成明文的消息分组。ECB 模式中每一个明文分组都采用同一个密钥来进行加密，产生出相应的密文分组。这样的加密方式使得当改变一个明文消息分组值的时候，仅仅会引起相应的密文分组取值发生变化，而其他密文分组不受影响。这种工作模式的一个明显的缺点是，加密相同的明文分组会产生相同的密文分组，安全性较差，因此建议在大多数情况下不要使用 ECB 模式。

CBC 模式的实现更为复杂（当然是为了增加安全性）。它是使用最普遍的分组加密模式。在这种模式中，对于连续分组里来自上一分组的密文与当前明文分组做异或运算，其结果作为本次加密的分组，而第一个密文分组的计算需要一个特殊的输入分组。鉴于 CBC 模式的链接机制，它适合于对长度较长的明文消息进行加密。

CTR 模式是一种相对较新的模式。在该模式中，没有用分组密码去加密明文，而是用来加密计数器的值，然后再与消息分组进行异或运算，作为加密的密文分组。这种模式的一个好处是，如果同时知道了 m 个计数器的值，那么就可以并行的将消息分组进行加密或解密。

5.1.2　DES 描述

DES 是一个分组加密算法，它以 64 位为分组对数据进行加密。64 位的明文分组序列作为加密算法的输入，经过 16 轮加密得到 64 位的密文分组序列。加密密钥的长度为 56 位（密钥通常表示为 64 位的数，但每个第 8 位都用作奇偶校验位，可以忽略），密钥可以是任意的 56 位数，其中极少量的 56 位数被认为是弱密钥。为了保证加密的安全性，在加密过程中应该尽量避开使用这些弱密钥。

DES 对 64 位的明文分组序列进行如下操作：

① 通过一个初始置换 IP，将 64 位的明文分组序列分成各 32 位长的左半部分和右半部分，该初始置换只在 16 轮加密过程进行之前进行一次，在接下来的轮加密过程中不再进行该置换操作。IP 置换是将 64 位的明文各个位进行换位到其他位置，比如，输入分组的第 58 位置换到第 1 位，把输入分组的第 50 位置换到第 2 位，等等。

② 经过初始置换操作后，对得到的 64 位分组序列进行 16 轮加密运算，这些运算即轮函数 f，在运算过程中，输入数据与密钥结合。经过 16 轮加密后，左、右半部分合在一起得到一个 64 位的输出分组序列。

③ 该输出分组序列再经过一个末尾置换 IP^{-1}（初始置换的逆置换）获得最终的密文分组序列。

其加密过程如图 5.2 所示。

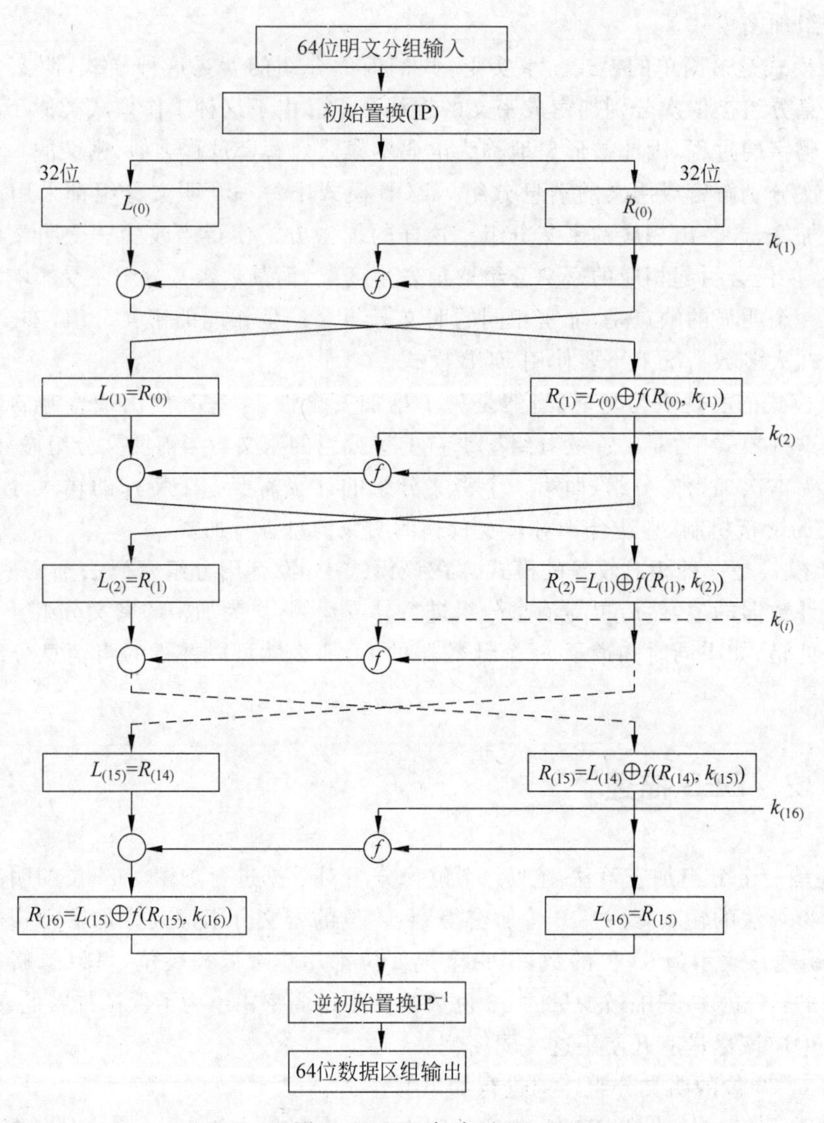

图 5.2 DES 加密过程

在每一轮加密过程中，函数 f 如图 5.3 所示，其运算包括以下 4 个部分。

1. 密钥置换

DES 加密算法输入的初始密钥为 64 位，由于每个字节的第 8 位作为奇偶校验位，以确保密钥不发生错误，因此加密算法的初始密钥不考虑每个字节的第 8 位，DES 的初始密钥实际对应一个 56 位的序列。对初始密钥的每一位也先进行相应的置换操作，然后 DES 的每一轮加密过程从 56 位密钥中产生出不同的 48 位子密钥(subkey)，这些子密钥 K_i 通过以下方法产生：

① 将 56 位密钥等分成两部分，每部分的长度为 28 位。

② 根据加密轮数，这两部分密钥分别循环左移 1 位或 2 位。

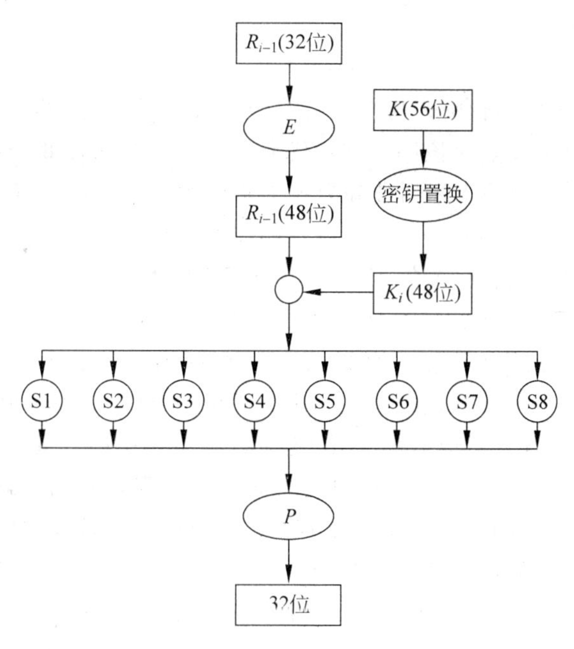

图 5.3　f 函数

③ 对循环左移以后的 56 位密钥中经压缩置换选出其中 48 位作为当前加密的轮密钥。

以上产生轮密钥的过程中，由于每一次进行压缩置换之前都包含一个循环移位操作，因此产生每一个子密钥时，使用了不同的初始密钥子集。虽然初始密钥的所有位在子密钥中使用的次数并不完全相同，但在产生的 16 个 48 位的子密钥中，初始密钥的每一位会被 14 个子密钥使用。

2. 扩展变换（E 盒）

通过一个扩展置换 E 将 64 位输入的右半部分 R_i 从 32 位扩展到 48 位，然后与 48 位的轮密钥 K_i 进行异或运算。扩展变换不仅改变了 R_i 中 32 位输入分组的次序，而且重复了某些位。这个操作有以下三个基本目的：

① 经过扩展变换可以应用 32 位的输入分组产生一个与轮密钥长度相同的 48 位的序列，从而实现与轮密钥的异或运算。

② 扩展变换针对 32 位的输入分组提供了一个 48 位的结果，使得在接下来的替代运算中能进行压缩，从而达到更好的安全性。

③ 由于输入分组的每一位将影响到两个替换，因此输出分组对输入分组的依赖性将传播得更快，体现出良好的"雪崩效应"。所以，该操作有助于设计的 DES 算法尽可能快使密文的每一位依赖于明文和密钥的每一位。

在扩展变换过程中，每一个输出分组的长度都大于输入分组，而且该过程对于不同的输入分组都会产生唯一的输出分组。

3. S 盒代换

每一轮加密的48位的轮密钥与扩展后的分组进行异或运算以后，得到一个48位的结果序列。接下来应用S盒对该序列进行代换操作。代换通过8个代换盒(substitution boxes,S盒)完成，48位的输入序列被分为8个6位的分组，每一分组对应一个S盒代换操作，每一个S盒对应6位的输入序列，得到相应的4位输出序列。在DES算法中，这8个S盒是不同的，分组1由S_1操作，分组2由S_2操作，以此类推。

S盒的设计是DES分组加密算法的关键步骤。因为在DES算法中，所有其他的运算都是线性的，易于分析，而S盒是非线性运算，比DES的其他任何操作能提供更好的安全性。运用S盒的进行代换过程的结果为8个4位的分组，它们重新合在一起形成了一个32位的分组。每个S盒对应一个4行16列的表，表中的每一项都是一个十六进制的数，相应的对应一个4位的序列。S盒输入的6个位序列以一种非常特殊的方式对应S盒中的某一项，通过S盒的6个位输入确定了其对应的4个输出位序列所在的行和列的值。假定将S盒的6位的输入标记为b_1、b_2、b_3、b_4、b_5、b_6，则b_1和b_6组合构成了一个2位的序列，该2位的序列对应一个介于0～3的十进制数字，该数字即表示输出序列在对应的S盒中所处的行；输入序列中b_2～b_5构成了一个4位的序列，该4位的序列对应一个介于0～15的十进制数字，该数字即表示输出序列在对应的S盒中所处的列，根据行和列的值可以确定相应的输出序列。

我们看下面这个例子。

假设对应某S盒的输入序列为110011。第1位和最后一位组合构成的序列为11，对应的十进制数字为3，说明对应的输出序列位于S盒的第3行；中间的4位组合构成的序列为1001，对应的十进制数字为9，说明对应的输出序列位于该S盒的第9列。注意，行、列的记数均从0开始，而不是从1开始。

4. P 盒置换

经S盒代替运算后的32位输出依照P盒(permutation boxes)进行置换。

该置换对32位的输入分组进行一次置换操作，把每个输入位映射到相应的输出位，任一位不能被映射两次，也不能被略去。

将P盒置换的结果与该轮输入64位分组的左半部分进行异或运算后，得到本轮加密输出序列的右半部分，本轮加密输入序列的右半部分直接输出，作为本轮加密输出序列的左半部分，相应得到64位的输出序列。将函数f的输出与输入分组的左半部分进行异或运算后的结果作为新一轮加密过程输入序列的右半部分，当前输入分组的右半部分作为新一轮加密过程输入分组的左半部分。上述过程重复操作16次，便实现了DES的16轮加密运算。

假设B_i是第i轮计算的结果，则B_i为一个64位的分组，L_i和R_i分别是B_i的左半部分和右半部分，K_i是第i轮的48位密钥，且f是实现代换、置换及密钥异或等运算的函数，那么每一轮加密的具体过程可表示为

$$L_i = R_{i-1}$$

$$R_i = L_{i-1} \oplus f(R_{i-1}, K_i)$$

DES 算法的加密过程经过了多次的替代、置换、异或和循环移位操作，整个加密过程似乎非常复杂。实际上，DES 算法具有 Feistel 分组密码的一个基本性质：加密和解密可使用相同的算法，即解密过程是将密文作为输入序列进行相应的 DES 加密，与加密过程唯一不同之处是，解密过程使用的轮密钥与加密过程使用的次序相反。因此，每一轮解密的具体过程为

$$R_{i-1} = L_i$$
$$L_{i-1} = R_i \oplus f(L_i, K_i)$$

让我们考察下面的 DES 加密实例。

已知明文 m=computer，密钥 K=program。

1. 初始置换

初始置换 IP 如表 5.1 所示。该表表示，IP 置换把输入分组的第 58 位置换到输出分组的第 1 位，把输入分组的第 50 位置换到输出分组的第 2 位，以此类推。

表 5.1 初始置换 IP

$$\begin{bmatrix} 58 & 50 & 42 & 34 & 26 & 18 & 10 & 2 \\ 60 & 52 & 44 & 36 & 28 & 20 & 12 & 4 \\ 62 & 54 & 46 & 38 & 30 & 22 & 14 & 6 \\ 64 & 56 & 48 & 40 & 32 & 24 & 16 & 8 \\ 57 & 49 & 41 & 33 & 25 & 17 & 9 & 1 \\ 59 & 51 & 43 & 35 & 27 & 19 & 11 & 3 \\ 61 & 53 & 45 & 37 & 29 & 21 & 13 & 5 \\ 63 & 55 & 47 & 39 & 31 & 23 & 15 & 7 \end{bmatrix}$$

相应的末尾置换 IP^{-1} 如表 5.2 所示。

表 5.2 末尾置换 IP^{-1}

$$\begin{bmatrix} 40 & 8 & 48 & 16 & 56 & 24 & 64 & 32 \\ 39 & 7 & 47 & 15 & 55 & 23 & 63 & 31 \\ 38 & 6 & 45 & 14 & 54 & 22 & 62 & 30 \\ 37 & 5 & 44 & 13 & 53 & 21 & 61 & 29 \\ 36 & 4 & 43 & 12 & 52 & 20 & 60 & 28 \\ 35 & 3 & 42 & 11 & 51 & 19 & 59 & 27 \\ 34 & 2 & 41 & 10 & 50 & 18 & 58 & 26 \\ 33 & 1 & 40 & 9 & 49 & 17 & 57 & 25 \end{bmatrix}$$

相应于明文 m 的 ASCII 码表示为

01100011 01101111 01101101 01110000
01110101 01110100 01100101 01110010

经过 IP 置换后得到

$$L_0 = 11111111\quad 10111000\quad 01110110\quad 01010111$$

$$R_0 = 00000000\quad 11111111\quad 00000110\quad 10000011$$

2. 密钥置换

相应于密钥 K 的 ASCII 码表示为

01110000 01110010 01101111 01100111

01110010 01100001 01101101

K 只有 56 位，必须加入第 8,16,24,32,40,48,56,64 位的奇偶校验位构成 64 位。其实加入的 8 位奇偶校验位对加密过程不会产生影响。对初始密钥进行的置换操作如表 5.3 所示。

表 5.3 密钥置换

$$\begin{bmatrix} 57 & 49 & 41 & 33 & 25 & 17 & 9 \\ 1 & 58 & 50 & 42 & 34 & 26 & 18 \\ 10 & 2 & 59 & 51 & 43 & 35 & 27 \\ 19 & 11 & 3 & 60 & 52 & 44 & 36 \\ 63 & 55 & 47 & 39 & 31 & 23 & 15 \\ 7 & 62 & 54 & 46 & 38 & 30 & 22 \\ 14 & 6 & 61 & 53 & 45 & 37 & 29 \\ 21 & 13 & 5 & 28 & 20 & 12 & 4 \end{bmatrix}$$

密钥 K 经过置换后得到

11101100 10011001 00011011 1011

10110100 01011000 10001110 0110

表 5.4 给出了对应不同轮数产生子密钥时具体循环左移的位数。由表 5.3，第一轮加密要循环左移一位。

表 5.4 每轮循环左移的位数

轮数	1	2	3	4	5	6	7	8	9	10	11	12	13	14	15	16
位数	1	1	2	2	2	2	2	2	1	2	2	2	2	2	2	1

表 5.5 所示的压缩置换给出了从 56 位密钥中置换选择出 48 位子密钥的过程。例如，48 位子密钥的第 1 位数字是 56 位密钥的第 14 位密钥数字，48 位子密钥的第 2 位数字是 56 位密钥的第 17 位数字，以此类推。我们可以发现，56 位的密钥中位于第 18 位的密钥数字在输出的 48 位轮密钥中将不会出现。

从循环左移一位的 56 位密钥中选出 48 位作为当前加密的轮密钥，我们得到 48 位的子密钥

$$K_1 = 00111101\quad 10001111\quad 11001101$$

$$00110111\quad 00111111\quad 01001000$$

表 5.5 压缩置换

$$\begin{bmatrix} 14 & 17 & 11 & 24 & 1 & 5 \\ 3 & 28 & 25 & 6 & 21 & 10 \\ 23 & 19 & 12 & 4 & 26 & 8 \\ 16 & 7 & 27 & 20 & 13 & 2 \\ 41 & 52 & 31 & 37 & 47 & 55 \\ 30 & 40 & 51 & 45 & 33 & 48 \\ 44 & 49 & 39 & 56 & 34 & 53 \\ 46 & 42 & 50 & 36 & 39 & 32 \end{bmatrix}$$

3. 扩展变换

扩展变换将输入分组的右半部分 R_0 从 32 位扩展到 48 位。表 5.6 给出了扩展变换中输出位与输入位的对应关系

表 5.6 扩展置换

$$\begin{bmatrix} 32 & 1 & 2 & 3 & 4 & 5 \\ 4 & 5 & 6 & 7 & 8 & 9 \\ 8 & 9 & 10 & 11 & 12 & 13 \\ 12 & 13 & 14 & 15 & 16 & 17 \\ 16 & 17 & 18 & 19 & 20 & 21 \\ 20 & 21 & 22 & 23 & 24 & 25 \\ 24 & 25 & 26 & 27 & 28 & 29 \\ 28 & 29 & 30 & 31 & 32 & 1 \end{bmatrix}$$

例如，处于输入分组中第 3 位的数据对应输出序列的第 4 位，而输入分组中第 21 位的数据则分别对应输出序列的第 30 位和第 32 位。

R_0 经过扩展变换得到的 48 位序列为

$$R_0 = 10000000 \quad 00010111 \quad 11111110$$
$$10000000 \quad 11010100 \quad 00000110$$

4. 密钥异或运算

将 R_0 和 K_1 进行异或运算，得到的结果为

$$R_0 \oplus K_1 = 10111101 \quad 10011000 \quad 00110011$$
$$10110111 \quad 11101011 \quad 01001110$$

5. *S* 盒代换

表 5.7 列出了所有 8 个 *S* 盒。

表 5.7 *S* 盒

		0	1	2	3	4	5	6	7	8	9	10	11	12	13	14	15
S_1	0	14	4	13	1	2	15	11	8	3	10	6	12	5	9	0	7
	1	0	15	7	4	14	2	13	1	10	6	12	11	9	5	3	8
	2	4	1	14	8	13	6	2	11	15	12	9	7	3	10	5	0
	3	15	12	8	2	4	9	1	7	5	11	3	14	10	0	6	13
S_2	0	15	1	8	14	6	11	3	4	9	7	2	13	12	0	5	10
	1	3	13	4	7	15	2	8	14	12	0	1	10	6	9	11	5
	2	0	14	4	11	10	4	13	1	5	8	12	6	9	3	2	15
	3	13	8	10	1	3	15	4	2	11	6	7	12	0	5	14	9
S_3	0	10	0	9	14	6	3	15	5	1	13	12	7	11	4	2	8
	1	13	7	0	9	3	4	6	10	2	8	5	14	12	11	15	1
	2	13	6	4	9	8	15	3	0	11	1	2	12	5	10	14	7
	3	1	10	13	0	6	9	8	7	4	15	14	3	11	5	2	12
S_4	0	7	13	14	3	0	6	9	10	1	2	8	5	11	12	4	15
	1	13	8	11	5	6	15	0	3	4	7	2	12	1	10	14	9
	2	10	6	9	0	12	11	7	13	15	1	3	14	5	2	8	4
	3	3	15	0	6	10	1	13	8	9	4	5	11	12	7	2	14
S_5	0	2	12	4	1	7	10	11	6	8	5	3	15	13	0	14	9
	1	14	11	2	12	4	7	13	1	5	0	15	10	3	9	8	6
	2	4	2	1	11	10	13	7	8	15	9	12	5	6	3	0	14
	3	11	8	12	7	1	14	2	13	6	15	0	9	10	4	5	3
S_6	0	12	1	10	15	9	2	6	8	0	13	3	4	14	7	5	11
	1	10	15	4	2	7	12	9	5	6	1	13	14	0	11	3	8
	2	9	14	15	5	2	8	12	3	7	0	4	10	1	13	11	6
	3	4	3	2	12	9	5	15	10	11	14	1	7	6	0	8	13
S_7	0	4	11	2	14	15	0	8	13	3	12	9	7	5	10	6	1
	1	13	0	11	7	4	9	1	10	14	3	5	12	2	15	8	6
	2	1	4	11	13	12	3	7	14	10	15	6	8	0	5	9	2
	3	6	11	13	8	1	4	10	7	9	5	0	15	14	2	3	12
S_8	0	13	2	8	4	6	15	11	1	10	9	3	14	5	0	12	7
	1	1	15	13	8	10	3	7	4	12	5	6	11	0	14	9	2
	2	7	11	4	1	9	12	14	2	0	6	10	13	15	3	5	8
	3	2	1	14	7	4	10	8	13	15	12	9	0	3	5	6	11

将与密钥异或运算得到的结果分成 8 组：

101111　011001　100000　110011

101101　111110　101101　001110

对于 101111 序列，第 1 位和最后一位组合构成的序列为 11，对应的十进制数字为 3，说明对应的输出序列位于 S_1 的第 3 行；中间的 4 位组合构成的序列为 0111，对应的十进制数字为 7，说明对应的输出序列位于 S_1 的第 7 列。S_1 的第 3 行第 7 列处的数是 7，7 对应的二进制为 0111，因此，对应序列 110011 的输出序列为 0111。

依次对其余 7 个 6 位序列通过其余 7 个 S 盒，并整理得到 32 位的分组为

01110110　00110100　00100110　10100001

6. P 盒置换

表 5.8 给出了 P 盒置换的具体操作。

表 5.8　P 盒置换

$$\begin{bmatrix} 16 & 7 & 20 & 21 \\ 29 & 12 & 28 & 27 \\ 1 & 15 & 23 & 26 \\ 5 & 18 & 31 & 10 \\ 2 & 8 & 24 & 14 \\ 32 & 27 & 3 & 9 \\ 19 & 13 & 30 & 6 \\ 22 & 11 & 4 & 26 \end{bmatrix}$$

对 S 盒代换的输出分组进行 P 盒置换，得到

01000100　00100000　10011110　10011111

7. 异或运算

$$L_i = R_{i-1}$$
$$R_i = L_{i-1} \oplus f(R_{i-1}, K_i)$$

将上述 f 函数的计算结果与 L_0 进行异或运算得到 R_1，并由 $L_1 = R_0$，得到经过第 1 轮加密的结果分组为

L_1=00000000　11111111　00000110　10000011

R_1=10111011　10011000　11101000　11001000

以上加密过程进行 16 轮后，得到的结果分组为

L_{16}=01010010　10011000　11000001　01011010

R_{16}=11101000　10000011　01111000　01001100

最终通过末尾置换 IP^{-1}，最终得到密文为

00100100　01100001　00000010　10011011

01011001　10001000　11001111　10110100

5.1.3　DES 的分析

自从被采用作为联邦数据加密标准以来，DES 遭到了猛烈的批评和怀疑。首先是 DES 的密钥长度是 56 位，很多人担心这样的密钥长度不足以抵御穷举式搜索攻击，因为密钥量只有 $2^{56} \approx 10^{17}$ 个。早在 1977 年，Diffie 和 Hellman 已建议制造一个每秒能测试

100万个密钥的VLSI芯片。每秒测试100万个密钥的机器大约需要一天就可以搜索整个密钥空间。当然，事实上，到了1999年1月RSA数据安全会议期间，电子前沿基金会用22h15min就宣告破解了一个DES的密钥。

此外，在其密钥空间中，DES存在4个弱密钥，这些弱密钥会导致每一轮的子密钥都相同；DES还至少有12个半弱密钥，这些半弱密钥成对出现，一个能用来解密另一个密钥加密的消息，从而导致它们16轮加密不是产生16个不同的子密钥，而是产生两种不同的子密钥，每种出现8次。以此类推，DES还有48个半弱密钥，这些密钥在16轮加密过程中，只产生4种子密钥，每种出现4次。

其次是DES的内部结构即S盒的设计标准是保密的，这样使用者无法确信DES的内部结构不存在任何潜在的弱点。后来的实践表明，DES的S盒被精心设计成能够防止诸如差分分析方法类型的攻击。另外，DES的初始方案——IBM的Lucifer密码系统具有128位的密钥长度，DES的最初方案也有64位的密钥长度，但是后来公布的DES算法将其减少到56位。IBM声称减少的原因是必须在密钥中包含8位奇偶校验位，这意味着64位的存储只能包含一个56位的密钥。

对于DES的攻击，最有意义的方法是差分分析方法。差分分析方法最初是由IBM的设计小组在1974年提出的。IBM在设计DES算法的S盒和换位变换时有意识地避免差分分析攻击，使得DES能够抵抗差分分析攻击。1991年，Biham和Shamir提出了针对选择明文攻击的差分分析方法，可以攻击很多分组密码。差分分析方法需要带有某种特性的明文和相应的密文之间的比较，攻击者寻找明文对应的某种差分的密文对，这些差分中的一部分会有较高的重现概率。差分分析方法用这种特征来计算可能的密钥概率，最后可以确定出最可能的密钥。但是由于DES的S盒在设计阶段就进行了优化，因此它能够有效抵御差分分析攻击。

DES加密的轮数对安全性也有较大的影响。如果DES只进行8轮加密过程，则在普通的个人电脑上只需要几分钟就可以破译密码。如果DES加密过程进行16轮，应用差分分析攻击比穷举式搜索攻击稍微有效一些。然而如果DES加密过程进行18轮，则差分分析攻击和穷举式搜索攻击的效率基本一样。如果DES加密过程进行19轮，则穷举式搜索攻击的效率还要优于差分分析攻击的效率。

随着计算机硬件技术的飞速发展，DES的安全性越来越受到人们的怀疑。为了提高DES加密算法的安全性，人们一直在研究改进DES算法安全性能的方法，最简单的改进算法安全性的方法是应用不同的密钥对同一个分组消息进行多次加密，由此产生了多重DES加密算法。

最简单的双重DES加密过程是采用两个不同的密钥分两步对明文分组消息进行加密。相比于传统的DES算法，这种改进方案的密钥长度变为128位，因此算法的安全性有一定的改进。由Tuchman提出的三重DES算法是一种被广泛接受的改进方法。该方法的加密解密过程如图5.4所示。

在该加密算法中，加密过程用两个不同的密钥K_1和K_2对一个分组消息进行3次DES加密。首先使用第一个密钥进行DES加密，然后使用第二个密钥对第一次的结果

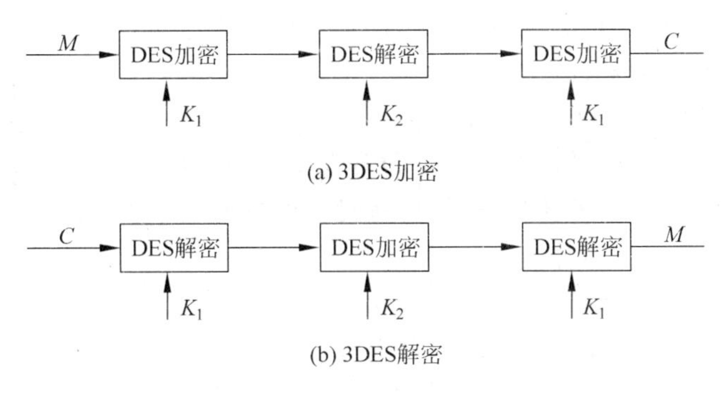

图 5.4 3DES 加密解密

进行 DES 解密，最后再使用第一个密钥对第二次的结果进行 DES 加密。使用两个密钥的三重 DES 是一种较受欢迎的改进算法，目前已经被用于密钥管理标准 ANS X9.17 和 ISO 87322 中。

5.2 AES

随着密码破译技术和计算机硬件技术的飞速发展，考虑到人们对加密算法安全性的担忧，对于 DES 算法的改进工作从 1997 年就开始公开进行了。美国标准技术研究所(NIST)于 1997 年 4 月正式公告下一代的加密标准(advanced encryption standard，AES)的征选。制定 AES 主要的目标是确保资料可达到 100 年的安全性，即加密后的密文在 100 年内不会被破解。在经过 3 个回合技术分析会议后，从 15 个候选算法中，于 2000 年 10 月 2 日公开选定由比利时 J. Daemen 与 V. Rijmen 两位学者所设计的 Rijndael 算法为 AES 所用。

Rijndael 算法除具备低成本、高安全性特性外，最大的优点在于：即使在受限的工作环境下，如较小的内存空间中，仍有很好的加密解密运算效率，而且容易抵抗完全搜寻攻击，如此便能保证 AES 可有较长的安全周期。在经过一连串的公开评论与测试后，NIST 于 2001 年 11 月 26 日发布 FIPSPUB 197，正式将 AES 定为美国新一代的数据加密标准。

5.2.1 AES 的描述

Rijndael 也是一个典型的迭代型分组密码，而且其分组长度和密钥长度都可变，分组长度和密钥长度可以独立地指定为 128 位、192 位和 256 位。现在被采用的 AES 算法的加密轮数依赖于所选择的子密钥长度。对于选择 128 位的密钥长度，加密的轮数为 10；对于选择 192 位的密钥长度，加密的轮数为 12；对于选择 256 位的密钥长度，加密的轮数为 14。加密过程是将如图 5.5 所示算法，注意最后一轮迭代没有列混合，其他各轮相同。

AES 加密算法的执行过程描述如下：

① 输入长度为 128 位、192 位或 256 位的明文分组，将其按照一定的规则赋值给消息矩阵，然后将对应的轮密钥矩阵与消息矩阵进行异或运算。

② 在加密算法的前 $N-1$ 轮中，每一轮加密先对消息矩阵进行一次字节代换操作，然后对消息矩阵做行移位操作，接着对消息矩阵进行列混合操作，最后再与轮密钥进行密钥异或运算。

③ 对前 $N-1$ 轮加密的结果消息矩阵再依次进行字节代换操作、行移位操作和与轮密钥进行密钥异或运算。

④ 将输出的结果消息矩阵定义为密文。

其中密钥异或运算、字节代换操作、行移位操作和列混合操作也被称为 AES 算法的内部函数。

上述操作中的消息矩阵的行数为 4。AES 中的操作都是以字节为对象的，操作所用到的变量是由一定数量的字节构成。对于输入消息长度是 128 位的明文，将其表示为 16 个字节，消息矩阵的行数为 4，因此矩阵列数也为 4，明文消息依次按行存储在 4×4 的消息矩阵中。

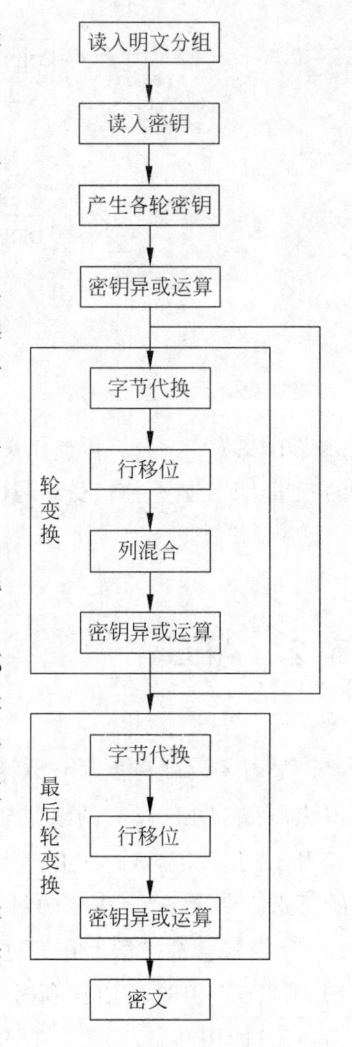

图 5.5 Rijndael 算法流程

(1) 密钥异或运算

密钥异或运算将轮密钥矩阵与消息矩阵中的元素逐字节、逐位地进行异或运算。其中轮密钥矩阵使用固定的密钥编排方案产生，每一轮的轮密钥矩阵是不同的。

(2) 字节代换操作

AES 算法中字节代换操作相当于 DES 算法中 S 盒的作用，该操作对消息矩阵中每一个字节进行一个非线性代换，由于代换矩阵是可逆的，因此字节代换操作是可逆的。

(3) 行移位操作

行移位操作在消息矩阵的每行上进行。这个操作的运算结果实际上是对消息矩阵进行一个简单的置换操作，它重排了元素的位置而不改变元素本身的值，所以该操作也是可逆的。

(4) 列混合操作

列混合操作对消息矩阵的每一列进行操作。该操作应用了有限域理论中的知识，以保证每一列进行的变换在本质上相当于是一个使用已知密钥的代换密码。因此，该操作也是可逆的。

与 DES 算法相同的是，AES 算法的解密也是加密的逆过程，由于 AES 算法的内部函数都是可逆的，因此解密过程仅仅是将密文作为初始输入，按照各轮密钥相反的方向对输入的密文再进行加密的过程,该过程加密的最终结果就可以恢复出相应的明文。

5.2.2 AES的分析

在AES算法中,每一轮加密常数的不同可以消除可能产生的轮密钥的对称性,同时,轮密钥生成算法的非线性性质消除了产生相同轮密钥的可能性。

AES的安全性表现在:

① 对密钥没有任何限制,不存在弱密钥。

② 能有效抵抗目前已知的各种攻击方法,如差分攻击、线性攻击、平方攻击、插值攻击等。

③ 良好的理论基础使设计者可高强度地隐藏信息。

④ 关键常数的巧妙选择使计算速率可达1Gbit/s。

⑤ 可以实现MAC、Hash、同步流密码、随机数生成等其他功能。

经过验证,目前采用的AES加密解密算法能够有效抵御已知的针对DES的所有攻击方法。到目前为止,公开报道中对于AES算法所能采取的最有效的攻击方法只能是穷举式搜索攻击,所以AES算法是安全的。Rijndael目前已经有效地应用在奔腾机、智能卡、ATM机、B-ISDN、卫星通信等方面。

5.3 公钥密码的基本概念

在对称密码体制中,加密和解密都需要共享一个密钥,因此,加密密钥是整个密码通信系统的核心机密,一旦加密密钥被暴露,整个密码体制也就失去了保密作用,这恐怕是对称密码体制的主要弱点。于是,在一次密码通信开始之前,信息的发送方必须提前把所用的加密密钥,经过特殊的秘密渠道,如信使、挂号信等,或者经一条特殊的保密通信线路(即密钥信道)送到信息的接收方。但是经特殊的密钥信道分配加密密钥是相当困难的,而且随着系统用户的增加,这种困难程度变得越来越严重。

20世纪70年代美国学者Diffie和Hellman以及以色列学者Merkle分别独立提出了一种全新的密码体制的概念。他们所创造的新的密码学理论突破了传统密码体制对称密钥的概念,称为非对称密码体制(公钥密码体制)。公钥密码体制与传统对称密码体制的最大区别就在于,它的加密和解密不是使用同一个密钥和算法,也不再是基于代换和置换这两个基本操作的。它使用在数学上相关的两个密钥,并通过用其中一个密钥加密的明文只能用另一个密钥进行解密的方法来使用它们。通常,其中一个密钥由个人秘密持有,因此几乎没有必要共享密钥,从而避免了对安全性的威胁。另一个密钥,即所谓的公钥,需要让尽可能多的人知道。Diffie和Hellman建议利用计算复杂性设计加密算法，在他们提出的公钥设想中，加密密钥是公开的，解密密钥是私密的，公钥与私钥不同，且必须成对存在，并有一一对应的数学关系，而且由公钥去推导私钥在计算上是不可行的。

5.3.1 Diffie-Hellman 算法

Diffie-Hellman 算法是第一个公钥算法，早在 1976 年就发明了，其出发点是为了解决对称密码体制中两个用户间共享密钥的交换问题，所以又把它称为 Diffie-Hellman 密钥交换协议。它虽然不能用于加解密消息，但客观上已走入了公开密钥的大门。Diffie-Hellman 算法的保密理念正是基于计算复杂性，其安全性是基于数论中求解离散对数问题的困难性上。

1. 离散对数问题

设 p 为一个大素数(比如，上百位数)，若 $0 \leqslant x < p$ 和 $0 \leqslant b < p$，采用很基本的算法就可以求出 $y = b^x \bmod p$，即使 b 和 x 也是上百位数。

但是反过来，若已知 y 和 b，求 $y = b^x \bmod p$ 中的 x，这是一个十分困难的问题，只有当 p 为小素数时问题可解，对于大的素数，目前除了采用穷举法依次尝试外，没有更加有效的方法。需要注意的是，穷举法并不是一个有效的方法，因为如果 $x = 10^{100}$，从 b^0 尝试到 b^x，这显然已超出了当前计算机计算能力的范围。

2. Diffie-Hellman 协议描述

对于系统所有用户，b 和 p 均为已知，用户 Alice 和 Bob 要进行通信，按照 Diffie 和 Hellman 设计的密钥交换协议，他们需执行以下步骤：

(1) 用户 Alice 选 K_A 为私钥，求出 $b^{K_A} \bmod p$ 为公钥，发给用户 Bob。

(2) 用户 Bob 选 K_B 为私钥，求出 $b^{K_B} \bmod p$ 为公钥，发给用户 Alice。

(3) 二者之间的共享密钥 $K_{A,B}$ 为 $b^{K_A \cdot K_B} \bmod p$，Alice 可以使用这个共享密钥加密她发送给 Bob 的消息。

图 5.6 给出了 Alice 和 Bob 得到通信密钥的过程。

下面不妨通过一个例子来看通信双方如何通过此协议实现共享密钥的。

假设 $p = 53, b = 17, K_A = 5, K_B = 7$，则 Alice 的公钥为 $17^5 \bmod 53 = 40$，Bob 的公钥为 $17^7 \bmod 53 = 6$。

Alice 要得到共享密钥，需计算 $(b^{K_B})^{K_A} \bmod p = (b^{K_B} \bmod p)^{K_A} \bmod p = 6^5 \bmod 53 = 38$；同理，Bob 计算 $(b^{K_A})^{K_B} \bmod p = (b^{K_A} \bmod p)^{K_B} \bmod p = 40^7 \bmod 53 = 38$。

从而，二者今后的通信可通过共享密钥 $K_{A,B} = 38$ 进行。而其他用户，由于没有 Alice 或 Bob 的私钥，即使截获了二者的公钥，也难以计算出共享密钥。由于他们之间的保密通信还是通过对称密码体制进行的，因而算法本身不是公钥密码意义下的密码。

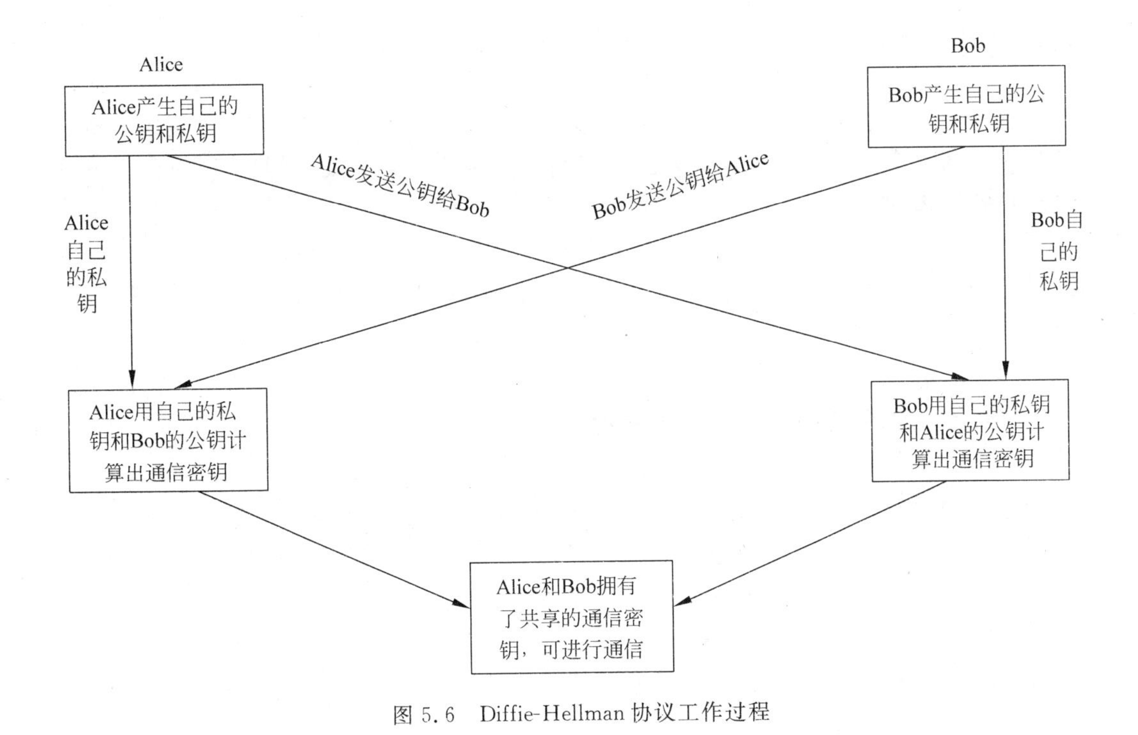

图 5.6 Diffie-Hellman 协议工作过程

5.3.2 公钥密码体制加密解密的原理

公钥密码体制的实现，从思路上与前面的 Diffie-Hellman 协议非常相似，加密系统不仅可以把加密算法公开，并且把一对密钥中的一把公开，才换来了功能上的增加与使用上的方便。而之所以敢于将之公开，是因为解密所用算法并非加密的逆运算，解密所用密钥也不同于加密所用的密钥，而且二者不可互相推导。

作为一个密码体制，无论传统对称密码体制还是公钥密码体制，解密和加密的效果一定应当是互逆的，通过解密应得到与原来的明文相同的译文。一般来说，解密应当用加密的逆运算实现，传统密码体制就是这么做的。然而，抛开逆运算的定式看问题，逻辑上并不排除存在其他算法也能得到正确的译文。至于密钥，它只是加密、解密运算过程中的一些关键数据，没有理由认为参与加密运算的密钥和参与解密运算的密钥必须相同。当然，加密密钥与解密密钥既然是配对的，那么总应当存在某种内在的联系，实际上也确实如此。不过只要这种内在联系涉及复杂度很高的运算，就可以认为它们是无法相互推导的。于是，问题又回到了数学上，能否找到这样的算法和密钥呢？

数学上存在一种单向陷门函数 f，它有下列性质：

① 对于每个 $x\in X$，计算 $y=f(x)$是容易的，正是因为这一点，加密运算才是简单可行的。

② 明知 y 与 x 是一一对应，但由给定的 y 难以求出 x，其逆运算 $x=f^{-1}(y)$十分复杂，这样的函数 f 被称为单向函数。正是因为这一点，系统也才敢于公开加密算法。即

使公开了算法，也难以在有限时间内计算出逆运算结果，系统安全性才有了保障。

③ 对于某些特殊的单向函数(不是所有的单向函数)，若附加一点相应的“陷门信息k”，则存在另一个能算出x的方法：$x=f_k(y)$。$f_k(y)$不同于$f^{-1}(y)$，但它却可以容易地算出x；求解这个问题的关键数据k就是密钥。正是因为这一点，掌握密钥的合法用户才能容易地正确破译密文。

数学中确实存在不少逆运算非常复杂的单向函数，如大数的分解因数、离散对数等，这是构造公钥密码系统的必要条件。但是还必须设法引入“陷门”，目前已找到多种单向陷门函数，设计出多种公钥密码体制，如RSA密码体制等。

5.3.3 公钥密码体制的特点

根据算法复杂性理论，算法运行时间同输入规模的关系为多项式及低于多项式的算法都称为可解问题(P类)，而将超过多项式的算法都称为难解问题(如NP类、NPC类等)。如果已经证明了某种密码体制的加密是P类问题，而其破译是NP类问题，则对规模较大的使用该密码体制的系统，任何现代的计算设备都不可能在允许的时间内将其破译，因此它是安全的。公钥密码体制正是利用这个思想。

(1) 基于算法的复杂性

传统密码系统的安全性依赖于对算法的保密，一旦算法失密，攻击者就可以用它的逆运算来破译密码系统。公钥密码学则是利用逆运算复杂度非常高的单向算法来构建密码系统，因而不必担心算法失密。

(2) 算法的可公开性

由于算法的复杂性完全能够通过数学理论科学地预测，只要该算法复杂到不可行的程度，即使公开了算法，也难以在有限时间内计算出逆运算结果。因此，公钥密码学认为只有根据算法的复杂性建立起来的密码系统，其安全性才是坚固可信的。算法公开后，可以让它在攻击中不断完善和改进，并以此显示其安全的坚固性。

(3) 安全的相对性

即使破译的工作量取决于算法的复杂度，在科学技术高度发展的今天，我们仍应充分估计破译者的计算能力和计算技术未来的发展。从这个意义讲，不存在永远牢不可破的密码，只存在当前阶段与需求相适应的安全密码系统，破译只是时间和金钱的问题。但是如果破译工作所花的代价大于秘密本身的价值，或破译花费的时间大于秘密的有效期，则破译失去意义，则该密码系统就可以认为是相对安全的。不求绝对安全求相对安全是密码设计理念上的又一个转变。

(4) 密钥的机密性

算法公开了，合法用户与非法用户的区别在哪里呢？合法用户拥有密钥，解译密文十分容易；非法用户没有密钥，破译密文则很不容易。这是因为如果攻击者用遍历法一个个去尝试密钥，假设每尝试一个密钥需要1s，则遍历160位长的所有密钥需要2^{160}s，约1040年。只要密钥具有足够的长度与随机性，偶然猜中密钥的概率是极小的。保守密钥的机密要比隐藏算法的机密容易得多，也安全得多。况且密钥是可以随时更换的，万一暴露了密钥，可以换一把，不致造成整个系统的破坏。

5.4　RSA公钥密码

在Diffie和Hellman提出公钥设想后的1977年，美国麻省理工学院的Rivest、Shamir和Adleman联合提出了称为RSA（即三人姓氏的首字母）的公钥密码体制。该密码体制基于数论中的欧拉定理，其安全性依赖于大整数因子分解的困难性。RSA公钥密码是第一个实用的、同时也是流行至今的最典型的公钥算法。

5.4.1　RSA加密解密原理

1. 欧拉定理

对整数m，如果我们用$\Phi(m)$表示欧拉数，即比m小且与m互素的正整数的个数，欧拉定理告诉我们，当整数a与m互素时，有

$$a^{\Phi}(m) \bmod m=1$$

这是因为，如果令$k=\Phi(m)$，并设这k个与m互素的正整数为$b_1, b_2, \cdots, b_k$，则由a与m互素，所以$ab_1, ab_2, \cdots, ab_k$也都与m互素并且两两不等，因而对任意ab_i，存在b_j使得$ab_i \bmod m=b_j \bmod m$，因此

$$(ab_1)(ab_2)\cdots(ab_k) \bmod m=b_1 b_2\cdots b_k \bmod m$$

由$b_1 b_2\cdots b_k$与m互素，两边可同时约去$b_1 b_2\cdots b_k$，从而得到

$$a^k \bmod m=1, \quad 即 \quad a^{\Phi}(m) \bmod m=1$$

2. RSA密码体制

RSA密码体制建立密钥的步骤如下：

① 选择两个足够大并且位数差不多的素数p和q，p和q必须保密；

② 计算$n=pq$和$\Phi(n)$，显然，此处$\Phi(n)=(p-1)(q-1)$，n是公钥的一部分，但$\Phi(n)$要保密；

③ 随机选择一个整数e，使得e与$\Phi(n)$互素，e也是公钥的一部分；

④ 计算整数d满足$ed \bmod \Phi(n)=1$，d为私钥，必须保密。

得到公钥(n,e)和私钥d后，RSA的加密过程就是一个指数加密。先将明文数字化并进行分组，分组的长度小于n的位数。设明文分组为m，加密密文为C，则加密变换函数为

$$C=E(m)=m^e \bmod n$$

解密同样是一个指数运算，解密变换函数为

$$m=D(C)=C^d \bmod n$$

3. RSA密码原理分析

RSA密码体制所采用的加密过程是一个指数加密，其逆运算为 $m=\sqrt[e]{\lambda n+C}$，开 e 次方的运算本身已经十分复杂，且由于 λ 的不确定，所以它是一个单向函数。

对任意整数 k、m 与 n 互素，则 m^k 仍与 n 互素，由欧拉定理

$$(m^k)\Phi(n)\bmod n=1$$

于是，

$$m^{k\Phi(n)+1}\bmod n=m$$

所以，为了解密，我们需要 d 满足 $ed \bmod \Phi(n)=1$，并得到解密算法：

$$C^d=m^{ed}\bmod n=m^{k\Phi(n)+1}\bmod n=m\bmod n$$

即

$$D(C)=C^d\bmod n$$

这里，(n,e) 为公钥，任何人都可以用此公钥加密消息，只有掌握了私钥 d 的合法用户才可以进行解密。

为安全起见，p、q 和 $\Phi(n)$ 在完成设计后都可销毁。由 p 和 q 求解 n 的运算简单易行，但由 n 分解出 p 和 q，至今没有找到多项式时间复杂度的算法。若无法分解出 p 和 q，则也无法求出 $\Phi(n)$ 和 d，从而保证了RSA加密的安全性。

让我们考察下面的使用RSA算法的实例。

设明文为 H_i，公钥为(253,139)。

该消息的两个字母的十进制ASCII码表示为72和105，使用公钥对它们进行加密

$$72^{139}\bmod 253=2$$

$$105^{139}\bmod 253=101$$

从而密文为数对(2,101)。对于这样小的 n，我们很容易分解出 $n=11\times 23$，从而可以计算出 $\Phi(n)=220$，然后根据 $ed\bmod 220=1$，可以求解出 $d=19$，从而可以用来解密

$$2^{19}\bmod 253=72$$

$$101^{19}\bmod 253=105$$

从而可恢复出明文消息。因此，实际应用中不可能选择这样小的素数。

5.4.2 RSA的参数选择

在实现RSA密码体制的过程中，有一些问题是必须考虑的，比如，随机选择了 e，如何得到 d，这个问题可以用我们前面提到的欧几里得算法来求解。但是我们对快速的加密解密、e 的选择、p 和 q 的选择还有一些要求。

1. 指数运算

当 p、q、n、e 等参数确定后，要实现明文的加密，需要进行大量的指数运算。比如，求 $1\,342\,775^{4337}\bmod 2153$。看上去最简单的方法是，将1 342 775自乘4337次，然后再对

2153 求余数。然而这种方法用手工是不可能完成的，如果用计算机，我们需要考虑的一个问题是，乘积越来越大，如何安排空间来存储中间结果，而且，即使这样，算出结果也是比较慢的。

一个改进的方法是，每进行一次乘法，就求一次余数，从而可以省去存储空间的考虑。而且，这种方法可行的一个原因是

$$ab \bmod n = (a \bmod n)(b \bmod n)$$

事实上，我们还可以采用更加有效的方法来完成指数运算。

比如，计算 5^8，我们无需将 5 自乘 8 次，我们先算 5^2，然后算 $(5^2)^2$，即 5^4，然后再算 $(5^4)^2$ 即可。

再如，计算 7^{23}，由于 $23=16+4+2+1$，我们可以计算 $7^{16}\times7^4\times7^2\times7$。

一般地，将每次乘后求余和重复平方两种方法结合起来，可以有效的提高指数运算的效率。

2. 素数的选择

由前面，我们已经看到，p 和 q 要选择尽可能大的素数。RSA 密码体制的创始人建议，p 和 q 为 100 位以上的十进制数，这样可以使得 n 达到 200 位以上，从而 n 的分解在当前最先进的计算机上用最高效的算法也要相当长的时间。但是，我们首先得能选择出来这样的 100 位以上的素数。

由数论中的定理，素数有无限多个。并且，还有定理指出，对正整数 N，小于 N 的素数数目约为 $\frac{N}{\ln N}$。所以当 N 足够大时，素数还是很多的。

但是对于随机选择的一个上百位的十进制数，我们怎么确定它是一个素数呢？比如 31597（这个数太小，此处仅作为示例），算术中的基本知识告诉我们，它如果有因子，必有小于其平方根 177.75545 的因子，我们可以从 2 到 177 依次用它们去除 31597，通过看是否整除以检测它是否是素数。但这对于 100 位以上这样大的素数，需要检测的次数也达到了 10^{50} 以上，仍是非常巨大的。

数论中的费马小定理给出了一种验证素数的方法，该定理指出：如果 p 是一个素数，则对于 $1\leqslant a<p$ 的任意整数 a，$a^{p-1} \bmod p=1$。该定理其实可以看作是欧拉定理的一个推论，因为对于素数 p，$\Phi(p)=p-1$。

让我们看一下费马小定理的一些实例。

比如，$2^6(=64) \bmod 7=1$，$3^{10}(=59\ 049=5368\times11+1) \bmod 11=1$。

但是该定理只是说明，如果 p 是素数的话，它满足这样的定理，但反之却不一定成立。比如 $3^{90} \bmod 91=1$，而 $91=13\times7$ 是一个伪素数；再如，$561=3\times11\times17$，但它能通过所有与 561 互素整数的检测。

由上我们可以得知，费马小定理只是验证素数的必要条件，而非充分条件。

3. p 和 q 值的要求

为保证 RSA 加密的安全，p 和 q 不仅要上百位，而且二者的值不能太接近，也不能相

差太大，一般选择二者相差几比特。

如果二者相差太小，则由

$$(p+q)^2-(p-q)^2=4pq=4n$$

可得

$$(p+q)^2-4n=(p-q)^2$$

是一个小的平方数，所以$(p+q)/2$与$\sqrt{n}$近似。令$u=(p+q)/2, v=(p-q)/2$，可以从大于$\sqrt{n}$的整数依次尝试u且$v=\sqrt{u^2-n}$，从而解出p与q。

如果二者之差很大，则其中一个必然较小，那么可以从一个小的素数开始依次尝试，最终分解n。

4. 公钥 e 的选择公钥

e首先要与值$\Phi(n)$互素，这是非常明显的，否则无法计算私钥d。此外，e不能太小。因为如果e太小，则对于较小的明文m，可以直接得到密文$C=m^e \bmod n$而不需要实际经过模运算，这样由C开e次方即可得明文m。

5. 私钥 d 的选择

虽然选择好了e，d的值是唯一确定的，但是私钥d也不能太小，即便d小了有利于解密的速度。因为如果d太小了，破解者可以用穷举法发动已知明文攻击，以获得m，他从某个正整数开始依次尝试，直接找出一个数t满足$C^t \bmod n=m$，那么这个t就是解密密钥d。

因此，根据1990年Wiener的证明，最好$d \geqslant \sqrt[4]{n}$，如果d太小，则需要重新选择公钥e。

6. p 和 q 的重复利用

本来对于上百位的素数，两个密钥设计者选择相同的p和q的概率是相当低的。但是如果某个密钥设计者在好不容易找到了两个较大的素数p和q，并求得了n和$\Phi(n)$后，想利用它们来多设定几组公钥和私钥(e,d)，就可能会引起不安全因素。

比如，对同一明文m

$$C_1=m^{e_1} \bmod n, \quad C_2=m^{e_2} \bmod n$$

如果这里e_1和e_2互素，即满足$te_1+se_2=1$，则

$$C_1^t C_2^s=m^{te_1} m^{se_2}=m^{te_1+se_2}=m \bmod n$$

这样一来，无需私钥，就得到了明文。

5.4.3 RSA 的安全性

RSA 的安全性是基于大整数进行因子分解的复杂性的。若$n=pq$被因子分解，则RSA 即被攻破。因为若分解得到p和q，则可以求得$\Phi(n)$，由公钥e也不难求得私钥d。但现在面临的问题是，迄今为止还没有证明大整数因子分解问题是一类 NP 问题。

为了抵抗穷举攻击，RSA 算法采用了大密钥空间，表 5.9 列举了对不同长度密钥进行因子分解所需要的计算时间。

表 5.9　分解不同长度密钥所需时间

密钥长度/位	每秒执行一百万次指令的机器所需年数
116	400
129	5000
512	30 000
768	200 000 000
1024	300 000 000 000
2048	300 000 000 000 000 000 000

需要注意的是，表 5.9 所列的是单机所需的执行时间，并且是以百万次计算机的计算能力来测算的。虽然目前还没有找到分解大整数的非常有效方法，但随着人们计算能力的不断提高和计算成本的不断降低，许多被认为是不可能分解的大整数已被成功分解。1977 年 Rivest 曾为破译 129 位的 RSA 密码系统悬赏 100 美元，结果 1994 年 4 月 Derek Atkins 宣布成功破译，分解出一个 64 位和一个 65 位的因子。该工作是用二次筛法完成分解的，并且动用了 43 国 600 多名志愿者利用空闲时间使用 1600 台计算机通过互联网分布式计算联合工作，耗时 8 个月才完成。1996 年 4 月，130 位的 RSA 密码系统也被用数域筛法攻破，完成该工作使用了 300 台工作站及 PC 和一台超级计算机，花费了 7 个月时间。这些结果说明 512bit 的 RSA 密码系统也不够安全。尽管如此，密码专家们认为一定时期内 1024～2048bit 的 RSA 还是相对安全的。

同时，我们还应看到，为了保证系统安全，通常我们会将 n 取得很大，而且 e 和 d 也会取为非常大的正整数，但这样做的一个明显缺点是，密钥产生和加密解密过程都非常复杂，系统运行速度比较慢。

除了对 RSA 算法本身的攻击外，RSA 算法还面临着攻击者对密码协议的攻击，即利用 RSA 算法的某些特性和实现过程对其进行攻击，但是都还不能对 RSA 构成有效威胁，因此可以认为，只要合理的选择参数、正确的使用，RSA 就是安全的。

5.5　ElGamal 密码

除了 RSA，还有很多种公钥密码体制，这其中 ElGamal 算法也是一种具有广泛应用的公钥密码体制，它的安全性也是基于计算离散对数问题的困难性。该算法在 1985 年由 ElGamal 提出。

5.5.1　ElGamal 加密解密原理

在前面介绍 Diffie-Hellman 算法时，已经介绍过离散对数问题，为了将之应用于公钥密码体制的设计中，我们还需要介绍数论中的一些概念。

1. 基本概念

对于素数 p 和整数 $0<a<p$，满足 $a^t \bmod p=1$ 的最小正整数 t 称为元素 a 在模 p 下的阶。由前面介绍的费马小定理可知，这样的 t 一定存在，因为至少有 $a^{p-1} \bmod p=1$。如果 a 模 p 的阶就是 $p-1$，则称 a 是 p 的原根。

若 a 是素数 p 的原根，那么 $a \bmod p, a^2 \bmod p, \cdots, a^{p-1} \bmod p$ 互不相同，且正好产生集合 $\{1,2,\cdots,p-1\}$ 的所有值。因为若有 $0<i<j<p$ 的 i 和 j 使得 $a^i \bmod p=a^j \bmod p$，则 $a^{j-i} \bmod p=1$，这与 a 模 p 的阶是 $p-1$ 矛盾。因此，对于任意 $b\in\{1,2,\cdots,p-1\}$，一定存在唯一的 $x\in\{1,2,\cdots,p-1\}$ 满足 $b=a^x \bmod p$。

这正好满足了加密函数必须是一一对应的要求，ElGamal 正是基于此设计的加密方法。

2. ElGamal 密码体制

ElGamal 密码体制建立密钥的步骤如下：

① 选择足够大的素数 p，为了使基于离散对数问题的公钥密码算法具有足够的安全性，一般要求素数 p 长度在 150 位以上；

② 选择 p 的一个原根 a 和一个整数 d，d 是私钥，必需保密；

③ 计算 $b=a^d \bmod p$，公钥即 (p,a,b)。

得到公钥 (p,a,b) 和私钥 d 后，ElGamal 密码的加密过程如下：

① 先将明文数字化并进行分组，设明文分组为 m，要求 m 的长度小于 p 的位数；

② 选择随机数 k，计算 $r=a^k \bmod p$；

③ 计算 $t=b^k m \bmod p$；

④ 密文 C 即 (r,t)，因此密文的长度是明文的两倍。

ElGamal 密码的解密只需计算 $tr^{-d} \bmod p$ 即可，因为

$tr^{-d} \bmod p=(b^k m \bmod p)(a^k \bmod p)^{-d} \bmod p=a^{dk} m\ (a^{-dk}) \bmod p=m \bmod p$。

考察下面的使用 ElGamal 算法的实例。

设 $p=2579$，取 $a=2$，私钥 $d=765$。计算

$$b=a^d \bmod p=2^{765} \bmod 2579=949$$

如果明文消息 $m=1299$，选择随机数 $k=853$，那么可计算出密文：

$$r=a^k \bmod p=2^{853} \bmod 2579=435$$

$$t=b^k m \bmod p=1299\times 949^{853} \bmod 2579=2396$$

因此，密文是(435,2396)。

对密文进行解密变换，可计算出明文 m：

$$m=tr^{-d} \bmod p=2396\times(435^{765})^{-1} \bmod 2579=1299$$

由于密文不仅取决于明文，还依赖于加密者每次选择的随机数 k，因此 ElGamal 公钥体制是非确定性的，同一明文多次加密得到的密文可能不同，同一明文最多会有多达 $p-1$ 个不同的密文。

5.5.2　ElGamal 算法的安全性

ElGamal 算法的安全性基于离散对数问题的困难性。有学者曾提出由素数 p 生成的离散对数密码可能存在陷门，一些"弱"素数 p 下的离散对数较容易求解。因此，要仔细地选择 p，且保证 a 应是 p 的原根。此外，为了抵抗已知的攻击，p 不仅要求是较大的素数，并且 $p-1$ 应该至少有一个较大的素数因子。

ElGamal 算法的安全性还来自于加密的不确定性。ElGamal 算法的一个显著特征是在加密过程中引入了随机数，这意味着相同的明文可能产生不同的密文，能够给密码分析者制造更大的困难。

但在某些情况下，ElGamal 算法也可能向攻击者泄露部分信息。比如在实际应用中，为了简便，加密者每次都使用相同的 k，那么对使用该 k 的消息而言，r 是相同的，因此攻击者若知道了其中一个的明文，就可以求得其他明文。

此外，在应用 ElGamal 算法，特别是推广的 ElGamal 算法的时候还要注意原根 a 的选择，确保每一个可能的明文消息 m 都能表示为 $m=a^t$ 的形式。

习题

1. 现代密码通常是由几个古典密码技术结合起来构造的。试在 DES 算法中找出采用了以下两种古典密码技术的部分：(1)代换密码；(2)置换密码。

2. 试述 Feistel 分组密码的结构。

3. 什么是雪崩原则？

4. 试举例说明分组密码的工作模式。

5. 请给出下列序列经过 S 盒后的输出序列：

100110，010011，1010101，001110。

6. 设已知 DES 算法中明文消息 m 和密钥 K 分别如下：

m=0011　1000　1101　0101　1011　1000　0100　0010
　　1101　0101　0011　1001　1001　0101　1110　0111

K=1010　1011　0011　0100　1000　0110　1001　0100
　　1101　1001　0111　0011　1010　0010　1101　0011

试计算加密过程中的 L_1 和 R_1。

7. 如果明文消息为 computer，密钥为 security，试计算最终的加密结果。

8. 简述公钥密码系统的一般定义。

9. 什么是单向陷门函数？如何将其应用于公钥密码系统的设计？

10. 简述公钥密码系统相对单钥密码系统的优势。

11. 简述 RSA 算法的理论基础。

12. 利用下列数据实现 RSA 算法的加密和解密：

(1) $p=7,q=11,e=17,m=8$。

(2) $p=11,q=13,e=11,m=7$。

13. 假设字符编码机制为：$A=1,B=2,\cdots,Z=26$。若明文字符为 F，RSA 中，取 $e=5,d=77,n=119$，求加密后的密文。并验证解密后能得到的明文 F。

14. 使用 RSA 密码体制的系统，已知密文 $C=10$，该用户公钥 $e=5,n=35$，明文 M 等于多少？

15. 使用 RSA 密码体制的系统，已知 $n=2\,548\,903\,037$，$\Phi(n)=2\,548\,792\,896$，试分解 $n=pq$。

16. 找出模 13 的全体原根。

17. 利用下列数据实现 ElGamal 算法的加密和解密：

(1) $p=97,a=5,b=44,k=36,m=3$。

(2) $p=71,a=7,b=3,k=23,m=13$。

18. 使用 ElGamal 密码体制的系统，若已知 $p=97,a=11,b=3$，若明文 $m=53$ 对应的密文是$(70,C)$，试确定 C。使用 ElGamal 密码体制的系统，若已知 $p=31\,847,a=5$，$d=7899,b=18\,074$，试解密密文$(3781,14\,409)$。

第6章

密钥管理技术

密码技术的核心思想是利用加密手段把对大量数据的保护归结为对若干核心参数的保护。现代密码学认为密码系统中最关键的核心参数是各种密钥,安全应当只取决于密钥的安全,而不取决于密码算法的保密。在安全的通信系统中,选定了加密算法之后,利用加密手段对大量数据的保护归结为对密钥的保护,而不是对算法或硬件的保护。密钥是加密算法中的可变部分,一旦密钥丢失或出错,不但合法用户不能获取信息,而且可能使非法用户窃取信息,因此,通信系统中密钥的管理对保证系统的安全性、发挥密码的安全作用起着至关重要的作用。

密钥管理是处理密钥自产生至最终销毁整个过程中的有关问题,包括密钥的产生、存储、备份、分配、更新与撤销等。密钥管理方法实质上因所使用的密码系统(对称密码系统和公钥密码系统)而异,所有的这些工作都围绕一个宗旨,即确保使用中的密码是安全的。密钥管理的目的是确保系统中各种密钥的安全性不受威胁,密钥管理除了技术因素以外,还与人的因素密切相关,不可避免地要涉及诸如物理的、行政的、人事的等其他方面问题,但我们最关心的还是理论和技术上的一些问题。

6.1 密钥的分类

在一个通信系统中,数据将在多个参与者之间传递,要保证通信的安全,就需要大量的密钥,密钥的存储和管理变得十分复杂和困难。不论是对于系统、普通用户还是网络互连的中间节点,需要保密的内容的秘密层次和等级是不相同的,要求也是不一样的,因此,密钥种类各不相同。

按照加密的内容不同,系统中的密钥可以分为以下三种。

(1) 会话密钥

会话密钥(session key),指相互通信的双方在一次通话或交换数据时真正使用的密钥。它是通信系统中密钥层次的最低层,仅在临时的通话或交换数据时使用。会话密钥若用来对传输的数据进行保护时，称为数据加密密钥；若用作保护文件，则称为文件密钥；若供通信双方专用，则称为专用密钥。

会话密钥可由通信双方协商得到，也可由密钥分配中心(key distribution center, KDC)分配。由于会话密钥大多是动态的，考虑到对称密钥和公开密钥的处理速度，会话密钥普遍采用的是对称密钥。

由于会话密钥的临时性，即使密钥丢失，因为加密的数据有限，损失也有限。并且，由于会话密钥使用时间较短，这样就限制了攻击者能够截获的同一密钥加密的密文数量，增加了密码分析的难度，有利于数据安全。

会话密钥只有在需要时才通过协议取得，用完后就丢掉，从而可降低密钥的分配存储量。会话密钥可以使用户不必频繁地更换主密钥等其他密钥，有利于密钥的安全和管理。

(2) 密钥加密密钥

密钥加密密钥(key encryption key)用于对传输中的会话密钥或其他密钥进行加密保护的密钥，也称为密钥传送密钥。在通信网络中，每一个节点都分配有一个这样的密钥，而且，每个节点到其他各节点的密钥加密密钥是不同的，但是，任意两个节点间的密钥加密密钥却是相同的、共享的，这是整个系统预先分配和内置的。

在使用公钥密码系统的通信系统中，所有用户都拥有公钥-私钥对。如果用户间要进行数据传输，协商一个会话密钥是必要的，会话密钥的传递可以用接收方的公钥加密来进行，接收方用自己的私钥解密，从而安全获得会话密钥，再利用它进行数据加密并发送给接收方。

在这种系统中，密钥加密密钥就是建有公钥密码基础的用户的公钥。

密钥加密密钥是为了保证两节点间安全传递会话密钥或下层密钥而设置的，处在密钥管理的中间层。

(3) 主密钥

主密钥位于密码系统中整个密钥层次的最高层，主要用于对密钥加密密钥、会话密钥或其他下层密钥的保护。主密钥是由用户选定或系统分配给用户的，通常不受密钥学手段保护，分发基于物理渠道或其他可靠的方法，处于加密控制的上层，一般存在于网络中心、主节点、主处理器中，通过物理或电子隔离的方式受到严格的保护。在某种程度上，主密钥可以起到标识用户的作用。

从密钥使用的时间长短来看，上述三种密钥中，会话密钥一定是短期密钥，主密钥的使用期限一般较长，而密钥加密密钥可能是长期有效的，也可能是暂时的。密钥的这种分层结构使每一个密钥使用的次数都不太多，同一密钥产生的密文数量不太大，能被密码分析者利用的信息较少，有利于系统的安全。攻击者不可能动摇整个密码系统，从而有效地保证了密码系统的安全性。

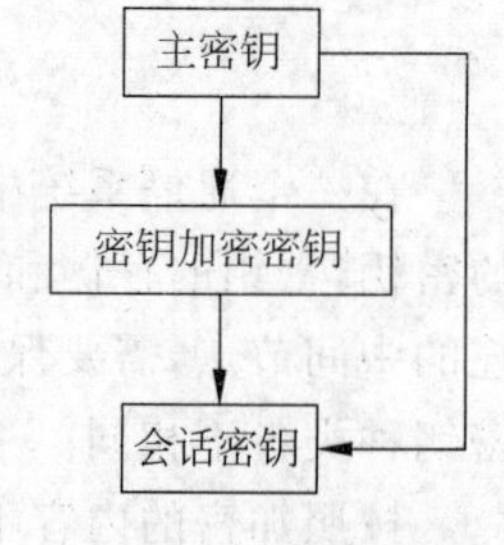

图 6.1 密钥管理的层次结构

概括地讲，密钥管理的层次结构如图 6.1 所示。

6.2　密钥的产生、存储和备份

密钥管理的目的是方便密钥的安全使用。通常情况下，密钥在其有效期之内都可以使用，但密钥的产生、存储和备份也存在一些需要注意的问题。

6.2.1　密钥的产生

不同的密码系统，其密钥的具体产生方法一般是不相同的。一个用户可以生成自己的密钥，也可以从可信的密钥分配中心处获取密钥。

密码算法的安全性依赖于密钥。密钥的产生首先必须考虑具体密码系统公认的限制，对于某些弱的密钥，由于它容易被破译，如果采用了一个弱的密钥产生方法，那么整个系统都将是弱的。为了避免产生弱的密钥，应该遵循以下原则。

(1) 增加密钥空间

因为对密码系统最基本的攻击方法是穷举法，所以如果没有其他已知因素，穷举法需要对每一个可能的密钥进行尝试，尝试的次数与密钥长度呈指数关系。因此，密钥越长，密钥空间就越大，使用穷举法攻击的难度就越大。在任何密钥产生的过程中，都应该避免减少密钥空间。

例如，DES有56位长度的密钥，正常情况下任何一个56位的数据串都能成为密钥，所以共有2^{56}种可能的密钥。如果减少DES的密钥长度，就会大大降低DES的攻击难度。

(2) 避免选择具有明显特征的密钥

为了记忆上的方便，人们常常喜欢选择自己的名字、生日、身份证号等具有明显特征的密钥，这是非常危险的选择。聪明的穷举攻击并不按照数字顺序去试探所有可能的密钥，它们首先尝试最可能的密钥，这就是所谓的字典攻击，攻击者使用一本公用的密钥字典，它列出那些最有可能的密钥，先从这些密钥开始尝试。

据调查，用这样的系统能够破译一般计算机上40%的口令。

(3) 随机选择密钥

一个好的密钥，要保证密钥产生的随机性，如果密钥为64位长，那么每一个可能的64位密钥必须具有相等可能性。这些密钥要么从可靠的随机源中产生，要么从安全的伪随机数生成器中产生。

密钥的产生就是按照上述规则，采用可行的措施和机制产生符合应用目标或算法属性要求的、并具有可预见概率的、伪随机的有效密钥。

6.2.2　密钥的存储

密钥存储时必须保证密钥的机密性、认证性、完整性、防止泄露和修改。

单用户的密钥存储是密钥存储问题中最简单的情况，因为只涉及一个用户，且只有该用户一个人对密钥负责。某些系统也采用这种简单的方法：密钥存放于用户的脑子中，而决不放在系统中，用户只需记住密钥，并在需要对文件加密或解密时输入。

但是，一般系统是不采用通过人的记忆来存储和保护密钥的。密钥数据的存储，不同于一般的数据，它需要保密存储。保密存储有两种方法：一种方法是基于密钥的软保护；另一种方法是基于硬件的物理保护。软保护使用加密算法对密钥（包括口令）进行加密，然后密钥以密文形式存储。例如，用户可以将一个 RSA 私钥用 DES 密钥加密后存在磁盘上，要恢复密钥时，用户只需把 DES 密钥输入到解密程序中即可。物理保护则是将密钥存储于与计算机相分离的某种物理设备（如智能卡、USB 盘或其他存储设备）中，以实现密钥的物理隔离保护。例如，用户先将物理设备插入加密箱或连在计算机终端上的特殊读入装置中，然后把密钥输入到系统中。当用户使用时，他并不知道这个密钥，也不能泄露它，而只能用这种方法使用它。

最理想的情况是密钥永远也不会以未加密的形式暴露在加密设施以外，虽然这终究是不可能的，但是可以将此作为一个非常有价值的奋斗目标。

6.2.3 密钥的备份

密钥的备份是非常有意义的，在密钥主管发生意外的情况下，密钥备份可以方便地恢复加密的信息，否则加密的信息就会永远丢失了。

备份密钥有多种方法，最简单的方法是密钥托管。这种方法要求所有用户将自己的密钥写下来交给系统安全员，由安全员将密钥文件锁在某个地方的保险柜里（或用主密钥对它们进行加密）。这里的前提是安全员不会滥用任何人的密钥。更重要的是，所有用户都必须相信安全员不会滥用他们的密钥。

另一种方法是，当某用户产生密钥时，他将密钥分成若干片，然后，把每片加密后发给不同的安全员或其他用户，单独的任何一片都不是密钥，这就对任何恶意者做了防备，也对由于意外事故引起的数据丢失做了预防。或者，他可以用其他一些用户的不同的公开密钥把不同的片段加密，然后存入自己的硬盘之中。这样在需要使用密钥之前，请相应那些用户解开对应的一个片段，再将它们组合起来。这就是所谓的秘密共享，将在 6.5 节详细介绍。

还有一个备份方案是借用密钥存储的方法，用智能卡作为临时密钥托管。

更一般的密钥托管是指，密钥由所信任的委托人持有，委托人可以是政府、法院或有契约的私人组织。一个密钥也可能在数个这样的委托人中分拆。授权机构可通过适当的程序（如获得法院的许可），从数个委托人手中恢复密钥。

1993 年 4 月，美国政府为了满足其电信安全、公众安全和国家安全，提出了托管加密标准（escrowed encryption standard，EES），该标准所使用的托管技术不仅提供了强加密功能，而且也为政府机构提供了实施法律授权下的监听。EES 于 1994 年 2 月正式被美国政府公布采用，该标准的核心是一个称为 Clipper 的防窜扰芯片，它是由美国国家安全局（NSA）主持开发的软、硬件实现密码部件。

6.3　密钥的分配

密钥分配是密钥管理工作中最为困难的环节之一。密钥分配研究密码系统中密钥的分发和传送中的规则及约定等问题。

根据分配密钥途径的不同，密钥的分配方法可分为网外分配方式和网内分配方式。

网外分配方式即人工途径方式，它不通过计算机网络，是一种人工分配密钥的方法。这种方式适合小型网络及用户相对较少的系统，或者安全强度要求较高的系统。网外分配方式的最大优点是安全、可靠；缺点是分配成本过高。密钥传送遇到的最大风险是在传送过程中，它可能要与系统外界接触。比如，需要Alice和Bob采用对称加密算法进行保密通信，他们需要同一个密钥。假设Alice产生密钥后，要将密钥安全地送给Bob。如果Alice能在某个地方碰见Bob，就将密钥副本直接交给他，否则就容易出问题。公开密钥用最少的预先安排可以很好地解决这个问题，但是这一技术并不总是有效。某些系统使用被公认安全的备用信道，Alice可以通过一个可靠的通信员把密钥传送给Bob，也可以用合格的邮政或传递业务来传送。或者，Alice可能同Bob一起建立另一个希望无人窃听的通信信道。对密钥分发问题的另一个解决方法是将密钥分成许多不同的部分，然后用不同的信道发送出去。有的通过电话，有的通过邮寄，有的还可以通过专递或信鸽传书等。即使截获者能收集到密钥，但缺少某一部分，他仍然不知道密钥是什么，所以该方法可以用于除个别特殊情况外的任何场合。它使得用户Alice甚至可以用秘密共享方案，允许Bob在传输过程丢失部分密钥时能重构完整密钥。

网内分配方式指通过计算机网络进行密钥的分配，这是我们关心的重点。按照分配密钥性质的不同，密钥的分配方法也可以分为对称密钥的分配、公开密钥的分配。

6.3.1　对称密钥的分配

在对称密码系统下，两个用户要进行保密通信，首先必须有一个共享的会话密钥。同时，为了避免攻击者获得密钥，还必须时常更新会话密钥。对称密码系统密钥分配的基本方法主要有以下几种：

(1) 由通信双方中的一方选取并用手工方式发送给另一方；

(2) 由双方信任的第三方选取并用手工方式发送给通信的双方；

(3) 如果双方之间已经存在一个共享密钥，则其中一方选取新密钥后可用已共享的密钥加密新密钥，然后通过网络发送给另一方；

(4) 如果双方与信任的第三方之间分别有一共享密钥，那么可由信任的第三方选取一个密钥并通过各自的共享密钥加密发送给双方。

前两种方法是手工操作，前面已介绍过。后两种方法是网络环境下经常使用的密钥分配方法，由于可以通过网络自动或者半自动地实现，因此能够满足网络用户数量巨大的需求。特别是第四种方法，由于存在一个双方都信任的第三方（称为可信第三方），因此只要双方分别与这个可信第三方建立共享密钥，就无须再两两建立共享密钥，从而大大减少了必需的共享密钥数量，降低了密钥分配的代价。这样的可信第三方通常就是我们所说的专门负责为用户分配密钥的密钥分配中心 KDC。在这样的背景下，系统的每个用户（主机、应用程序或者进程）与 KDC 建立一个共享密钥，即主密钥。当某两个用户需要进行保密通信时，可以请求 KDC 利用各自的主密钥为他们分配一个共享密钥作为会话密钥、加密密钥或者直接作为会话密钥（如果是前者，则再使用上述第三种方法建立会话密钥）。一次通信完成后，会话密钥立即作废，而主密钥的数量与用户数量相同，可以通过更安全的方式甚至手工方式配置。

在下文中，我们用 X→Y：K(Z)表示实体 X 向实体 Y 发送了一条用密钥 K 加密的消息 Z。若出现多个密钥时，我们用 K_A 或 K_B 等分别表示密钥的归属。此外，符号 a‖b 表示将位串 a 和位串 b 连接在一起。假定通信双方 Alice 和 Bob，简称为 A 和 B，分别与 KDC 有一个共享主密钥 K_A 和 K_B，现在 A 希望与 B 建立一个连接进行保密通信，那么可以通过以下两种处理方式分配共享的会话密钥：

(1) 会话密钥由通信发起方 Alice 产生

具体步骤如下：

第一步：A→KDC：$K_A(K_S \| ID_B)$。

当 A 与 B 要进行通话时，A 随机地选择一个会话密钥 K_S 和希望建立通信的对象 ID_B，用 K_A 加密，然后发送给 KDC。

第二步：KDC→B：$K_B(K_S \| ID_A)$。

KDC 收到后，用 K_A 解密，获得 A 所选择的会话密钥 K_S 和 A 希望与之建立通信的对象 ID_B，然后用 K_B 加密这个会话密钥和希望与 B 建立通信的对象 ID_A，并发送给 B。

第三步：B 收到后，用 K_B 解密，从而获得 A 要与自己通信和 A 所确定的会话密钥 K_S。

这样，会话密钥协商 K_S 成功，A 和 B 就可以用它进行保密通信了。

(2) 会话密钥由 KDC 产生

具体步骤如下：

第一步：A→KDC：$(ID_A \| ID_B)$。

当 A 希望与 B 进行保密通信时，它先给 KDC 发送一条请求消息表明自己想与 B 通信。

第二步：KDC→A：$K_A(K_S \| ID_B)$；KDC→B：$K_B(K_S \| ID_A)$。

KDC 收到这个请求后，就临时产生一个会话密钥 K_S，并将 B 的身份和所产生的这个会话密钥一起用 K_A 加密后传送给 A。同时，KDC 将 A 的身份和刚才所产生的这个会话密钥 K_S 用 K_B 加密后传送给 B，告诉 B 有 A 希望与之通信且所用的密钥就是 K_S。

第三步：A 收到后，用 K_A 解密，获得 B 的身份及 KDC 所确定的会话密钥 K_S；B 收到后，用 K_B 解密，获得 A 的身份及 KDC 所确定的会话密钥 K_S。

这样，A 和 B 就可以用会话密钥 K_S 进行保密通信了。当然，A 和 B 也可以把 K_S 做会话密钥的加密密钥，自行协商和更新会话密钥，以减少同一个会话密钥产生的密文量，降低会话密钥被攻击的风险。

在上面这个简单例子中，通信双方在KDC的帮助下安全地共享了一个会话密钥K_S，由于在需要保密的环节均使用相应的密钥进行保护，因此避免了机密信息的泄露和假冒，它是许多复杂协议的基础。

6.3.2　公开密钥的分配

在公开密钥密码体制中，公开密钥是公开的，私有密钥是保密的。在这种密码体制中，公开密钥似乎像电话号码簿那样可以公开查询，其实不然。一方面，密钥更换、增加和删除的频度是很高的；另一方面，如果公开密钥被篡改或替换，则公开密钥的安全性就得不到保证，公开密钥同样需要保护。此外，公开密钥相当长，不可能靠人工方式进行管理和使用，因此，需要密码系统采取适当的方式进行管理。

公开密钥分配主要有以下4种形式。

(1) 公开分发

由于公钥密码系统的公开密钥无需加密，因此任何用户都可以将自己的公开密钥发送给其他用户或者进行广播公布。该方法的优点是非常简便，分发不需要特别的安全渠道，从而降低了管理成本；然而其致命的缺点是，发布的公开密钥的真实性和完整性难以保证，可能出现伪造公钥，容易受到假冒用户的攻击。因此，公钥必须从正规途径获取或对公钥的真伪进行认证。

(2) 建立公钥目录

公钥目录是由可信机构建立的一个公开的、动态的公开密钥的目录，并且可信机构负责该目录的维护和分配，以确保整个公钥目录的真实性和完整性。参与各方可通过正常或可信渠道到目录权威机构登记公开密钥，可信机构为参与者建立用户名和与其公开密钥的关联条目，并允许参与者随时访问该目录，以及申请增、删、改自己的密钥。为安全起见，参与者与权威机构之间的通信安全受认证保护。该方式的缺点是公钥目录可能成为系统的性能瓶颈，而且一旦攻击者攻破公钥目录，就可以篡改或伪造任何用户的公钥；优点是其安全性强于公开发布密钥分配。

(3) 带认证的密钥分配

带认证的密钥分配是指，由一个专门的权威机构在线维护一个包含所有注册用户公开密钥信息的动态目录。这种公开密钥分配方案主要用于参与者A要与B进行保密通信时，向权威机构请求B的公开密钥。权威机构查找到B的公开密钥，并签名后发送给A。为安全起见，还需通过时间戳等技术加以保护和判别。A在收到经权威机构签名的B的公钥后，用已经掌握的权威机构的公钥对签名进行验证，以确定该公钥的真实性，同时还利用时间戳来防止对用户公钥的伪造和重放，保证分发公钥的时效性。该方式的缺点是权威机构的可信服务器必须在线，用户才可能与可信服务器间建立通信链路，这可能导致可信服务器成为公钥使用的一个瓶颈；而且权威机构仍然是被攻击的目标，必须保证权威机构服务器的绝对安全。

（4）使用公钥数字证书分配

所谓公钥数字证书，是指每个用户公开密钥的安全封装，它由证书管理机构生成，内容包含用户身份、公钥、所用算法、序列号、有效期、证书管理机构的信息及其他一些相关信息。证书必须由证书管理机构签名，以保证证书的真实可靠性。通信一方可向另一方传送自己的公钥数字证书，另一方可以验证此证书是否由证书管理机构签发、是否有效。这样就克服了在线服务器分配公钥的缺点，可以使用物理渠道，通过公钥数字证书方式，交换公开密钥，无需证书管理机构的在线服务。使用这种方式，每个用户只需一次性与证书管理机构建立联系，将自己的公钥注册到证书管理机构上，证书管理机构获取公钥并进行认证后，由证书管理机构为用户产生并颁发一个公钥证书。用户收到证书管理机构为其生成的公钥数字证书后，可以将证书存储在本地磁盘上。如果其私钥不泄密，则在证书的有效期内可以多次使用该证书而无需再与证书管理机构建立联系。也就是说，一旦用户获得一个公钥证书，以后用证书来交换公钥是离线方式的，不再需要证书管理机构的参与。这种公钥分配方法的优势很明显：一是每个用户只是偶尔与证书管理机构发生联系，证书管理机构的压力显著降低；二是由于每个用户的公钥证书都是经过签名的，公钥分配的可靠性大大提高；三是公钥的分配是通过证书的交换来实现的，通信各方随时可以交换各自的公钥证书，省去了许多繁琐的步骤，简化了分配的过程，提高了公钥分配的效率。

使用公钥证书分配用户公钥是当前公钥分配的最佳方案。

虽然利用公钥证书能够在通信各方之间方便地交换密钥，然而由于公钥加密的速度远比对称密码加密慢，从而导致通信各方通常不直接采用公钥系统进行保密通信。但是，将公钥密码系统用于分配对称密码系统的会话密钥却是非常合适的。这个过程具有保密性和认证性，既能防止被动攻击，又能抵抗主动攻击。

6.4 密钥的更新与撤销

密钥的使用寿命是有周期的，如果当前密钥的有效期即将结束，则需要一份新的密钥来取代当前正在使用的密钥，这就是密钥的更新。密钥的更新可以通过重新产生密钥取代原有密钥的方式来实现。当然密钥更新以后还需要重新进行登记、存储、备份以及发布等处理过程，才能投入正常使用。

有些时候，在一个密钥的正常生命周期结束之前必须将其提前作废，不再使用，这就是密钥的撤销。例如，当该密钥的安全已经受到威胁(比如密钥被泄密或被攻击时)，或者该密钥相关的实体自身状况已发生变化(比如人事变动)。密钥被撤销，所有使用该密钥的记录和加密的内容都应该重新处理或销毁，使得它无法恢复，即使恢复也没有什么可利用的价值。

会话密钥在会话结束时，一般会立即被删除。下一次需要时，重新协商。

当公钥密码受到攻击或假冒时，对于数字证书这种情况，撤销时需要一定的时间，不可能立即生效；对于在线服务器形式，只需在可信服务器中更新新的公钥，用户使用时通过在线服务器可以随时得到新的有效的公钥。

6.5 秘密共享

在密码系统中,由前面介绍的密钥层次结构,主密钥是整个密码系统的关键,是整个密码系统的基础,它的管理策略和方法对整个系统的安全至关重要,必须受到严格的保护。

一般来说,主密钥应该由保管员掌握,并不受其他人制约。但是,将它交给单独的一个管理员保管,可能造成一些难以克服的弊端。首先,这个管理员将会具有同他保管的主密钥一样的安全敏感性,需要重点保护,如果他保管的主密钥意外丢失或者他本人突遇不测,则整个系统可能就无法使用了。其次,这个管理员的个人素质和他对组织的忠诚度也将成为系统安全的关键,如果他为了某种利益而将他保管的主密钥主动泄露给他人,将会危害整个系统的安全。

上述第一个问题,可以通过前面介绍的密钥备份获得部分解决,但这又会引入新的问题。因此,为了有效解决上述问题,我们可以采用秘密共享的方法。其实,它的思想很简单,比如,银行金库的钥匙一般情况下都不是由一个人来保管使用的,而要由多个人共同负责使用。

又如,要保护一个重要消息 M,那么在两个持有人之间进行秘密共享的一种方案是:选取一个比特数与 M 一样长的随机串 R,并计算出 $S=M\oplus R$,然后将 S 和 R 分别交付两个选定的秘密持有人,即可完成秘密共享。当需要重构消息 M 时,只要将两个持有人掌握的消息 S 和 R 拿来进行异或运算,即可得到 M: $S\oplus R=M\oplus R\oplus R=M$。显然在这个方案中,任何一个持有人所掌握的信息只是消息 M 的部分碎片,无论他有多大的计算能力都不可能仅靠他个人掌握的消息碎片恢复出完整的消息 M。这种两个持有人秘密共享方案很容易推广到多个持有人。如果要在 n 个持有人中分割一个秘密 M,则需要选择 $n-1$ 个随机比特串,并将它们与秘密 M 异或产生第 n 个比特串。显然,这 n 个比特串的异或即为 M,只要将这 n 个比特串分别交给 n 个持有人,每人一串,就实现了 n 个持有人的秘密分割。

但上述方案的缺陷也很明显。一方面,这个方案在恢复共享秘密时要求所有份额缺一不可,任何一部分丢失或者任何一个份额持有人出现意外,共享的秘密都不能恢复,因此它给个别份额持有者的损人不利己行为提供了机会,同时每次重构共享秘密都要求所有份额持有者必须同时到场,这也不利于方案的高效运用。另一方面,在上述方案中,有一个实体占主导地位,它负责产生并分发份额,因此他有作弊的机会,比如他可以将一个毫无意义的东西当作份额分配给一个持有人,但这丝毫不会影响共享秘密的重构,也没有人能够发现。

更复杂的秘密共享方案是门限方案(threshold scheme)。它的基本思想是,先由需要保护的共享秘密产生 n 个份额,并且这 n 份额中的任意 t 个就可以重构共享秘密。通常 t 称为门限值(threshold value),这样的方案称为(t,n)门限方案。门限值 t 决定了系统在安全性和操作效率及易用性上的均衡,只需改变 t 的大小即可使系统在高安全性与高效易用性两个方面得到适当调整。增大门限值 t 意味着需要更多的秘密份额方可重构共享秘密，因此可以提高系统的安全性，但易用性会相应降低，不便于系统操作；减小门限值 t 则正好相反。

我们可以将门限方案用于密钥共享，也就是说，把一个密钥进行分解，由若干个人分别保管密钥的部分份额，这些保管的人至少要达到一定数量才能恢复密钥，少于这个数量是不可能恢复密钥的，从而对于个人或小团体起到了制衡和约束作用。

具体来说，所谓密钥共享方案，是指将一个密钥 k 分成 n 个子密钥 $k_1,k_2,\cdots,k_n$，并秘密分配给 n 个参与者，且需满足下列两个条件：用任意 t 个子密钥计算密钥 k 是容易的；若子密钥的个数少于 t 个，要求得密钥 k 是不可行的。

由于重构密钥至少需要 t 个子密钥，故暴露 $r(r\leqslant t-1)$ 个子密钥不会危及密钥。因此少于 t 个参与者的共谋也不能得到密钥。另外，若一个子密钥或至多 $n-t$ 个子密钥偶然丢失或破坏，仍可恢复密钥。密钥共享方案对于特殊的保密系统具有特别重要的意义。

门限方案是由 Adi Shamir 和 George Blakley 于 1979 年分别独自提出的，后来人们又提出了很多门限方案。这里，我们介绍 Blakley 的矢量门限方案。

Blakley 提出的秘密共享方案利用了关于空间中的点的知识。由几何知识，我们知道，平面上两条互不平行的直线有一个交点，三维空间中三个互不平行的平面也交于一点。若将共享秘密映射到 t 维空间中的一个点，且根据共享秘密构造的每一个秘密份额都是包含这个点的 $t-1$ 维超平面的方程，那么 t 个或 t 个以上的这种超平面的交点刚好确定这个点。

例如，如果打算用 3 个秘密份额来重构秘密消息，那么就需要将此消息映射到三维空间上的一个点，每个秘密份额就是一个不同的平面。如果只有 1 个秘密份额，则仅知道共享秘密是这个份额表示的平面上的某个点；若有 2 个秘密份额，则可知共享秘密是这 2 个份额平面交线上的某个点；如果至少知道 3 个秘密份额，那么就一定能够确定共享秘密，因为它正好是这 3 个份额平面的交点。反过来，若仅知道 1 个或者 2 个秘密份额，要想恢复出共享秘密是不可能的，因为一个面或者一条线上的点是不可穷举的。

6.6 数字签名

生活中常用的合同、财产关系证明等都需要签名或印章，在将来发生纠纷时用来证明其真实性。一些重要证件，如护照、身份证、驾照、毕业证和技术等级证书等都需要授权机构盖章才有效。亲笔签名、印章等起到核准、认证和生效的作用。在数字化和网络化的今天，大量的社会活动正在逐步实现电子化和无纸化，活动参与者主要是在计算机及其网络上执行活动过程，因而传统的手书签名和印章已经不能满足新形势下的需求。在这种背景下，数字签名技术应运而生。

数字签名是对以数字形式存储的消息进行某种处理，产生一种类似于传统手书签名功效的信息处理过程。它通常将某个算法作用于需要签名的消息，生成一种带有操作者身份信息的编码。通常将执行数字签名的实体称为签名者,所使用的算法称为签名算法,签名操作生成的编码称为签名者对该消息的数字签名。消息连同其数字签名能够在网络上传输,可以通过一个验证算法来验证签名的真伪以及识别相应的签名者。

6.6.1　数字签名的基本要求

类似于手书签名,数字签名至少应该满足三个基本要求。

(1) 完整性

完整性,即被签名的消息不能被断章取义。一个被签了名的消息,无法分割成为若干个被签了名的子消息。当一个签名消息被分割成子消息发送出去,则签名已经被破坏了,收到消息的人会辨认出签名是无效的(不合法的)。

(2) 不可伪造性

收信者能够验证和确认收到的数字签名,但任何人都无法伪造别人的数字签名。

比如,当 Bob 收到一个"被 Alice 签名的消息"时,他有办法检验该消息是否真的是被 Alice 签名的消息。或许攻击者 Eve 截获了大量的被 Alice 签名的消息,但她仍然不能伪造出一个新的、别人认可的"被 Alice 签名的消息"。

(3) 不可否认性

签名者任何时候都无法否认自己曾经签发的数字签名。

比如,当 Bob 收到一个被 Alice 签名的消息时,他有办法证明(也可向第三方证明)该签名是真的被 Alice 签名的消息。

从上面的对比可以看出,数字签名必须能够实现与手书签名同等的甚至更强的功能。为了达到这个目的,签名者必须向验证者提供足够多的非保密信息,以便验证者能够确认签名者的数字签名;但签名者又不能泄露任何用于产生数字签名的机密信息,以防止有人伪造他的数字签名。因此,签名算法必须能够提供签名者用于签名的机密信息与验证者用于验证签名的公开信息,但二者的交叉不能太多,联系也不能太直观,从公开的验证信息不能轻易地推测出用于产生数字签名的机密信息。这是对签名算法的基本要求之一。

6.6.2　公钥密码的数字签名

现在的数字签名方案大多是基于某个公钥密码算法构造出来的。这是因为在公钥密码体制里,每一个系统用户都有一对专用的公钥和私钥,其中的公钥是对外公开的,可以通过一定的途径去查询;而私钥是保密的,只有拥有者自己掌握,因此私钥与其持有人的身份一一对应,可以看做是其持有人的一种身份标识。恰当地应用发送方私钥对消息进行处理,可以使接收方能够确信收到的消息确实来自其声称的发送者,同时发送者也不能对自己发出的消息予以否认,即实现了消息认证和数字签名的功能。图 6.2 给出公钥了算法用于数字签名的基本原理。

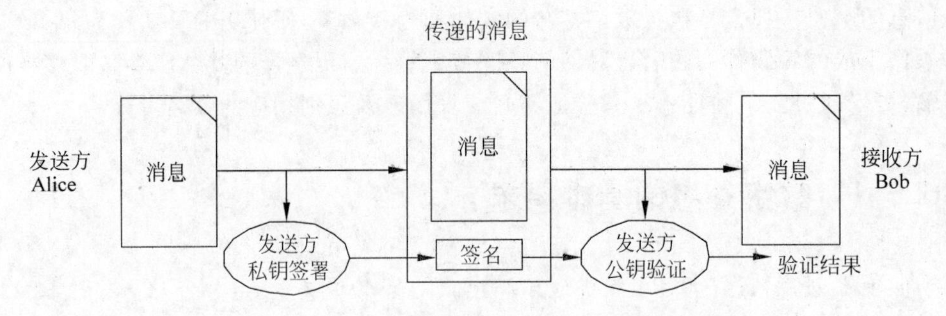

图 6.2 公钥数字签名基本原理

RSA 公钥密码体制是实践中广泛应用的基于公钥密码体制的数字签名技术。RSA 数字签名的处理方法与 RSA 加解密的处理方法基本一样，不同之处在于，签名时签名者要用自己的私有密钥对消息“加密”，而验证签名时验证者要使用签名者的公钥对签名者的数字签名“解密”。

相应于图 6.2 所示的签名过程，RSA 数字签名的具体过程如下：

(1) Alice 用自己的私钥 d_A对消息 m 进行“解密”$s=D_A(m)$，s 就是对消息 m 的签名值，(m,s)就是一个签过名的消息。

(2) Alice 将(m,s)发送给 Bob。

(3) Bob 收到(m,s)后，用 Alice 的公钥 e_A，验证是否有 $m=E_A(s)$。若是，则(m,s)是 Alice 发送的签名消息。

如果在公钥数字签名系统中，还要求保密性，则上述方案可进行如下修正，如图 6.3 所示：

(1) Alice 用自己的私钥 d_A对消息 m 进行签名 $s=D_A(m)$。

(2) Alice 再用 Bob 的公钥 e_B对 s 进行加密得到密文 $C=E_B(s)$。

(3) Alice 将 C 发送给 Bob。

(4) Bob 收到 C 后，先用自己的私钥 d_B对 C 进行解密得到 $s=D_B(C)$。

(5) Bob 再用 Alice 的公钥 e_A恢复出明文 m。

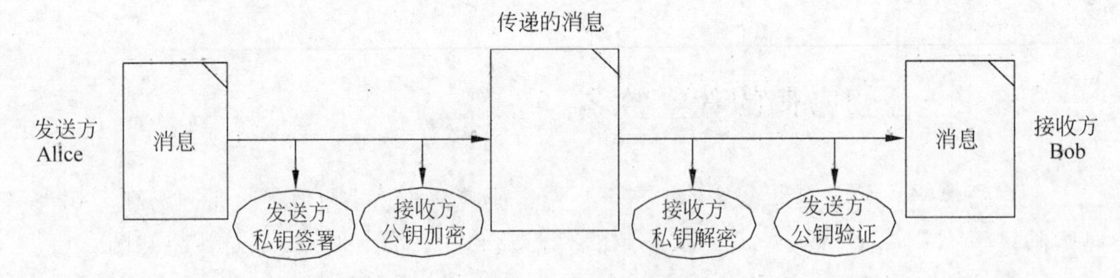

图 6.3 公钥加密及数字签名

改进的方案具有的现实意义在于，它彻底解决了收发双方就传送内容可能发生的争端，为在商业上广泛应用创造了条件。

习题

1. 为什么在密钥管理中引入层次结构？

2. 密钥产生应遵循哪些原则？

3. 密钥安全存储的方法有哪些？

4. 密钥备份的方法有哪些？

5. 对称密钥分配的基本方法有哪些？

6. A希望与B进行保密通信，他们的会话密钥由KDC产生，具体过程如下，试分析该分配方法的不足，并提出改进方案：

第一步：A→KDC：(ID_B)。

第二步：KDC→A：$K_A(K_S) \| K_B(K_S)$。

第三步：A→B：$K_B(K_S)$。

现在A和B都获取了由KDC分配的会话密钥K_S，之后就可以使用它进行通信。

7. 公开密钥分配有哪些形式？

8. 公钥密码系统用于分配对称密码系统的会话密钥非常合适，但使用起来也需要十分小心。如果A希望与B进行保密通信，并且获取了B的公钥E_B，如果A采用A→B：$ID_A \| E_B(K_S)$分配会话密钥会产生怎样的问题？出现该问题的原因是什么？

9. 为什么要进行密钥的更新？

10. 密钥撤销时需要进行哪些后续处理？

11. 为什么要进行秘密共享？

12. 为什么要进行数字签名？

13. 数字签名需要满足的基本要求是什么？

14. 如何利用公钥密码体制进行数字签名？

第7章

计算机网络安全

7.1 计算机网络安全概述

计算机网络系统安全威胁的存在,不仅会给个人、企业造成不可避免的损失,同时也给企业、社会,乃至整个国家带来了巨大的经济损失。因此,提高对网络安全重要性的认识,增强防范意识,强化防范措施,不仅是各个企业组织要重视的问题,也是保证信息产业持续稳定发展的重要保证和前提条件。

7.1.1 计算机网络安全的含义

计算机网络不安全的因素一般可来源于下列方面:TCP/IP 协议的安全、操作系统本身的安全、应用程序的安全、物理安全以及人的因素。从这些方面出发,人们对计算机安全提出了很多安全概念,比如信息安全、网络安全、信息系统安全、网络信息安全、网络信息系统安全、计算机系统安全、计算机信息系统安全等。这些不同的说法归根到底就是两层意思:在计算机网络环境下信息系统的安全运行和在计算机系统中存储、处理和传输的信息得到安全保护。

在计算机网络盛行的今天,我们发现数据处理系统都一般是建立在计算机网络基础上的,因此保证了计算机网络的安全,也就是保证了数据信息的防护。之所以强调网络安全,主要是因为计算机网络的广泛应用而使得网络安全问题表现得更为突出。计算机网络安全包括网络系统安全运行和数据信息系统安全防护两方面,这两者之间是相辅相成的,即网络系统安全是对数据信息系统安全运行以及对运行在信息系统中的信息进行安全防护;数据信息系统的安全防护是为网络系统提供有效服务的前提。

计算机网络安全是一门涉及计算机科学、网络技术、通信技术、密码技术、信息论、应用数学、信息安全技术等的综合性学科。从不同的"角度"来看，人们对网络安全的具体理解也不同，网络安全的具体含义也会随之变化而变化，比如：

(1) 网络用户(个人、企业等)希望涉及个人隐私或商业利益的信息在网络中传输时，避免其他人利用窃听、冒充、篡改和抵赖等手段侵犯或损坏他们的利益，同时也希望避免其他用户对存储用户信息的计算机系统进行非法访问和破坏，以保护他们信息的完整和真实。

(2) 网络信息管理者希望对本地网络信息进行保护和控制，避免出现病毒入侵、非法存取、拒绝服务和网络资源的非法占用及非法控制等威胁，使自己的信息免受网络黑客的攻击。

(3) 安全保密部门希望对非法的或国家机密的信息进行过滤和阻截，避免机密信息泄露对社会产生危害，给国家造成巨大损失。

(4) 从社会教育和意识形态角度出发，必须对网络上有害的、影响人们身心健康的和会造成社会不安定的内容进行控制，因为这些信息将对社会的稳定和人类的发展产生不利影响。

综合各方面情况来看，计算机网络安全可理解为"网络系统能够安全运行和各种数据信息不受任何威胁的状态"。具体地说，就是计算机网络安全是指利用各种网络管理、控制和技术措施，使网络系统的硬件、软件及其系统中的数据资源受到保护，不会因为一些不利因素而使这些资源遭到破坏、更改和泄露，并且能够保证网络系统连续、可靠、安全地运行，使信息的传输不受干扰和破坏。

7.1.2 计算机网络安全面临的威胁

计算机网络所面临的威胁大体可分为两种：一是对网络中信息的威胁；二是对网络中设备的威胁。影响计算机网络安全的因素很多，概括起来，主要有以下几类。

(1) 来自内部的威胁，包括内部涉密人员有意或无意的泄密、更改记录信息，内部非授权人员有意或无意的偷窃机密信息、更改网络配置和记录信息，内部人员破坏网络系统等。

(2) 窃听，攻击者通过搭线或在电磁波辐射的范围内安装接收装置等方式，截获机密信息，或通过对信息流的流向、通信频度和长度等参数的分析，推出有用信息。它不破坏传输信息的内容，不易被察觉。

(3) 非法访问，没有预先经过同意，就使用网络或计算机资源被看作非法访问，主要有以下几种形式：假冒、身份攻击、非法用户进入网络系统进行违法操作、合法用户以未授权方式进行操作等。

(4) 破坏信息的完整性，可以从篡改、删除、插入 3 方面破坏信息的完整性。篡改是指改变信息流的次序、时序，更改信息的内容、形式；删除是指删除某个信息或信息的某些部分；插入是指在信息中插入另一些信息，让接收方读不懂或接收错误的信息。

(5) 破坏系统的可用性，包括使合法用户不能正常访问网络资源、使有严格时间要求的服务不能及时得到响应、恶意摧毁系统等。

(6) 重演，指截获并录制信息，然后在必要的时候重发或反复发送这些信息。

(7) 行为否认，包括发信者事后否认曾经发送过某条消息或其内容及发信者事后否认曾经接收过某条消息或其内容。

(8) 拒绝服务攻击，指通过某种方法使系统响应减慢甚至瘫痪，阻止合法用户获得服务。

(9) 病毒传播，通过网络传播计算机病毒，其破坏性非常高，而且用户很难防范。

(10) 其他威胁，对网络系统的威胁还包括电磁泄露、软硬件故障、各种自然灾害、人为操作失误等。

7.1.3 计算机网络安全的特点

根据计算机网络安全的历史及现状，可以看出网络安全大致有以下几个特点。

(1) 网络安全的涉及面越来越广

随着计算机使用范围的扩大，网络安全几乎涉及了社会的各个层面。例如，保护国家机密不受黑客的袭击而泄露；保护商业机密、企业资料不遭窃取；保护个人隐私；保证接入网络的计算机系统不受病毒的侵袭而瘫痪等。可以看出，网络安全不仅仅涉及如何运用适当的技术保护信息系统的安全，还涉及与此相关的一系列包括安全管理制度、安全法律法规等在内的众多内容。

(2) 计算机网络安全涉及的技术层面越来越深

如今的计算机网络已经形成了一个跟现实社会紧密相关的虚拟社会，大量的信息流、资金流和物流都运行其上。为了实现所需的功能，网络本身采用了许多的新兴技术。此外，黑客采用的攻击手段和技术很多都是利用以前没有发现的全新的系统漏洞，防御的技术难度比较大。这一切都使网络安全所涉及的技术层面不断加深。

(3) 网络安全的黑盒性

网络安全是一种以“防患于未然”为主的安全保护方式，而网络威胁的隐蔽性和潜在性更增加了保证安全的难度，如窃取、侦听、传播病毒这些行为都是隐蔽的，致使网络安全防范的对象广泛而难以明确。

(4) 网络安全的动态性

由于黑客和病毒方面的技术日新月异，新的系统安全漏洞也层出不穷。因此，网络安全必须能够紧跟网络发展的步伐，适应新兴的黑客技术。唯有如此，才能为不断发展的计算机网络提供可靠的安全保障。

(5) 网络安全的相对性

任何网络安全都是相对的，任何网络安全产品的安全保证都只能说是提高网络安全的水平，而不能杜绝危害网络安全的所有事件。因此，在网络安全领域中，失败是常有的事情，只是启用了网络安全防护系统的网络其遭到攻击的可能性低一些，损失也小一些而已。另外，安全措施与系统使用的灵活性和方便性之间也存在着矛盾。

7.1.4 计算机网络安全的目标

鉴于计算机网络安全威胁的多样性、复杂性及网络信息、数据的重要性，在设计计算机网络系统的安全时，应努力通过相应的手段达到以下5项安全目标：可靠性、可用性、保密性、完整性和不可抵赖性。

1. 可靠性

可靠性(reliability)指系统在规定条件下和规定时间内完成规定功能的概率。可靠性是网络安全最基本的要求之一。如果网络不可靠，事故不断，也就根本谈不上网络的安全。目前，对于网络可靠性的研究基本上偏重于硬件可靠性方面。研制高可靠性元器件设备，采取合理的冗余备份措施仍是最基本的可靠性对策。然而，有许多故障和事故，与软件可靠性、人员可靠性和环境可靠性有关。如人员可靠性在通信网络可靠性中起着重要作用。有关资料表明，系统失效中很大一部分是由人为因素造成的。

2. 可用性

可用性(availability)指信息和通信服务在需要时允许授权人或实体使用。可用性是网络面向用户的基本安全要求。网络最基本的功能是向用户提供所需的信息和通信服务，而用户的通信要求是随机的，多方面的，有时还要求时效性。网络必须随时满足用户通信的要求。从某种意义上讲，可用性是可靠性的更高要求，特别是在重要场合下，特殊用户的可用性显得十分重要。为此，网络需要采用科学合理的网络拓扑结构、必要的冗余、容错和备份措施以及网络自愈技术、分配配置和负荷分担、各种完善的物理安全和应急措施等，从满足用户需要出发，保证通信网的安全。

3. 保密性

保密性(confidentiality)指防止信息泄露给非授权个人或实体，信息只由授权用户使用。保密性是面向信息的安全要求。它是在可靠性和可用性的基础上，保障网络中信息安全的重要手段。对于敏感用户信息的保密，是人们研究最多的领域。由于网络信息会成为黑客、计算机犯罪、病毒，甚至信息战攻击的目标，已受到了人们越来越多的关注。

4. 完整性

完整性(integrity)指信息不被偶然或蓄意地删除、修改、伪造、乱序、重放、插入等破坏的特性。完整性也是面向信息的安全要求。它与保密性不同，保密性是防止信息泄露给非授权的人，而完整性则要求信息的内容和顺序都不受破坏和修改。用户信息和网络信息都要求具备完整性，例如涉及金融的用户信息，如果用户账目被修改、伪造或删除，将带来巨大的经济损失。网络中的网络信息一旦受到破坏，严重的还会造成通信网的瘫痪。

5. 不可抵赖性

不可抵赖性(non-repudiation)也称作不可否认性,是面向通信双方(人、实体或进程)信息真实、同一的安全要求。它包括收发双方均不可抵赖。随着通信业务的不断扩大,电子贸易、电子金融、电子商务和办公自动化等许多信息处理过程都需要通信双方对信息内容的真实性进行认同,为此,应采用数字签名、认证、数据完备、鉴别等有效措施,以实现信息的不可抵赖性。

从以上的安全目标可以看出,网络的安全不仅仅是防范窃密活动,其可靠性、可用性、完整性和不可抵赖性应作为与保密性同等重要的安全目标加以实现。我们应从观念上、政策上做出必要的调整,全面规划和实施网络和信息的安全。

7.2 计算机网络安全体系结构

通过对网络应用的全面了解,按照安全风险、需求分析结果、安全策略以及网络的安全目标,整个网络安全措施应按系统体系建立。具体的网络安全体系结构可以由以下几个方面组成:物理安全、网络安全、信息安全、安全管理。

7.2.1 物理安全

保证计算机信息系统各种设备的物理安全是整个计算机信息系统安全的前提。物理安全是保护计算机网络设备、设施以及其他媒体免遭地震、水灾、火灾等环境事故以及人为操作失误或错误及各种计算机犯罪行为导致的破坏过程。它主要包括3个方面:

环境安全,指对系统所在环境的安全保护,如区域保护和灾难保护。

设备安全,主要包括设备的防盗、防毁、防电磁辐射及泄露、防止线路截获、抗电磁干扰及电源保护等。

媒体安全,包括媒体数据的安全及媒体本身的安全。

7.2.2 网络安全

网络安全是整个安全解决方案的关键,我们从以下几个方面分别进行说明。

1. 隔离及访问控制系统

首先要有严格的管理制度,可制定诸如"用户授权实施规则""密码及账户管理规范""权限管理制度""安全责任制度"等一系列规章守则。其次,可以通过划分虚拟子网实现较粗略的访问控制。内部办公自动化网络可根据不同用户安全级别或者根据不同部门的安全需求,利用三层交换机来划分虚拟子网。在没有配置路由的情况下,不同虚拟子网间是不能够互相访问的。再次，配置防火墙。防火墙是实现网络安全最基本、最经济、最有效的安全措施之一。防火墙可以通过制定严格的安全策略实现内外网络或内部网络不同信任域之间的隔离与访问控制，并且防火墙可以实现单向或双向控制，对一些高层协议实现较细粒的访问控制。

2. 网络安全检测

网络系统的安全性取决于网络系统中最薄弱的环节。如何及时发现网络系统中最薄弱的环节？如何最大限度地保证网络系统的安全？最有效的方法是定期对网络系统进行安全性分析，及时发现并修正存在的弱点和漏洞。

网络安全检测工具通常是一个网络安全性评估分析软件，其功能是用实践性的方法扫描分析网络系统，检查报告系统存在的弱点和漏洞，建议补救措施和安全策略，达到增强网络安全性的目的。

3. 审计与监控

审计是记录用户使用计算机网络系统进行所有活动的过程，它是提高安全性的重要工具。它不仅能够识别谁访问了系统，还能指出系统正被怎样地使用。对于确定是否有网络攻击的情况，审计信息对于确定问题和攻击源非常重要。同时，系统事件的记录能够更迅速和系统地识别问题，并且它是后面阶段事故处理的重要依据。另外，通过对安全事件的不断收集与积累并且加以分析，有选择性地对其中的某些站点或用户进行审计跟踪，以便对发现已产生或可能产生的破坏性行为提供有力的证据。

因此，除使用一般的网管软件和系统监控管理系统外，还应使用目前以较为成熟的网络监控设备或实时入侵检测设备，以便对进出各级局域网的常见操作进行实时检查、监控、报警和阻断，从而防止针对网络的攻击与犯罪行为。

4. 网络反病毒

在网络环境下，计算机病毒有着不可估量的威胁性和破坏力，因此计算机病毒的防范是网络安全性建设中的重要一环。

网络反病毒技术包括预防病毒、检测病毒和消毒 3 种技术。预防病毒技术通过自身常驻系统内存，优先获得系统的控制权，监视和判断系统中是否有病毒存在，进而阻止计算机病毒进入计算机系统和对系统进行破坏。这类技术有：加密可执行程序、引导区保护、系统监控与读写控制(如防病毒卡)等。检测病毒技术是通过对计算机病毒的特征来进行判断的技术，如自身校验、关键字、文件长度的变化等。消毒技术是指通过对计算机病毒的分析，开发出具有删除病毒程序并恢复原文件的软件。

5. 网络备份系统

为了尽可能快地全盘恢复运行计算机系统所需的数据和系统信息，人们引入了备份系统。根据系统安全需求可选择的备份机制有：场地内高速度大容量自动的数据存储、备份与恢复；场地外的数据存储、备份与恢复；对系统设备的备份。备份不仅在网络系统硬件故障或人为失误时起到保护作用，也在入侵者非授权访问或对网络攻击及破坏数据完整性时起到保护作用，同时亦是系统灾难恢复的前提之一。

一般的数据备份操作有 3 种。一是全盘备份，即将所有文件写入备份介质；二是增量备份，只备份那些上次备份之后更改过的文件，这是最有效的备份方法；三是差分备份，备份上次全盘备份之后更改过的所有文件，其优点是只需两组磁介质就可恢复最后一次全盘备份的数据和最后一次差分备份的数据。

在确定备份的指导思想和备份方案之后，就要选择安全的存储媒介和技术进行数据备份。数据备份有"冷备份"和"热备份"两种。热备份是指"在线"备份，即下载备份的数据还在整个计算机系统和网络中，只不过传到另一个非工作的分区或是另一个非实时处理的业务系统中存放。"冷备份"是指"不在线"的备份，下载的备份存放到安全的存储媒介中，而这种存储媒介与正在运行的整个计算机系统和网络没有直接联系，在系统恢复时重新安装，有一部分原始的数据长期保存并作为查询使用。热备份的特点是调用快，使用方便，在系统恢复中需要反复调试时更显优势。其具体做法是：可以在主机系统开辟一块非工作运行空间，专门存放备份数据，即分区备份。另一种方法是，将数据备份到另一个子系统中，通过主机系统与子系统之间的传输，该方法具有速度快和调用方便的特点，但投资比较昂贵。冷备份弥补了热备份的一些不足，二者优势互补，相辅相成，因为冷备份在回避风险中还具有便于保管的特殊优点。

7.2.3 信息安全

信息安全主要涉及鉴别、信息传输的安全、信息存储的安全以及对网络传输信息内容的审计等方面。

1. 鉴别

鉴别是对网络中的主体进行验证的过程，通常有 3 种方法验证主体身份。

(1) 只有该主体了解的秘密，如密码、密钥等

密码是相互约定的代码，假设只有用户和系统知道。密码有时由用户选择，有时由系统分配。通常情况下，用户先输入某种标志信息，比如用户名和 ID 号，然后系统询问用户密码。若密码与用户文件中的相匹配，用户即可进入访问。密码有多种，如一次性密码，系统生成一次性密码的清单，第一次时必须使用 X，第二次时必须使用 Y，第三次时用 Z，这样一直下去。还有基于时间的密码，即访问使用的正确密码随时间变化，变化基于时间和一个秘密的用户钥匙。这样密码每分钟都在改变，使其更加难以猜测。

(2) 主体携带的物品，如智能卡和令牌卡等

智能卡大小形如信用卡，一般由微处理器、存储器及输入、输出设施构成。微处理器可计算该卡的一个唯一数(ID)和其他数据的加密形式。ID 保证卡的真实性，持卡人就可访问系统。为防止智能卡遗失或被窃，许多系统需要卡和身份识别码(PIN)同时使用。若仅有卡而不知 PIN 码，则不能进入系统。智能卡比传统的密码鉴别方法更好，但其携带不方便，且开户费用较高。

（3）只有该主体具有的独一无二的特征或能力，如指纹、声音、视网膜或签字等

利用个人特征进行鉴别的方式具有很高的安全性。目前已有的设备包括：视网膜扫描仪、声音验证设备、手型识别器等。

2. 数据传输安全系统

数据传输加密技术的目的是对传输中的数据流加密，以防止通信线路上的窃听、泄露、篡改和破坏。如果以加密实现的通信层次来区分，加密可以在通信的3个不同层次上实现，即链路加密（位于OSI网络层以下的加密）、结点加密及端到端加密（传输前对文件加密，位于OSI网络层以上的加密）。

一般常用的是链路加密和端到端加密这两种方式。链路加密侧重在通信链路上而不考虑信源和信宿，是对保密信息通过各链路采用不同的加密密钥提供安全保护。链路加密是面向结点的，对于网络高层主体是透明的，它对高层的协议信息（地址、查错、帧头帧尾）都加密，因此数据在传输中是密文的，但在中央结点必须解密得到路由信息。端到端加密则指信息由发送端自动加密，并进入TCP/IP数据包回封，然后作为不可阅读和不可识别的数据穿过互联网，当这些信息一旦到达目的地，将自动重组、解密，成为可读数据。端到端加密是面向网络高层主体的，它不对下层协议进行信息加密，协议信息以明文形式传输，用户数据在中央结点不需解密。

目前，对于动态传输的信息，许多协议确保信息完整性的方法大多是收错重传、丢弃后续包的办法，但黑客的攻击可以改变信息包内部的内容，所以应采取有效的措施来进行完整性控制。常用的数据完整性鉴别技术有以下5种：

（1）报文鉴别

它与数据链路层的CRC控制类似，将报文名字段（或域）使用一定的操作组成一个约束值，称为该报文的完整性检测向量（integrated check vector，ICV），然后将它与数据封装在一起进行加密。传输过程中由于侵入者不能对报文解密，所以也就不能同时修改数据并计算新的ICV，这样，接收方收到数据后解密并计算ICV，若与明文中的ICV不同，则认为此报文无效。

（2）校验和

一个最简单易行的完整性控制方法是使用校验和，即计算出该文件的校验和值并与上次计算出的值比较。若相等，说明文件没有改变；若不等，则说明文件可能被未察觉的行为改变了。校验和方式可以查错，但不能保护数据。

（3）加密校验和

将文件分成小快，对每一块计算CRC校验值，然后再将这些CRC值加起来作为校验和。只要运用恰当的算法，这种完整性控制机制几乎无法攻破。但这种机制运算量大，并且昂贵，只适用于那些完整性要求保护极高的情况。

（4）消息完整性编码

使用简单单向散列函数计算消息的摘要，连同信息发送给接收方，接收方重新计算摘要，并进行比较验证信息在传输过程中的完整性。这种散列函数的特点是任何两个不同的输入不可能产生两个相同的输出，因此，一个被修改的文件不可能有同样的散列值。单

向散列函数能够在不同的系统中高效实现。

(5) 防抵赖技术

它包括对源和目的地双方的证明，常用方法是数字签名。数字签名采用一定的数据交换协议，使得通信双方能够满足两个条件：接收方能够鉴别发送方所宣称的身份，发送方以后不能否认他发送过数据这一事实。比如，通信的双方采用公钥体制，发送方使用接收方的公钥和自己的私钥加密的信息，只有接收方凭借自己的私钥和发送方的公钥解密之后才能读懂，而对于接收方的回执也是同样道理。另外实现防抵赖的途径还有：采用可信第三方的权标、使用时间戳、采用一个在线的第三方、数字签名与时间戳相结合等。

3. 数据存储安全系统

在计算机信息系统中存储的信息主要包括纯粹的数据信息和各种功能文件信息两大类。对纯粹数据信息的安全保护，以数据库信息的保护最为典型；而对各种功能文件的保护，终端安全则很重要。

对数据库系统所管理的数据和资源提供安全保护，一般包括以下几点。

① 物理完整性，即数据能够免于物理方面破坏的问题，如掉电、火灾等。

② 逻辑完整性，能够保持数据库的结构，如对一个字段的修改不至于影响其他字段。

③ 元素完整性，包括在每个元素中的数据是准确的。

④ 数据的加密。

⑤ 用户鉴别，确保每个用户被正确识别，避免非法用户入侵。

⑥ 可获得性，指用户一般可访问数据库和所有授权访问的数据。

⑦ 可审计性，能够追踪到谁访问过数据库。

要实现对数据库的安全保护，一种选择是安全数据库系统，即从系统的设计、实现、使用和管理等各个阶段都要遵循一套完整的系统安全策略；二是以现有数据库系统所提供的功能为基础，构造安全模块，旨在增强现有数据库系统的安全性。

终端安全主要解决微机信息的安全保护问题，一般的安全功能如下：基于密码或密码算法的身份验证，防止非法使用机器；自主和强制存取控制，防止非法访问文件；多级权限管理，防止越权操作；存储设备安全管理，防止非法软盘复制和硬盘启动；数据和程序代码加密存储，防止信息被窃；预防病毒，防止病毒侵袭；严格的审计跟踪，便于追查责任事故。

4. 信息内容审计系统

实时对进出内部网络的信息进行内容审计，可防止或追查可能的泄密行为。因此，为了满足国家保密法的要求，在某些重要或涉密网络，应该安装使用此系统。

7.2.4 安全管理

面对网络安全的脆弱性，除了在网络设计上增加安全服务功能，完善系统的安全保密措施外，还必须花大力气加强网络的安全管理，因为诸多的不安全因素恰恰反映在组织管理和人员使用等方面，而这又是计算机网络安全所必须考虑的基本问题，应引起各计算机网络应用部门的重视。

1. 安全管理的原则

网络信息系统的安全管理主要基于以下3个原则。

(1) 多人负责原则

每一项与安全有关的活动，都必须有两人或多人在场。这些人应是系统主管领导指派的，他们忠诚可靠并能胜任此项工作。他们应该签署工作情况记录以证明安全工作已得到保障。以下各项是与安全有关的活动：

- 访问控制使用证件的发放与回收。
- 信息处理系统使用的媒介发放与回收。
- 处理保密信息。
- 硬件和软件的维护。
- 系统软件的设计、实现和修改。
- 要程序和数据的删除和销毁等。

(2) 任期有限原则

一般来讲，任何人都不要长期担任与安全有关的职务，以免使他认为这个职务是专有的或永久性的。为遵循任期有限原则，工作人员应不定期地循环任职，强制实行休假制度，并规定对工作人员进行轮流培训，以使任期有限制度切实可行。

(3) 职责分离原则。

在信息处理系统工作的人员不要打听、了解或参与职责以外的任何与安全有关的事情，除非系统主管领导批准。出于对安全的考虑，下面每组内的两项信息处理工作应当分开。

- 计算机操作与计算机编程。
- 机密资料的接收和传送。
- 安全管理和系统管理。
- 应用程序和系统程序的编制。
- 访问证件的管理与其他工作。
- 计算机操作与信息处理系统使用媒介的保管等。

2. 安全管理的实现

信息系统的安全管理部门应根据管理原则和该系统处理数据的保密性，制定相应的管理制度或采用相应的规范。具体工作是：

- 根据工作的重要程度确定该系统的安全等级。
- 根据安全等级确定安全管理的范围。
- 制定相应的机房出入管理制度。对于安全等级要求较高的系统，要实行分区控制，限制工作人员出入与己无关的区域。出入管理可采用证件识别或安装自动识别登记系统，采用磁卡、身份卡等手段对人员进行识别、登记管理。

- 制定严格的操作规程。操作规程要根据职责分离和多人负责的原则,各负其责,不能超越自己的管辖范围。
- 制定完备的系统维护制度。对系统进行维护时,应采取数据保护措施,如数据备份等。维护时要首先经主管部门批准,并有安全管理人员在场,故障的原因、维护内容和维护前后的情况要详细记录。
- 制定应急措施。要制定系统在紧急情况下,如何尽快恢复的应急措施,使损失减至最小。建立人员雇用和解聘制度,对工作调动和离职人员要及时调整相应的授权。

7.3 计算机网络安全技术

计算机网络安全技术是在与网络攻击的对抗中不断发展的,它大致经历了从静态到动态、从被动防范到主动防范的发展过程。下面对一些常见的计算机网络安全技术进行说明。

7.3.1 数据加密技术

数据加密技术是最基本的计算机网络安全技术,被誉为信息安全的核心,最初主要用于保证数据在存储和传输过程中的保密性。它通过变换和置换等各种方法将被保护信息置换成密文,然后再进行信息的存储或传输,即使加密信息在存储或者传输过程为非授权人员所获得,也可以保证这些信息不为其认知,从而达到保护信息的目的。该方法的保密性直接取决于所采用的密码算法和密钥长度。

根据密钥类型不同可以将现代密码技术分为两类:对称加密算法(私钥密码体系)和非对称加密算法(公钥密码体系)。目前最著名的对称加密算法有数据加密标准(DES)和欧洲数据加密标准(IDEA)等,非对称算法的代表有RSA算法等。在实际应用中,通常将对称加密算法和非对称加密算法结合使用。

7.3.2 防火墙技术

防火墙系统是一种计算机网络安全部件,它可以是硬件,也可以是软件,也可能是硬件和软件的结合。这种安全部件处于被保护网络和其他网络的边界,接收进出被保护网络的数据流,并根据防火墙所配置的访问控制策略进行过滤或做出其他操作。防火墙系统不仅能够保护网络资源不受外部的侵入,而且还能够拦截从被保护网络向外传送有价值的信息。防火墙系统可以用于内部网络与Internet之间的隔离,也可用于内部网络不同网段的隔离,后者通常称为Intranet防火墙。

目前的防火墙系统根据其实现的方式大致可分为两种,即包过滤防火墙和应用层网关。

包过滤防火墙的主要功能是接收被保护网络和外部网络之间的数据包，根据防火墙的访问控制策略对数据包进行过滤，只准许授权的数据包通行。应用层网关位于TCP/IP协议的应用层，实现对用户身份的验证，接收被保护网络和外部之间的数据流并对之进行检查。

7.3.3 计算机网络安全扫描技术

计算机网络安全扫描技术是为使系统管理员能够及时了解系统中存在的安全漏洞，并采取相应防范措施，降低系统的安全风险而发展起来的一种安全技术。利用安全扫描技术，通过对局域网络、Web站点、主机操作系统、系统服务以及防火墙系统的安全漏洞进行扫描，系统管理员可以了解在运行的网络系统中存在的不安全网络服务，在操作系统上存在的可能导致遭受缓冲区溢出攻击或者拒绝服务攻击的安全漏洞，还可以检测主机系统中是否被安装了窃听程序，防火墙系统是否存在安全漏洞和配置错误等。

(1) 网络远程安全扫描

在计算机网络安全扫描软件中，有很多都是针对网络的远程安全扫描，这些扫描软件能够对远程主机的安全漏洞进行检测并进行一些初步的分析。但事实上，由于这些软件能够对安全漏洞进行远程的扫描，因而也是网络攻击者进行攻击的有效工具。网络攻击者利用这些扫描软件对目标主机进行扫描，检测目标主机上可以利用的安全性弱点，并以此为基础实施网络攻击。这也从另一角度说明了计算机网络安全扫描技术的重要性，网络管理员应该合理利用安全扫描软件，及时发现网络漏洞并在网络攻击者扫描和利用之前予以修补，从而提高网络的安全性。

(2) 防火墙系统扫描

防火墙系统是保证内部计算机网络安全的一个重要安全部件，但由于防火墙系统配置复杂，很容易产生错误的配置，从而可能给内部网络留下安全漏洞。此外，防火墙系统都是运行于特定的操作系统之上，操作系统潜在的安全漏洞也可能给内部网络的安全造成威胁。为解决上述问题，防火墙安全扫描软件提供了对防火墙系统配置及其运行操作系统的安全检测，通常通过源端口、源路由、SOCKS和TCP端口猜测攻击等潜在的防火墙安全漏洞进行模拟测试，来检查其配置的正确性，并通过模拟强力攻击、拒绝服务攻击等来测试操作系统的安全性。

(3) Web网站扫描

Web站点上运行的CGI程序的安全性是计算机网络安全的重要保障之一，此外Web服务器上运行的其他一些应用程序、Web服务器配置的错误、服务器上运行的一些相关服务以及操作系统存在的漏洞都可能是Web站点存在的安全风险。Web站点安全扫描软件就是通过检测操作系统、Web服务器的相关服务、CGI等应用程序以及Web服务器的配置，报告Web站点中的安全漏洞并给出修补措施。Web站点管理员可以根据这些报告对站点的安全漏洞进行修补从而提高Web站点的安全性。

(4) 系统安全扫描

系统安全扫描技术通过对目标主机操作系统的配置进行检测，报告其安全漏洞并给出一些建议或修补措施。与远程网络安全软件从外部对目标主机的各个端口进行安全扫描不同,系统安全扫描软件从主机系统内部对操作系统各个方面进行检测,因而很多系统扫描软件都需要其运行者具有超级用户的权限。系统安全扫描软件通常能够检查潜在的操作系统漏洞、不正确的文件属性和权限设置、脆弱的用户密码、网络服务配置错误、操作系统底层非授权的更改以及攻击者攻破系统的迹象等。

7.3.4 网络入侵检测技术

网络入侵检测技术也称网络实时监控技术,它通过硬件或软件对网络上的数据流进行实时检查,并与系统中的入侵特征数据库进行比较,一旦发现有被攻击的迹象,立刻根据用户所定义的动作做出反应,如切断网络连接,或通知防火墙系统对访问控制策略进行调整,将入侵的数据包过滤掉等。

网络入侵检测技术的特点是利用网络监控软件或者硬件对网络流量进行监控并分析,及时发现网络攻击的迹象并做出反应。入侵检测部件可以直接部署于受监控网络的广播网段,或者直接接收受监控网络旁路过来的数据流。为了更有效地发现网络受攻击的迹象,网络入侵检测部件应能够分析网络上使用的各种网络协议,识别各种网络攻击行为。网络入侵检测部件对网络攻击行为的识别通常是通过网络入侵特征库实现的,这种方法有利于在出现了新的网络攻击手段时方便地对入侵特征库加以更新,提高入侵检测部件对网络攻击行为的识别能力。

利用网络入侵检测技术可以实现网络安全检测和实时攻击识别,但它只能作为网络安全的一个重要安全组件。网络系统的实际安全实现应该结合使用防火墙等技术来组成一个完整的计算机网络安全解决方案,其原因在于网络入侵检测技术虽然也能对网络攻击进行识别并做出反应,但其侧重点还是在于发现,而不能代替防火墙系统执行整个网络的访问控制策略。防火墙系统能够将一些预期的网络攻击阻挡于网络外面,而网络入侵检测技术除了减小网络系统的安全风险之外,还能对一些非预期的攻击进行识别并做出反应,切断攻击连接或通知防火墙系统修改控制准则,将下一次的类似攻击阻挡于网络外部。因此通过网络安全检测技术和防火墙系统结合,可以实现一个完整的计算机网络安全解决方案。

7.3.5 黑客诱骗技术

黑客诱骗技术通过一个由网络安全专家精心设置的特殊系统来引诱黑客,并对黑客进行跟踪和记录。这种黑客诱骗系统通常也称为蜜罐(honey pot)系统,其最重要的功能是特殊设置的对于系统中所有操作的监视和记录,网络安全专家通过精心的伪装使得黑客在进入目标系统后,仍不知晓自己所有的行为已处于系统监视之中。为了吸引黑客,网络安全专家通常还在蜜罐系统上故意留下一些安全后门来吸引黑客上钩,或者放置一些网络攻击者希望得到的敏感信息,当然这些信息都是虚假信息。这样,当黑客正在为攻入目标系统而沾沾自喜的时候,他在目标系统中的所有行为,包括输入的字符、执行的操作等,都已经被蜜罐系统所记录。蜜罐系统管理人员通过研究和分析这些记录,可以知道黑客采用的攻击工具、攻击手段、攻击目的和攻击水平,通过分析黑客的网上聊天内容还可以获得黑客的活动范围以及下一步的攻击目标。根据这些信息,管理人员可以提前对系统进行保护,同时在蜜罐系统中记录下的信息还可以作为对黑客进行起诉的证据。

7.4　防火墙

网络的安全保护强调统一而集中的安全管理和控制,采取加密、认证、访问控制、审计以及日志等多种技术手段,且它们的实施可由通信双方共同完成。但由于 Internet 是一个开放式的全球性网络,其结构错综复杂,网上的浏览访问不仅使数据传输量增加,也增大了网络被攻击的可能性。因此,涉及 Internet 的安全技术应是传统的集中式安全控制和分布式安全控制相结合的技术。于是,人们创建了网络防火墙。就像建筑物防火墙或护城河能够保护建筑物及其内部资源安全或保护城市免受侵害一样,网络防火墙能够防止外部网上的各种危害侵入到内部网络。

目前,防火墙已在 Internet 上得到了广泛的应用,且由于具有不限于 TCP/IP 协议的特点,也使其逐步在 Internet 之外更具生命力。客观地讲,防火墙并不是解决计算机网络安全问题的万能药方,而只是计算机网络安全策略中的一个组成部分。但了解防火墙技术并学会在实际操作中应用,相信会在“网络经济”社会的工作和生活中使每一位网络用户都受益匪浅。

7.4.1　防火墙概述

1. 防火墙的概念

防火墙的本义原是指古代人们在房屋之间修建的一道墙,这道墙可以在火灾发生的时候防止火蔓延到别的房屋。而这里所说的网络防火墙当然不是指物理上的防火墙,而是指隔离在本地网络与外界网络之间的一道防御系统。应该说,在互联网上防火墙是一种非常有效的网络安全措施,通过它可以隔离风险区域(Internet 或有一定风险的网络)与安全区域(企业内部网,也可称为可信任网络)的连接,同时不会妨碍人们对风险区域的访问。

网络防火墙就是指在企业内部网(Intranet)和外部网(Internet)之间所设立的执行访问控制策略的安全系统。它在内部网 Intranet 和外部网 Internet 之间设置控制,以防止发生不可预测的、外界对内部网资源的非法访问或潜在破坏性的侵入。它是目前实现计算机网络安全策略的最有效的工具之一,也是控制外部用户访问内部网的第一道关口。防火墙的设置思想就是在内部、外部两个网络之间建立一个具有安全控制机制的安全控制点,通过允许、拒绝或重新定向经过防火墙的数据流,来实现对内部网服务和访问的安全审计和控制。需要指出的是，防火墙虽然可以在一定程度上保护内部网的安全，但内部网还应有其他的安全保护措施，这是防火墙所不能代替的。

防火墙技术是建立在现代通信网络技术和信息安全技术基础上的应用性安全技术，越来越多地被应用于专用网络与公用网络的互联环境中，尤其以接入 Internet 网络最甚。防火墙可通过监测、控制跨越防火墙的数据流，尽可能地对外界屏蔽内部网络的信息、结构和运行状况，以此来实现内部网络的安全保护。

防火墙可由计算机硬件和软件系统组成。通常情况下，内部网和外部网进行互连时，必须使用一个中间设备，这个设备既可以是专门的互连设备（如路由器或网关），也可以是网络中的某个节点（如一台主机）。这个设备至少具有两条物理链路，一条通往外部网络，一条通往内部网络。企业用户希望与其他用户通信时，信息必须经过该设备；同样，其他用户希望访问企业网时，也必须经过该设备。显然，该设备是阻挡攻击者入侵的关口，也是防火墙设置的理想位置。

防火墙的作用是防止不希望的、未授权的通信进出受保护的网络，从而使机构强化自己的计算机网络安全政策。由于防火墙设定了网络边界和服务，因此更适合于相对独立的网络，如 Intranet。事实上，在 Internet 上的 Web 网站中，超过 1/3 的 Web 网站都是由某种形式的防火墙加以保护的。

可以说，防火墙能够限制非法用户从一个被严格保护的设备上进入或离开，从而有效地阻止对其内部网的非法入侵。但由于防火墙只能对跨越边界的信息进行检测、控制，而对网络内部人员的攻击不具备防范能力，因此单独依靠防火墙来保护网络的安全是不够的，还必须与入侵检测系统（IDS）、安全扫描、应急处理等其他安全措施综合使用才能达到目的。

2. 防火墙的发展

对于防火墙的发展历史，基于功能划分，可分为如下五个阶段：

第一代防火墙。1983 年第一代防火墙技术出现，它几乎是与路由器同时问世的。它采用了包过滤（packet filter）技术，可称为简单包过滤（静态包过滤）防火墙。

第二代防火墙。1991 年，贝尔实验室提出了第二代防火墙——应用型防火墙，即电路层防火墙的初步结构。

第三代防火墙。1992 年，USC 信息科学院开发出了基于动态包过滤（dynamic packet filter）技术的第三代防火墙，后来演变为目前所说的状态检测（stateful inspection）防火墙。1994 年，以色列的 Check Point 公司开发出了第一个采用状态检测技术的商业化产品。

第四代防火墙。防火墙技术和产品随着网络攻击和安全防护手段的发展而演进，到 1997 年初，具有安全操作系统的防火墙产品面世，使防火墙技术步入了第四代。具有安全操作系统的防火墙本身就是一个操作系统，因而在安全性上较之以前的防火墙有质的提高。

第五代防火墙。1998 年，NAI 公司推出了一种自适应代理（adaptive proxy）防火墙技术，并在其产品 Gauntlet Firewall for NT 中得以实现，给代理服务器防火墙赋予了全新的意义。

3. 防火墙的功能

一般来说,防火墙在配置上可防止来自"外部"未经授权的交互式登录,这大大有助于防止破坏者登录到网络用户的计算机上。一些设计更为精巧的防火墙既可以防止来自外部的信息流进入内部,同时又允许内部的用户可以自由地与外部通信。如果切断防火墙,就可以保护用户免受网络上任何类型的攻击。

防火墙另一个非常重要的特性是可以提供一个单独的"阻塞点",在"阻塞点"上设置安全和审计检查。防火墙可提供一种重要的记录和审计功能:经常向管理员提供一些情况概要,提供有关通过防火墙的数据流的类型和数量,以及有多少次试图闯入防火墙的企图等信息。

利用防火墙保护内部网,主要有以下几个主要功能。

(1) 计算机网络安全屏障

防火墙是信息进出网络的必经之路,它可检测所有经过数据的细节,并根据事先定义好的策略允许或禁止这些数据的通过。一个防火墙(作为阻塞点、控制点)可极大地提高内部网络的安全性,并通过过滤不安全的服务而降低风险。由于只有经过精心选择的应用协议才能通过防火墙,所以网络环境变得更安全。这样外部的攻击者就不可能利用这些脆弱的协议来攻击内部网络。防火墙同时可以保护网络免受基于路由的攻击。

(2) 强化网络安全策略

通过以防火墙为中心的安全方案配置,能将所有的安全功能(如口令、加密、身份认证、审计等)配置在防火墙上。与将网络安全问题分散到各个主机上相比,防火墙的集中安全管理更经济。例如,在网络访问时,一次一密钥密码系统和其他的身份认证系统完全可以不必分散在各个主机上,而是集中在防火墙上。

(3) 对网络存取和访问进行监控审计

如果所有的访问都经过防火墙,那么,防火墙就能记录下这些访问并做出日志记录,同时也能提供网络使用情况的统计数据。当发生可疑动作时,防火墙能进行报警,并提供网络是否受到监测和攻击的详细信息。另外,使用统计手段对网络进行需求分析和威胁分析等也是非常重要的。

(4) 防止内部信息的外泄

通过利用防火墙对内部网络的划分,可实现对内部网重点网段的隔离,从而限制局部重点或敏感的网络安全问题对全局网络造成的影响。在内部网络中,不引人注意的细节可能包含了有关安全的线索,而引起外部攻击者的兴趣,甚至因此而暴露了内部网络的某些安全漏洞,使用防火墙就可以隐藏那些内部细节。防火墙同样可以阻塞有关内部网络的 DNS 信息,这样,一台主机的域名和 IP 地址就不会被外界所了解。

(5) 安全策略检查

所有进出网络的信息都必须通过防火墙,防火墙成为网络上的一个安全检查站,对来自外部的网络进行检测和报警,将检查出来的可疑的访问拒之网外。

(6) 实施 NAT 的理想平台

利用网络地址变换(network address translation,NAT)技术,将有限的 IP 地址动态

或静态地与内部的 IP 地址对应起来，用来缓解地址空间短缺的问题，并消除本单位在变换 ISP 时带来的重新编排地址的麻烦。防火墙正是实施 NAT 技术的理想位置。

4. 防火墙的局限性

防火墙可使内部网在很大程度上免受攻击，但认为配置了防火墙之后，所有的网络安全问题就都迎刃而解了，这种想法是错误的，至少是不全面的。可以说许多危险是防火墙所无能为力的，即防火墙还存在一些不足之处。

(1) 不能防范内部用户的攻击

防火墙只能提供周边防护，并不能控制内部用户对内部网络滥用授权的访问。内部用户可窃取数据、破坏硬件和软件，并可巧妙地修改程序而不接近防火墙。内部用户攻击网络正是网络安全最大的威胁。统计表明，很多安全事件是由于内部人员的攻击所造成的，由内部引起的安全问题约占总数的 80%。

(2) 不能防范绕过的攻击

防火墙可有效地检查经由它进行传输的信息，但不能防止绕过它传输的信息。比如，如果站点允许对防火墙后面的内部系统进行拨号访问，那么防火墙就没有办法阻止攻击者进行的拨号入侵。

(3) 不能防御所有的攻击

防火墙可防御已知的威胁。如果是一个很好的防火墙设计方案，可以防御新的威胁，但没有一个防火墙能够防御所有的威胁。

(4) 不能防御病毒和恶意程序的攻击

虽然许多防火墙能扫描所有通过的信息，以决定是否允许它们通过防火墙进入内部网络，但扫描是针对源、目标地址和端口号的，而不去扫描数据的确切内容。因为在网络上传输二进制文件的编码方式太多，并且有太多的不同结构的病毒，因此防火墙不可能查找所有的病毒，也就不能有效地防范像病毒这类程序的入侵。如今恶意程序发展迅速，病毒可依附于共享文档传播，也可通过 E-mail 附件的形式在 Internet 上迅速蔓延。Web 本身就是一个病毒源，许多站点都可以下载病毒程序甚至源码。某些防火墙可以根据已知病毒和木马的特征码检查数据流，虽然这样做会有些帮助但并不可靠，因为类似的恶意程序的种类很多，有多种手段可使它们在数据中隐藏，防火墙对那些新的病毒和木马程序等是无能为力的。此外，防火墙只能发现从其他网络来的恶意程序，但许多病毒却是通过被感染的软盘或系统直接进入网络的。所以，对病毒等恶意程序十分敏感的单位应当在整个机构范围内采取病毒控制措施。

5. 防火墙的分类

防火墙有多种分类标准，按不同的标准可将防火墙分为多种类型。

(1) 基于防火墙技术原理分类

互联网采用 TCP/IP 协议，在不同的网络层次上设置不同的屏障，构成不同类型的防火墙。因此，从工作原理角度看，防火墙技术主要可分为网络层防火墙技术和应用层防火墙技术。这两个层次的防火墙技术的具体实现有包过滤防火墙、代理服务器防火墙、状态检测防火墙和自适应代理防火墙等。

(2) 基于防火墙硬件环境分类

根据实现防火墙的硬件环境不同,可将防火墙分为基于路由器的防火墙和基于主机系统的防火墙。包过滤防火墙和状态检测防火墙可以基于路由器,也可基于主机系统实现;而代理服务器防火墙只能基于主机系统实现。

(3) 基于防火墙的功能分类

根据防火墙的功能不同,可将防火墙分为FTP防火墙、Telnet防火墙、E-mail防火墙、病毒防火墙、个人防火墙等各种专用防火墙。通常也将几种防火墙技术组合在一起使用以弥补各自的缺陷,增加系统的安全性能。

7.4.2 防火墙的体系结构

一般来说,构成防火墙的体系结构有4种:过滤路由器结构、双穴主机结构、主机过滤结构和子网过滤结构。以下介绍基于这4种体系结构构建的防火墙应用系统。

1. 过滤路由器结构

过滤路由器结构是最简单的防火墙结构,这种防火墙可以由厂家专门生产的过滤路由器来实现,也可以由安装了具有过滤功能软件的普通路由器实现。过滤路由器防火墙作为内外连接的唯一通道,要求所有的报文都必须在此通过检查。路由器上可以安装基于IP层的报文过滤软件,实现报文过滤功能。许多路由器本身带有报文过滤配置选项,但一般比较简单。单纯由过滤路由器构成的防火墙的危险包括路由器本身及路由器允许访问的主机。过滤路由器的缺点是一旦被攻击并隐藏后很难被发现,而且不能识别不同的用户。

2. 双穴主机结构

双穴(dual homed)主机防火墙是围绕着具有双穴结构的主机而构建的。在这里双穴主机相当于一个网关,具有两个或两个以上接口,网关是用一台装有两块网卡的堡垒主机做防火墙。双穴主机的两块网卡分别与受保护的内部子网及Internet网络连接,起着监视和隔离应用层信息流的作用,彻底隔离了所有的内部主机与外部主机可能的连接。

堡垒主机上运行着防火墙软件,可以转发应用程序、提供服务等。与过滤路由器相比,作为堡垒主机的系统软件可用于维护系统日志、硬件复制日志或远程日志。但弱点也比较突出,一旦黑客侵入堡垒主机并使其只具有路由功能,任何网上用户均可以随便访问内部网。

双穴主机可与内部网系统通信,也可与外部网系统通信。借助于双穴主机,防火墙内、外两网的计算机便可间接通信了。内、外网的主机不能直接交换信息,信息交换要由该双穴主机“代理”并“服务”,因此该主机也相当于代理服务器。因而,内部子网十分安全。内部主机通过双穴主机防火墙(代理服务器)得到Internet服务,并由该主机集中进行安全检查和日志记录。双穴主机防火墙工作在OSI的最高层，掌握着应用系统中可用作安全决策的全部信息。

3. 主机过滤结构

双穴主机防火墙是由一台同时连接内、外部网络的双穴主机提供安全保障的。主机过滤防火墙则与之不同，它是由一台过滤路由器与外部网络相连，再通过一个可提供安全保护的主机(堡垒主机)与内部网络连接。通常在路由器上设立过滤规则，并使这个堡垒主机成为唯一可从外部网络直接到达的主机，这确保了内部网络不受未被授权的外部用户攻击。

来自外部网络的数据包先经过包过滤路由器过滤，不符合过滤规则的数据包被过滤掉；符合规则的数据包则被传送到堡垒主机上。堡垒主机上的代理服务器软件将允许通过的信息传输到受保护的内部网络上。主机过滤防火墙结构中堡垒主机是Internet主机连接内部网系统的桥梁。任何外部系统要访问内部网系统或服务，都必须连接到该主机上，因此该主机要求的级别较高。

4. 子网过滤结构

子网过滤结构是在主机过滤结构中又增加一个额外的安全层次而构成的。在内部网络和外部网络之间建立一个被隔离的子网，用两台过滤路由器将这一子网分别与内部网络和外部网络分开。增加的安全层次包括一台堡垒主机和一台路由器。两路由器之间是一个称为周边网络或参数网络的安全子网，也叫隔离区或非军事区(demilitarized zone, DMZ)，使得内部网和外部网之间有了两层隔断。这种结构就是使用两个过滤路由器和一个周边网络形成了一个复杂的防火墙，以进行安全控制。子网过滤结构是一种比较复杂的结构，它提供了比较完善的计算机网络安全保障和较灵活的应用方式。

周边网络中的堡垒主机通过内部、外部两个路由器与内部、外部网络隔开，这样可减少堡垒主机被侵袭的影响。被保护的内部子网的主机置于内部包过滤路由器内，堡垒主机被置于内部和外部包过滤路由器之间。子网过滤体系结构的最简单形式为两个过滤路由器，每一个都连接到参数网络上，其中一个位于参数网与内部网之间，另一个位于参数网与外部网之间。

周边网络是在内部和外部两网络之间另加的一层安全保护层，它相当于一个应用网关，堡垒主机上运行代理服务器软件。同时，企业的对外信息服务器(如WWW、FTP服务器等)也可设置在周边网络内。

如果入侵者成功地闯过外层保护网到达防火墙，周边网络就能在入侵者与内部网之间再提供一层保护。如果入侵者仅仅侵入到周边网络的堡垒主机，他只能看到周边网络的信息流而看不到内部网的信息。周边网络的信息流仅往来于外部网到堡垒主机。在周边网络中没有内部网主机间的信息流动，所以即使堡垒主机受到损害也不会破坏内部网的信息。

在内、外部两个路由器上建立的包过滤都设置了包过滤规则，两者的包过滤规则基本上相同。内部路由器完成防火墙的大部分包过滤工作，它允许某些站点的包过滤系统认为符合安全规则的服务在内、外部网之间互传。内部路由器的主要功能就是保护内部网免受来自外部网与周边网络的侵扰。外部路由器既可保护周边网络，又可保护内部网。实际上，在外部路由器上仅做一小部分包过滤，它几乎让所有周边网络的外向请求通过。外部路由器的包过滤主要对周边网络上的主机提供保护。

5. 不同结构防火墙的组合结构

在构建造防火墙时，一般很少采用单一的技术，通常是多种解决不同问题的技术的组合。这种组合主要取决于网管中心向用户提供什么样的服务，以及网管中心能接受什么等级风险。采用哪种技术主要取决于经费，投资的大小或技术人员的技术、时间等因素。一般有以下几种形式：

(1) 多堡垒主机结构。
(2) 合并内外路由器结构。
(3) 合并堡垒主机与内部路由器结构。
(4) 合并堡垒主机与外部路由器结构。
(5) 使用多台内部过滤路由器。
(6) 使用多台外部过滤路由器。
(7) 双穴主机与子网过滤结构。

选用什么样的组合主要是根据网络中心向用户提供什么样的服务、对计算机网络安全等级的要求及承担的风险情况等确定的。

7.4.3 防火墙的主要实现技术

1. 包过滤技术

1) 包过滤技术的工作原理

网络层防火墙技术根据网络层和传输层的原则对传输的信息进行过滤。网络层技术的一个范例就是包过滤(packet filtering)技术。因此，利用包过滤技术在网络层实现的防火墙也叫包过滤防火墙。

在互联网这样的TCP/IP网络上，所有往来的信息都被分割成许许多多一定长度的数据包，包中包含发送者的IP地址和接收者的IP地址等信息。当这些数据包被送上互联网时，路由器会读取接收者的IP地址信息并选择一条合适的物理线路发送数据包。数据包可能经由不同的路线到达目的地，当所有的包到达目的地后会重新组装还原。

包过滤技术是在网络的出入口(如路由器)对通过的数据包进行检查和选择的，选择的依据是系统内设置的过滤逻辑(包过滤规则)，称为访问控制表(access control table)。通过检查数据流中每个数据包的源地址、目的地址、所用的端口号、协议状态或它们的组合，来确定是否允许该数据包通过。通过检查，只有满足条件的数据包才允许通过，否则被抛弃(过滤掉)。如果防火墙中设定某一IP地址的站点为不适宜访问的站点，则从该站点地址来的所有信息都会被防火墙过滤掉。这样可以有效地防止恶意用户利用不安全的服务对内部网进行攻击。包过滤防火墙要遵循的一条基本原则就是“最小特权原则”，即明确允许管理员希望通过的那些数据包，而禁止其他的数据包。

在网络上传输的每个数据包都可分为两部分，即数据部分和包头。包过滤器就是根据包头信息来判断该包是否符合网络管理员设定的规则表中的规则，以确定是否允许该数据包通过。包过滤规则一般是基于部分或全部报头信息的，如 IP 协议类型、IP 源地址、IP 选择域的内容、TCP 源端口号、TCP 目标端口号等。例如，包过滤防火墙可以对来自特定的 Internet 地址信息进行过滤，或者只允许来自特定地址的信息通过。它还可以根据需要的 TCP 端口来过滤信息。如果将过滤器设置成只允许数据包通过 TCP 端口 80(标准的 HTTP 端口)，那么在其他端口，如端口 25(标准的 SMTP 端口)上的服务程序的任何数据包均不得通过。

包过滤防火墙既可以允许授权的服务程序和主机直接访问内部网络，也可以过滤指定的端口和内部用户的 Internet 地址信息。大多数包过滤防火墙的功能可以设置在内部网络与外部网络之间的路由器上，作为第一道安全防线。路由器是内部网络与 Internet 连接必不可少的设备，因此在原有网络上增加这样的防火墙软件几乎不需要任何额外的费用。

2) 包过滤规则

包过滤防火墙的过滤规则的主要描述形式有逻辑过滤规则表、文件过滤规则表和内存过滤规则表。在包过滤系统中，规则表是十分重要的。依据规则表可检查过滤模块、端口映射模块和地址欺骗等。规则表制定的好坏，直接影响机构的安全策略是否会被有效地体现；规则表设置的结构是否合理，将影响包过滤防火墙的性能。

大多数包过滤系统判断是否传输包时都不关心包的具体内容，而是让用户进行如下操作：

- 不允许任何用户从外部网络用 TELNET 登录。
- 允许任何用户使用 SMTP 往内部网发送电子邮件。
- 只允许某台机器通过 NNTP(网络新闻传输协议)往内部网络发送新闻。
- 允许某用户从外部网络用 TELNET 登录而不允许其他用户进行这种操作。
- 允许某用户传送一些文件而不允许该用户传送其他文件。

3) 包过滤防火墙的特点

(1) 包过滤技术的优点

一个过滤路由器能协助保护整个网络。数据包过滤的主要优点之一就是一个恰当放置的包过滤路由器有助于保护整个网络。如果仅有一个路由器连接内部与外部网络，不论内部网络的大小和内部拓扑结构如何，通过该路由器进行数据包过滤，就可在计算机网络安全保护上取得较好的效果。

数据包过滤对用户透明。数据包过滤不要求任何自定义软件或客户机配置，也不要求用户任何特殊的训练或操作。当包过滤路由器决定让数据包通过时，它与普通路由器没什么区别。比较理想的情况是用户将感觉不到它的存在，除非他们试图做过滤规则中所禁止的事。较强的“透明度”是包过滤的一大优势。

过滤路由器速度快、效率高。过滤路由器只检查报头相应的字段，一般不查看数据包的内容，而且某些核心部分是由专用硬件实现的，故其转发速度快、效率较高。

包过滤技术通用、廉价、有效。包过滤技术不是针对各个具体的网络服务采取特殊的处理方式，而是对各种网络服务都通用，大多数路由器都提供包过滤功能，不用再增加更多的硬件和软件，因此其价格低廉，能很大程度地满足企业的安全要求，其应用行之有效。

此外，包过滤技术还易于安装、使用和维护。

(2) 包过滤技术的缺点

安全性较差。防火墙过滤的只有网络层和传输层的有限信息，因而各种安全要求不可能充分满足；在许多过滤器中，过滤规则的数目有限，且随着规则数目的增加，性能将受到影响。过滤路由器只是检测 TCP/IP 报头，检查特定的几个域，而不检查数据包的内容，不按特定的应用协议进行审查和扫描，不作详细分析和记录。非法访问一旦突破防火墙，即可对主机上的软件和配置漏洞进行攻击。因而，与代理技术相比，包过滤技术的安全性较差。

不能彻底防止地址欺骗。大多数包过滤路由器都是基于源 IP 地址、目的 IP 地址而进行过滤的，而 IP 地址的伪造是很容易、很普遍的。如果攻击者将自己主机的 IP 地址设置成一个合法主机的 IP 地址，就可以轻易地通过路由器。因此，过滤路由器在 IP 地址欺骗上大都无能为力，即使按 MAC 地址进行绑定，也是不可信的。因此对于一些安全性要求较高的网络，过滤路由器是不能胜任的。

一些应用协议不适用于数据包过滤，即使是完美的数据包过滤实现，也会发现一些协议不很适合于数据包过滤安全保护，如 RPC、X-Window 和 FTP。

无法执行某些安全策略。包过滤路由器上的信息不能完全满足人们对安全策略的需求。例如，数据包表明它们来自某台主机，而不是某个用户，因此，我们不能强行限制特殊的用户。同样，数据包表明它到某个端口，而不是到某个应用程序。当我们通过端口号对高级协议强行限制时，不希望在端口上有除指定协议之外别的协议，恶意的知情者可以很容易地破坏这种控制。

从以上分析可以看出，静态包过滤防火墙技术虽然能确保一定的安全保护，且也有许多优点，但是它毕竟是早期的防火墙技术，本身存在较多缺陷，不能提供较高的安全性。在实际应用中，现在很少把这种技术当作单独的安全解决方案，而是把它与其他防火墙技术组合在一起使用。

2. 代理服务技术

1) 代理服务技术的工作原理

代理服务器防火墙工作在 OSI 模型的应用层，它掌握着应用系统中可用作安全决策的全部信息，因此，代理服务器防火墙又称应用层网关。这种防火墙通过一种代理(proxy)技术参与到一个 TCP 连接的全过程。从内部网用户发出的数据包经过这样的防火墙处理后，就好像是源于防火墙外部网卡一样，从而可以达到隐藏内部网结构的作用。代理服务器防火墙通过在主机上运行代理的服务程序，直接对特定的应用层进行服务，因此也称为应用型防火墙，其核心是运行于防火墙主机上的代理服务器进程。

所谓代理服务器,是指它代表客户处理在服务器连接请求的程序。当代理服务器得到一个客户的连接意图时,对客户的请求进行核实,并经过特定的安全化的代理应用程序处理连接请求,将处理后的请求传递到真正的Internet服务器上,然后接收服务器应答。代理服务器对真正服务器的应答做进一步处理后,将答复交给发出请求的最终客户。代理服务器通常运行在两个网络之间,它对于客户来说像是一台真的服务器,而对于外部网的服务器来说,它又好似一台客户机。代理服务器并非将用户的全部网络请求都提交给Internet上的真正服务器,而是先依据安全规则和用户的请求做出判断,是否代理执行该请求,有的请求可能被否决。当用户提供了正确的用户身份及认证信息后,代理服务器建立与外部Internet服务器的连接,为两个通信点充当中继。内部网络只接收代理服务器提出的要求,拒绝外部网络的直接请求。

一个代理服务器本质上就是一个应用层网关,即一个为特定网络应用而连接两个网络的网关。代理服务器像一堵墙一样挡在内部用户和外界之间,分别与内部和外部系统连接,是内部网与外部网的隔离点,起着监视和隔绝应用层通信流的作用。从外部只能看到该代理服务器而无法获知任何的内部资源(诸如用户的IP地址等)。

代理服务器防火墙能够记录通过它的一些信息,如什么用户在什么时间访问过什么站点等。这些审计信息可以帮助网络管理员识别网络间谍。代理服务器通常都拥有一个高速Cache,这个Cache存储用户频繁访问的站点内容(页面),在下一个用户要访问该站点的这些内容时,代理服务器就不用连接到Internet上的服务器重复地获取相同的内容,而是直接将本身Cache中的内容发出即可,从而节约了访问这些内容的内部响应时间和网络资源。

许多代理服务器防火墙除了提供代理请求服务外,还提供网络层信息过滤的功能。它们也对过往的数据包进行分析、注册登记、形成报告,同时当发现被攻击迹象时会向网络管理员发出警报,并保留攻击痕迹。

代理服务可以实现用户认证、详细日志、审计跟踪和数据加密等功能,并实现对具体协议及应用的过滤,如阻塞Java或Java Script。这种防火墙能完全控制网络信息的交换和会话过程,具有灵活性和安全性,但可能影响网络的性能,如对用户不透明,且对每一种服务器都要设计一个代理模块,建立对应的网关层,实现起来比较复杂。

2) 代理服务器防火墙的特点

(1) 代理服务技术的优点

良好的安全性。由于每一个内、外网络之间的连接都要通过代理服务技术的介入和转换,通过专门为特定的服务(如HTTP)编写的安全化的应用程序进行处理,然后由防火墙本身分别向外部服务器提交请求和向内部用户发回应答,不给内、外网络的计算机以任何直接会话的机会,从而避免了入侵者使用数据驱动类型的攻击方式入侵内部网。另外,代理服务技术还按特定的应用协议对数据包内容进行审查和扫描,因此也增加了防火墙的安全性。安全性好是代理服务技术突出的优点。

简易的配置方式。代理服务因为是一个软件,所以它较过滤路由器更易配置,配置界面十分友好。如果代理服务实现得好,可以对配置协议要求较低,从而避免了配置错误。

完整的日志记录。因代理服务工作在应用层,它可检查各项数据,所以可以按一定准则，让代理服务生成各项日志、记录。这些日志、记录对于流量分析、安全检验是十分重要和宝贵的。当然，它也可以用于计费等应用中。

进出流量和内容的完全地控制。通过采取一定的措施，按照一定的规则，借助于代理技术可实现一整套的安全策略，比如说控制“谁”和“做什么”，在什么“时间”和“地点”控制等。

数据内容的过滤。可以把一些过滤规则应用于代理服务，让它在高层实现过滤功能，例如文本过滤、图像过滤（目前还未实现，但这是一个热点研究领域）、预防病毒或扫描病毒等。

为用户提供透明的加密机制。用户通过代理服务收发数据，可以让代理服务完成加/解密功能，从而方便用户，确保数据的机密性。这点在虚拟专用网（VPN）中特别重要。代理服务可以广泛地用于企业内部网中，提供较高安全性的数据通信。

可以方便地与其他安全技术集成。目前的安全问题解决方案很多，如验证（authentication）、授权（authorization）、账号（accounting）、数据加密、安全协议（SSL）等。如果把代理服务与这些技术联合使用，将大大增加网络的安全性。

（2）代理服务技术的缺点

速度较慢。路由器只是简单查看 TCP/IP 报头，检查特定的几个域，不作详细分析、记录。而代理服务工作于应用层，要检查数据包的内容，按特定的应用协议（如 HTTP）进行审查、扫描数据包内容，并进行代理（转发请求或响应），故其速度较慢。

对用户不透明。许多代理服务要求客户端作相应改动或安装定制的客户端软件，这给用户增加了不透明度。为内部网络的每一台内部主机安装和配置特定的应用程序，既耗费时间，又容易出错，原因是硬件平台和操作系统都存在差异。

对于不同的服务代理可能要求不同的服务器。可能需要为每项协议设置一个不同的代理服务器，因为代理服务器不得不理解协议以便判断什么是允许的和不允许的，并且还要装扮成一个对真实服务器来说它就是客户、对客户来说它就是服务器的角色。选择、安装和配置所有这些不同的服务器也可能是一项较烦琐的工作。

通常要求对客户和/或过程进行限制。除了一些为代理而设置的服务，代理服务器要求对客户或过程进行限制，每一种限制都有不足之处，人们无法经常按他们自己的步骤使用快捷可用的方式。由于这些限制，代理应用就不能像非代理应用运行得那样好，它们往往可能曲解协议的说明。

代理服务不能改进底层协议的安全性。因为代理服务工作于 TCP/IP 的应用层，所以它不能改善底层通信协议的能力，如 IP 欺骗、SYN 泛滥、伪造 ICMP 消息和一些拒绝服务的攻击。而这些方面，对于一个网络的鲁棒性是相当重要的。

3. 状态检测技术

1）状态检测技术的工作原理

状态检测（stateful inspection）防火墙由 Check Point 率先提出，又称动态包过滤防火墙。状态检测防火墙是新一代的防火墙技术，也被称为第三代防火墙。这种防火墙具有非常好的安全特性，它使用了一个在网关上执行计算机网络安全策略的软件模块，称之为检测引擎。检测引擎在不影响网络正常运行的前提下，采用抽取有关数据的方法对网络通信的各层实施检测。它将抽取的状态信息动态地保存起来作为以后执行安全策略的参考。检测引擎维护一个动态的状态信息表并对后续的数据包进行检查。一旦发现任何连接的参数有意外变化,该连接就被中止。

状态检测防火墙监视和跟踪每一个有效连接的状态,并根据这些信息决定网络数据包是否能通过防火墙。它在协议栈底层截取数据包,然后分析这些数据包,并且将当前数据包和状态信息与前一时刻的数据包和状态信息进行比较,从而得到该数据包的控制信息,来达到保护计算机网络安全的目的。

检测引擎支持多种协议和应用程序,并可以很容易地实现应用和服务的扩充。与前两种防火墙不同,当用户访问请求到达网关的操作系统前,状态监视器要收集有关数据进行分析,结合网络配置和安全规则做出接纳、拒绝、身份认证、报警或给该通信加密等处理动作。一旦某个访问违反了安全规则,该访问就会被拒绝,并报告有关状态,做出日志记录。

状态检测防火墙试图跟踪通过防火墙的网络连接和包,这样它就可以使用一组附加的标准,以确定是否允许和拒绝通信。状态检测防火墙是在使用了基本包过滤防火墙的通信上应用一些技术来做到这点的。为了跟踪包的状态,状态检测防火墙不仅跟踪包中包含的信息,还记录有用的信息以帮助识别包(例如已有的网络连接、数据的传出请求等)。

状态检测防火墙可检测无连接状态的远程过程调用(RPC)和用户数据报(UDP)之类的端口信息,而包过滤和代理服务技术都不支持此类应用。这种防火墙无疑是非常坚固的,但它会降低网络的速度,而且配置也比较复杂。好在有关防火墙厂商已注意到这一问题,如 Check Point 公司的防火墙产品 Firewall-1,所有的安全策略规则都是通过面向对象的图形用户界面(GUI)定义的,因此可以简化配置过程。

2)通过状态检测防火墙的数据包类型

状态检测防火墙在跟踪连接状态方式下通过数据包的类型有以下几种。

(1) TCP 包

当建立起一个 TCP 连接时,通过的第一个包被标有包的 SYN 标志。通常,防火墙丢弃所有外部的连接企图,除非已经建立起某条特定规则来处理它们。对内部连到外部主机的连接,防火墙注明连接包,允许响应两个系统之间的包,直到连接结束为止。在这种方式下,传入的包只有在它响应一个已建立的连接时,才会被允许通过。

(2) UDP 包

UDP 包比 TCP 包简单,因为它们不包含任何连接或序列信息。它们只包含源地址、目的地址、校验和携带的数据。这种简单的信息使得防火墙很难确定包的合法性,因为没有打开的连接可利用,以测试传入的包是否应被允许通过。可是,如果防火墙跟踪 UDP 包的状态,那么就可以确定包的合法性。对传入的包,若它所使用的地址和 UDP 包携带的协议与传出的连接请求匹配,该包就被允许通过。所有从外界传入的 UDP 包都不会被允许通过,除非它是响应传出的请求或已经建立了指定的规则来处理它。对其他种类的包,情况和 UDP 包类似。防火墙仔细地跟踪传出的请求,记录下所使用的地址、协议和包的类型,然后对照保存过的信息核对传入的包,以确保这些包是被请求的。

3）状态检测防火墙的特点和应用

状态检测防火墙结合了包过滤防火墙和代理服务器防火墙的特点。与包过滤防火墙一样，它能够在OSI网络层上通过IP地址和端口号过滤进出的数据包；它也像代理服务器防火墙那样，可以在OSI应用层上检查数据包内容，查看这些内容是否能符合公司网络的安全规则。状态检测防火墙克服了包过滤防火墙和代理服务器的局限性，能够根据协议、端口及源地址、目的地址的具体情况决定数据包是否可以通过。对于每个安全策略允许的请求，状态检测防火墙启动相应的进程，可以快速地确认符合授权标准的数据包，这使得本身的运行速度加快。状态检测防火墙的缺点是状态检测可能造成网络连接的某种迟滞，不过硬件运行速度越快，这个问题就越不易察觉。

状态检测防火墙已经在国内外得到广泛应用，目前在市场上流行的防火墙大多属于状态检测防火墙，因为该防火墙对于用户透明，在OSI最高层上加密数据，不需要再去修改客户端的程序，也不需对每个需要在防火墙上运行的服务额外增加一个代理。

4. 网络地址翻译

1）NAT的基本功能

网络地址翻译协议是将内部网络的多个IP地址转换到一个公共IP地址与Internet连接。

当内部用户与一个公共主机通信时，NAT能追踪是哪一个用户所发出的请求，修改传出的包，这样包就像是来自单一的公共IP地址，然后再打开连接。一旦建立了连接，在内部计算机和Web站点之间来回流动的通信就都是透明的。

当从公共网络传来一个未经请求的连接时，NAT有一套规则来决定如何处理它。如果没有事先定义好的规则，NAT可丢弃所有未经请求的传入连接，就像包过滤防火墙所做的那样。

2）地址翻译技术

地址翻译技术包括以下几种。

（1）静态翻译，一个指定的内部主机有一个同定不变的地址翻译表，通过这张表，可将内部地址翻译成防火墙的外网接口地址。

（2）动态翻译，为了隐藏内部主机的身份或扩展内部网络的地址空间，一个大的Internet客户群共享一组较小的Internet IP地址。

（3）负载平衡翻译，一个IP地址和端口被翻译为同等配置的多个服务器，当请求到达时，防火墙将按照一个算法来平衡所有连接到内部的服务器，这样向一个合法IP地址请求，实际上是有多台服务器在提供服务。

（4）网络冗余翻译，多个Internet连接被附加在一个NAT防火墙上，而这个防火墙根据负载和可用性对这些连接进行选择和使用。

3）NAT的优缺点

（1）NAT的优点

所有内部的IP地址对外面的人来说是隐蔽的。因为这个原因，网络之外没有人可以通过指定IP地址的方式直接对网络内的任何一台特定的计算机发起攻击。

如果因为某种原因公共IP地址资源比较短缺，NAT可以使整个内部网络共享一个

IP 地址。

可以启用基本的包过滤防火墙安全机制，因为如果传入的包没有专门指定配置到NAT，那么就会被丢弃。内部网络的计算机就不可能直接访问外部网络。

(2) 缺点

NAT 的缺点和包过滤防火墙的缺点是一样的。虽然可以保障内部网络的安全，但它也有一定的局限性。而且内网可以利用流传较广的木马程序，可以通过 NAT 做外部连接，就像穿过包过滤防火墙一样容易。

5. 应用级网关

应用级网关(application gateway)使用专用软件来转发和过滤特定的应用服务，如 Telnet、FTP 等服务连接。

应用级网关能够检查进出的数据包，通过网关复制传递数据，防止在受信任服务器和客户机与不受信任的主机间直接建立联系。应用级网关能够理解应用层上的协议，能够做一些复杂的访问控制。但每一种协议需要相应的代理软件，使用时工作量大，效率不如网络级防火墙。

常用的应用级防火墙已有了相应的代理服务，例如 HTTP、NNTP、FTP、Telnet、Rlogin 和 X-Window 等，但是，对于新开发的应用，尚没有相应的代理服务，它们将通过网络级防火墙和一般的代理服务。

应用级网关有较好的访问控制，是目前最安全的防火墙技术，但实现困难，而且有的应用级网关缺乏"透明度"。在实际使用中，用户在受信任的网络上通过防火墙访问 Internet 时，经常会发现存在延迟并且必须进行多次登录才能访问 Internet 或 Intranet。

7.4.4 防火墙的选择

1. 防火墙的选择原则

设计和选用防火墙首先要明确哪些数据是必须保护的，这些数据被侵入会导致什么样的后果及网络不同区域需要什么等级的安全级别。不管采用原始设计还是使用现成的防火墙产品，对于防火墙的安全标准，首先需根据安全级别确定；其次，设计或选用防火墙必须与网络接口匹配，要防止可能的各种威胁。防火墙可以是软件或硬件模块，并能集成于网桥、网关或路由器等设备之中。

1) 选择防火墙时要注意防火墙自身的安全性

大多数人在选择防火墙时都将注意力放在防火墙如何控制连接以及防火墙支持多少种服务上，但往往忽略一点：防火墙也是网络上的设备，也可能存在安全问题。如果防火墙不能确保自身安全，即使其控制功能再强，也终究不能完全保护内部网络。

2) 要考虑防火墙应用部门的安全策略中的特殊需求

(1) IP 地址转换

进行 IP 地址转换有两个好处，其一是隐藏内部网络真正的 IP，这可以使黑客无法直接攻击内部网络，也是要强调防火墙自身安全性问题的主要原因；其二是可以让内部用户使用保留的IP，这对许多IP不足的企业是有益的。

(2) 双重DNS

当内部网络使用没有注册的IP地址，或是防火墙进行IP转换时，DNS也必须经过转换。因为同样的一个主机在内部的IP与给予外界的IP将会不同，有的防火墙会提供双重DNS，有的则必须在不同主机上各安装一个DNS。

(3) 虚拟专用网络(VPN)

VPN可以在防火墙与防火墙或移动的客户机间对所有网络传输的内容加密，并建立一个虚拟通道，让两者间感觉是在同一个网络上，可以安全且不受拘束地互相存取。

(4) 病毒扫描功能

大部分防火墙都可以与防病毒防火墙搭配以实现病毒扫描功能。有的防火墙则可以直接集成病毒扫描功能，差别在于病毒扫描工作是由防火墙完成还是由另一台专用的计算机完成。

(5) 特殊控制需求

有时候企业会有特别的控制需求，如限制特定使用者才能发送E-mail，FTP只能得到档案不能上传档案，限制同时上网人数、使用时间等，依需求不同而定。

3) 如何在其中选择最符合需要的产品

产品的选择是用户非常关心的事情，所以，在选购防火墙软件时，明确防火墙应是一个整体网络的保护者，必须能弥补其他操作系统的不足，应为使用者提供不同平台的选择，应能向使用者提供完善的售后服务等。

2. 防火墙的选用策略

在选择防火墙产品的时候，首先需要考虑的是防火墙厂商的技术实力和产品的核心体系架构。这些因素是一个产品最本质的东西，是产品能否具有良好品质的保证。防火墙最重要的作用就是在网络边界实现保护作用，保护能力与防火墙体系结构和运行机制有直接的关系，历史上每一次体系结构上的演变都会带来防火墙功能的质的飞跃。

在防火墙产品的核心体系架构方面，不同厂商的防火墙产品存在差异，而且有时差异性还很大，正是这些差异导致了防火墙产品在鲁棒性、可靠性以及性能上的大幅差异，但是由于产品的核心技术架构是一个比较抽象的概念，因此很多用户并不是十分重视。

选购防火墙前，要制定一个较周密的计划。要考虑把防火墙放在网络系统的哪一个位置上，才能满足自己的需求，才能确定欲购的防火墙所能承受的风险水平。

选购防火墙时，要了解防火墙的最基本性能，如防火墙除包含先进的鉴别措施，还应采用如包过滤技术、加密技术、可信的信息技术等尽量多的技术；同时需要配备身份识别及验证、信息的保密性保护、信息的完整性校验、系统的访问控制机制等；应具备若干诸如源地址和目的IP地址、协议类型、源端口和目的TCP/IP端口及出入接口等过滤属性；应包含集中化的SMTP访问能力，以简化本地与远程系统的SMTP连接，实现本地E-mail集中处理；防火墙及操作系统应该可更新，并能用简易的方法解决系统故障等；随着网络技术的发展和变化，防火墙应具有可扩展、可升级性。

3. 防火墙方案的特点

一个优秀的计算机网络安全保障系统必须建立在对计算机网络安全需求与环境的客观分析评估基础上，在网络的应用性能、价格和安全保障需求之间确定一个“最佳平衡点”，使得计算机网络安全保障引入的额外开销与它所带来的效益相当。根据企业计算机网络的具体特点，建议采用的防火墙安全系统具有以下几个特点。

(1) 设备和人员费用比较低廉

这主要包括：无须购入成套的安全设备，主要利用软件而非硬件来实现，比如软件型的防火墙，使用费用比较低廉的共享版本或者免费版本的软件等；培训内部人员的安全技术，系统的安全性维护主要由内部技术人员完成。

(2) 统一部署安全策略

在安全专家的指导下，建立统一的安全制度和措施，堵塞一切由于系统配置不当造成的明显的安全漏洞。

(3) 良好的升级扩展性

一套相对安全的安全系统并不意味着会永远保持“相对的安全性”，当企业的关键性业务发展到某个程度时，或许需要提高企业内部网的安全性能，这就要求原先的系统具有良好的可扩展性。这主要体现在可以通过适当地追加投资大幅度提高企业内部网络的安全性能，但安全系统的基本模式不发生巨大变化，以免导致管理上的困难。

7.5 入侵检测技术

对于网络入侵，我们一般的防卫手段是使用防火墙，但由于防火墙处于网关的位置，不可能对进出攻击作太多判断，否则会严重影响网络性能。这时就需要一种新的安全技术——入侵检测技术，来发现网络入侵者的入侵行为和企图。同时，对网络或系统上的可疑行为做出相应的反应，及时切断入侵源，保护现场并通过各种途径通知网络管理员，主动保护自己免受攻击。

7.5.1 入侵检测系统概述

1. 入侵检测系统的概念

从计算机网络系统的角度看，“入侵”主要是指对计算机和网络系统资源的非授权操作。入侵检测是指通过对计算机和网络上的行为、安全日志或审计数据或其他可以获得的信息进行操作，检测到对系统的闯入或闯入的企图(参见 GB/T 18336)。入侵检测技术是为保证计算机系统的安全而设计与配置的一种能够及时发现并报告系统中未授权或异常现象的技术，是一种用于检测计算机网络中违反安全策略或危及系统安全的行为或活动的技术。用于入侵检测的软件与硬件的组合便是入侵检测系统(intrusion detection system，IDS）。入侵检测系统处于防火墙之后对网络活动进行实时检测。许多情况下，由于可以记录和禁止网络活动，所以入侵检测系统是防火墙的延续。它们可以与防火墙和路由器配合工作。

在本质上，入侵检测系统是一个典型的“监测设备”。与其他预防性的安全机制相比，它是一种事后处理方案，具有智能监控、实时监测、快速响应和易于配置管理等特点。该系统不必跨接多个物理网段，无须转发任何流量，只需要在网络上被动的、无声息的收集它所关心的数据包即可。对收集来的报文，入侵检测系统提取相应的流量统计特征值，并利用内置的入侵知识库，与这些流量特征进行智能分析，根据预设的阈值进行匹配，耦合度较高的报文将被认为是入侵。入侵检测系统将根据相应的配置进行报警或进行有限度的反击。

2. 入侵检测系统的作用

入侵检测是防火墙的合理补充，帮助系统对付网络攻击，扩展了系统管理员的安全管理能力（包括安全审计、监视、进攻识别和响应），提高了信息安全基础结构的完整性。它从计算机网络系统中的若干关键点收集信息，并分析这些信息，看看网络中是否有违反安全策略的行为和遭到袭击的迹象。它具有以下主要作用。

（1）检测黑客常用入侵与攻击行为，提前为管理员示警

入侵检测技术通过分析各种攻击的行为特征，在黑客在进行入侵的第一步探测、收集网络及系统信息时就捕获他们，从而全面快速地识别探测攻击、拒绝服务攻击、缓冲区溢出攻击、电子邮件攻击、浏览器攻击等各种常用攻击手段，并向管理员发出警告，做出相应的防范。

（2）监控网络异常通信和安全违规行为

入侵检测系统会对网络中不正常的通信连接做出反应，保证网络通信的合法性；通过检测和记录网络中的安全违规行为，防止计算机网络安全受到威胁；检测其他安全措施未能阻止的攻击或安全违规行为。任何不符合计算机网络安全策略的网络数据都会被入侵检测系统侦测到并警告。

（3）鉴别对系统漏洞及后门安全威胁

入侵检测系统一般拥有系统漏洞及后门的详细信息，通过对网络数据包连接的方式、连接端口以及连接中特定的内容等特征分析，可以有效地发现网络通信中针对系统漏洞进行的非法行为，从而报告计算机系统或网络中存在的安全威胁和相关攻击信息，帮助管理员诊断网络中的安全漏洞，以便进行安全修补。

（4）完善计算机网络安全管理

通过对攻击或入侵的检测及反应，可以有效地发现和防止大部分的网络犯罪行为，给计算机网络安全管理提供了一个集中、方便、有效的工具。使用入侵检测系统的监测、统计分析、报警功能，可以进一步完善网络管理，提高计算机网络安全管理的质量。

3. 入侵检测系统的工作流程

入侵检测系统的工作流程大致分为信息收集、信号分析和结果处理等几个步骤。

(1) 信息收集

入侵检测的第一步是数据收集，内容包括系统、网络运行、数据及用户活动的状态和行为，而且，需要在计算机网络系统中的若干不同关键点（不同网段和不同主机）收集数据。入侵检测很大程度上依赖于收集数据的准确性与可靠性，因此，必须使用精确的软件来报告这些信息，因为黑客经常替换软件以搞混和移走这些数据，例如替换被程序调用的子程序、库和其他工具。数据的收集主要来源以下几个方面：系统和网络日志文件、目录和文件不期望的改变、程序不期望的行为以及物理形式的入侵数据等。

(2) 信号分析

对上述收集到的信息，又需要进行数据提取和数据分析的处理。数据提取是对收集到的有关系统、网络运行、数据及用户活动的状态和行为等数据按照相应的规则提取有用的数据。数据分析是在已提取的信息数据基础上，通过三种技术手段进行分析，即模式匹配、统计分析和完整性分析。其中前两种方法用于实时的入侵检测，而完整性分析则用于事后分析。

模式匹配就是将收集到的信息与已知的网络入侵数据库进行比较，从而发现违背安全策略的行为。该过程可以很简单，比如通过字符串匹配来寻找一个简单的指令，或是一个简单的关键词。它也可以很复杂，比如利用正规的数学表达式来表示安全状态的变化等。一般来讲，一种进攻模式可以用一个过程来表示，例如执行一条指令；或者是用一个输出来表示，例如获得权限等。该方法的优点是只需收集相关的数据集合，系统负担较低，且已形成相当成熟的技术。但是，该方法也存在弱点，就是需要不断的升级数据库，增加新的知识以对付不断出现的黑客攻击手法，对在数据库中没有的黑客攻击手段则无法检测。

统计分析方法首先给系统的用户、文件、目录和设备等对象创建一个统计描述，统计正常使用时的一些测量属性，例如访问次数、操作失败次数和延时等。测量属性的平均值将被用来与网络或系统的行为进行比较，任何观察值在正常值范围之外时，就认为有入侵发生。例如，统计分析可能标识一个不正常行为，原来某个从来不在晚上登录网络的用户，现在却在夜晚 1 点登录了。这种方法的优点是可检测到未知的入侵和更为复杂的入侵，缺点是误报、漏报率高，且不适应用户正常行为的突然改变。

完整性分析主要关注某个文件或对象是否被更改，这经常包括文件和目录的内容及属性，它在发现被更改的应用程序方面特别有效。完整性分析利用强有力的加密机制，它能识别哪怕是微小的变化。其优点是不管模式匹配方法和统计分析方法能否发现入侵，只要是成功的攻击导致了文件或其他对象的任何改变，它都能够发现。缺点是一般以批处理方式实现，不用于实时响应，多在某个特定时间内开启完整性分析模块，对网络系统进行全面地扫描检查。尽管如此，完整性检测方法还应该是计算机网络安全产品的必要手段之一。

(3) 结果处理

数据分析发现入侵迹象后，入侵检测系统的下一步就是对结果的响应处理。目前多数入侵检测系统一般采取下列处理方法。

- 记录入侵事件，将分析结果记录在日志文件中，并产生相应的报告。

- 控制台按照预先定义的告警响应采取相应措施，如发出警报声音；或在系统管理员桌面上产生一个警报图标或标志位；或者向管理员发送呼叫信息、电子邮件等。
- 采取相应的防护措施，修改入侵检测系统、网络或目标系统等，例如重新配置路由器或防火墙、终止进程、切断攻击者的网络连接、改变文件属性、用户权限等。

7.5.2 入侵检测系统的分类

从认识入侵检测系统的角度不同，分类方法也多种多样，比如可以从体系结构、同步性、检测对象、检测技术、响应方式、时效性等多个角度来分。其中检测对象和检测技术是目前国内使用较为广泛的分类方式。

1. 按照检测技术分类

根据入侵检测系统所采用的技术可以划分为分异常入侵检测、误用入侵检测和协议分析入侵检测三种检测模型。

异常检测模型(anomaly detection model)是通过检测与可接受行为之间的偏差来确定入侵行为的技术。要确定行为偏差，首先要建立一个主体正常活动行为特征的数据库。将当前主体的活动行为与数据库内的特征信息相比较，如果用户活动与正常行为有重大偏离时，则认为该活动可能是入侵行为。异常检测模型的难题在于如何建立活动行为数据库，以及如何设计统计算法，从而不把正常的操作行为误认为是入侵行为。因为不需要对每种入侵行为进行定义，所以能有效检测未知的入侵。

误用检测模型(misuse detection model)又称为基于特征的入侵检测，这一检测假设入侵者的活动可以用一种模式来表示，系统检测与已知的不可接受行为之间的匹配程度。如果可以定义所有的不可接受行为，那么每种能够与之匹配的行为都会引起告警。收集非正常操作的行为特征，建立相关的特征库，当监测的用户或系统行为与库中的记录相匹配时，系统就认为这种行为是入侵。这种检测模型对于已知的攻击，它可以详细、准确地报告出攻击类型，但对未知攻击方法无能为力。由于新的攻击不断出现，因此特征库必须不断更新。

协议分析是在传统模式匹配技术基础上发展起来的一种新的入侵检测技术，它是根据针对协议的攻击行为实现的。其基本思想是：首先把各种可能针对协议的攻击行为描述出来，其次建立用于分析的规则库，最后利用传感器检查协议中的有效荷载，并详细解析，从而实现入侵检测。它充分利用网络协议的高度有序性，并结合了高速数据包捕捉、协议分析和命令解析，来快速检测某种攻击特征是否存在。这种技术正逐渐进入成熟应用阶段。

2. 按照检测对象划分

入侵检测系统按照检测对象划分可以分成3类，即基于主机型入侵检测系统、基于网络型入侵检测系统和基于代理的入侵检测系统。

基于主机的入侵检测系统通常以系统日志、应用程序日志等审计记录文件作为数据源。它是通过比较这些审计记录文件的记录与攻击签名来发现它们是否匹配。如果匹配,检测系统向系统管理员发出入侵报警并采取相应的行动。基于主机的入侵检测系统可以精确地判断入侵事件,并可对入侵事件及时做出反应。它还可针对不同操作系统的特点判断应用层的入侵事件。基于主机的入侵检测系统有着明显的优点:适合于加密和交换环境;可实时的检测和响应;不需要额外的硬件;对系统内在的结构却没有任何约束;可以利用操作系统本身提供的功能,并结合异常检测分析,更能准确地报告攻击行为。基于主机的入侵检测系统存在的不足之处是:会占用主机的系统资源;增加系统负荷;针对不同的操作平台必须开发出不同的程序;另外所需配置的主机数量众多。

基于网络的入侵检测系统把原始的网络数据包作为数据源。利用网络适配器来实时地监视并分析通过网络进行传输的所有通信业务。它的攻击识别模块进行攻击签名识别的方法有模式、表达式或字节码匹配,频率或阈值比较,次要事件的相关性处理,统计异常检测。一旦检测到攻击,入侵检测系统的响应模块通过通知、报警以及中断连接等方式来对攻击行为做出反应。其优势有:成本低;攻击者转移证据困难;实时检测和响应;能够检测到未成功的攻击企图;与操作系统无关,即基于网络的入侵检测系统并不依赖主机的操作系统作为检测资源。不足之处是:它只能监视通过本网段的活动;精确度较差;在交换网络环境中难于配置;防欺骗的能力也比较差。

基于代理的入侵检测系统用于监视大型网络系统。随着网络系统的复杂化和大型化,系统弱点趋于分布式,而且攻击行为也表现为相互协作式特点,所以不同的IDS之间需要共享信息,协同检测。整个系统可以由一个中央监视器和多个代理组成。中央监视器负责对整个监视系统的管理,它应该处于一个相对安全的地方。代理则被安放在被监视的主机上(如服务器、交换机和路由器等)。代理负责对某一主机的活动进行监视,如收集主机运行时的审计数据和操作系统的数据信息,然后将这些数据传送到中央监视器。代理也可以接受中央监控器的指令,这种系统的优点是可以对大型分布式网络进行检测。

7.5.3 入侵检测技术的发展方向

入侵检测技术和入侵技术是一对共生的事物,在入侵检测技术发展的同时,入侵技术也在不断进步与发展。随着信息系统对一个国家的社会生产与国民经济的影响越来越重要,要保护网络和信息的安全,入侵检测技术则是其安全实现中不可缺少的部分。入侵技术的发展有下列几个方向。

(1) 分布式入侵检测与通用入侵检测架构(common intrusion detection frame-work, CIDF)

传统的IDS一般局限于单一的主机或网络架构,对异构系统及大规模网络的监测明显不足。同时不同的IDS系统之间不能协同工作,为解决这一问题,需要分布式入侵检测技术与通用入侵检测架构。CIDF以构建通用的IDS体系结构与通信系统为目标,基于曲线入侵检测系统(graph-based intrusion detection system,GrIDS)跟踪与分析分布系统入侵以及实现在大规模的网络与复杂环境中的入侵检测。

(2) 应用层入侵检测

许多入侵的语义只有在应用层才能理解，而目前的IDS仅能检测如Web之类的通用协议，而不能处理如Lotus p40tes、数据库系统等其他的应用系统。许多基于客户、服务器结构与中间件技术及对象技术的大型应用，需要应用层的入侵检测保护。另外，基于CORBA(common object request broker architecture)环境下的IDS也是一个重要的发展方向。

(3) 智能的入侵检测

入侵方法越来越多样化与综合化，尽管已经有智能体、神经网络与遗传算法在入侵检测领域应用研究，但是这只是一些尝试性的研究工作，需要对智能化的IDS加以进一步的研究以解决其自学习与自适应能力。

(4) 入侵检测的评测方法

用户需对众多的IDS系统进行评价，评价指标包括IDS检测范围、系统资源占用、IDS系统自身的可靠性。从而设计通用的入侵检测测试与评估方法和平台，实现对多种IDS系统的检测已成为当前IDS的另一重要研究与发展领域。

(5) 全面的安全防御方案

该方案使用安全工程风险管理的思想与方法来处理计算机网络安全问题，将计算机网络安全作为一个整体工程来处理。从管理、网络结构、加密通道、防火墙、病毒防护和入侵检测多方位全面对所关注的网络作全面的评估，然后提出可行的全面解决方案。

(6) B/S结构的入侵检测

目前使用的C/S结构软件(即客户机/服务器模式)分为客户机和服务器两层。客户机不是毫无运算能力的输入、输出设备，而具备了一定的数据处理和数据存储能力。通过把应用软件的计算和数据合理地分配在客户机和服务器两端，可以有效地降低网络通信量和服务器运算量。由于服务器连接数量和数据通信量的限制，这种结构的软件适于在用户数目不多的局域网内使用。B/S结构软件(浏览器/服务器模式)是随着Internet技术的兴起，对C/S结构的一种改进。在这种结构中，软件应用的业务逻辑完全在应用服务器端实现，用户表现完全在Web服务器实现，客户端只需要浏览器即可进行业务处理，是一种全新的软件系统构造技术。这种结构已经成为当今应用软件的首选体系结构。

(7) 智能关联

智能关联是将企业相关系统的信息(如主机特征信息)与网络IDS检测结构相融合，从而减少误差。如系统的脆弱性信息需要包括特定的操作系统(OS)以及主机上运行的服务。当IDS使用智能关联时，它可以参考目标主机上存在的、与脆弱性相关的所有告警信息。如果目标主机不存在某个攻击可以利用的漏洞，IDS将抑制告警的产生。智能关联包括主动关联和被动关联。主动关联是通过扫描确定主机漏洞；被动关联是借助操作系统的指纹识别技术，即通过分析IP、TCP报头信息识别主机上的操作系统。

(8) 告警泛滥抑制

IDS产品使用告警泛滥抑制技术可以降低误警率。在利用漏洞的攻击势头逐渐变强之时，IDS短时间内会产生大量的告警信息，而IDS传感器却要对同一攻击重复记录，尤其是蠕虫在网络中自我繁殖的过程中，这种现象最为严重，称为"告警饱和"。所谓"告警泛滥"是指短时间内产生的关于同一攻击的告警。下一代 IDS 产品利用一些规则（规则的制定需要考虑传感器）筛选产生的告警信息来抑制告警泛滥。IDS 可根据用户需求减少或抑制短时间内同一传感器针对某个流量产生的重复告警。这样，网管人员可以专注于公司网络的安全状况，不至于为泛滥的告警信息大伤脑筋。告警泛滥抑制技术是将一些规则或参数（包括警告类型、源 IP、目的 IP 以及时间窗口大小）融入 IDS 传感器中，使传感器能够识别告警饱和现象并实施抑制操作。有了这种技术，传感器可以在告警前对警报进行预处理，抑制重复告警。例如，可以对传感器进行适当配置，使它忽略在 30s 内产生的针对同一主机的告警信息。IDS 在抑制告警的同时可以记录这些重复警告用于事后的统计分析。

(9) 告警融合

该技术是将不同传感器产生的、具有相关性的低级别告警融合成更高级别的警告信息，这有助于解决误报和漏报问题。当与低级别警告有关的条件或规则满足时，安全管理员在 IDS 上定义的元告警相关性规则就会促使高级别警告产生。如扫描主机事件，如果单独考虑每次扫描，可能认为每次扫描都是独立的事件，而且对系统的影响可以忽略不计；但是，如果把在短时间内产生的一系列事件整合考虑，会有不同的结论。IDS 在 10min 内检测到来自于同一 IP 的扫描事件，而且扫描强度在不断升级，安全管理人员可以认为是攻击前的渗透操作，应该作为高级别告警对待。这个例子告诉我们告警融合技术可以发出早期攻击警告，如果没有这种技术，需要安全管理员来判断一系列低级别告警是否是随后更高级别攻击的先兆；而通过设置元警告相关性规则，安全管理员可以把精力都集中在高级别警告的处理上。

(10) 可信任防御模型

改进的 IDS 中应该包含可信任防御模型的概念。2004 年多数传统的 IDS 供应商已经逐渐地把防御功能加入到 IDS 产品中。与此同，IDS（入侵防御系统）产品的使用率在增长，但是安全人士仍然为 IDS 产品预留了实现防御功能的空间。IDS 产品供应商之所以这样做，部分原因在于他们认识到防御功能能否有效地实施的关键在于检测功能的准确性和有效性。没有精确的检测就谈不上建立可信任的防御模型；所以，开发出好的内嵌防御功能的 IDS 产品关键在于提高检测的精确度。在下一代 IDS 产品中，融入可信任防御模型后，将会对第一代 IDS 产品遇到的问题（误报导致合法数据被阻塞、丢弃；自身原因造成的拒绝服务攻击泛滥；应用级防御）有个圆满的解决。可信任防御模型中采用的机制有信任指数，拒绝服务攻击和应用级攻击。

信任指数。IDS 为每个告警赋予一个可信值，即在 IDS 正确评估攻击/威胁后对是否发出告警的自我确信度。如对于已知的 SQL Slammer 攻击，IDS 在分析数据流中的数据报类型和大小后，以高确信度断定数据流包含 SQL Slammer 流量。因为这种攻击使用 UDP，数据报大小为 376，所用端口为 1434。有了这样的数据，IDS 会为相应的告警赋予高信任指数。

拒绝服务攻击（DOS）。攻击者可能冒充内网 IP（如邮件服务器 IP）进行欺骗攻击，传统防御系统将会拒绝所有来自邮件服务器的流量，导致网内机器不能接受外部发来的邮件，下一代IDS产品能够识别这种自发的DOS情形，并且降低发生概率。

应用级攻击。这是一种针对被保护力度低的应用程序（如即时通信工具、VoIP等）发起的攻击，攻击造成的后果非常严重。下一代IDS产品提供深度覆盖技术来保护脆弱的应用程序免遭攻击。

7.5.4 网络入侵检测技术

网络入侵检测的技术主要有异常检测模型和误用检测模型，此外，还有基于生物免疫系统的入侵检测模型和基于伪装的入侵检测模型。

1. 基本检测方法

(1) 基于用户特征的检测

基于用户特征的检测方法是根据用户通常的举动来识别特定的用户，用户的活动模式根据在一段时间内的观察后建立。例如，某个用户多次使用某些命令，在特定的时间内以一定的频度访问文件、系统登录及执行相同的程序等。可以按照用户的活动情况给每个合法的用户建立特征库，用以检测和判断登录用户的合法性，因为非法用户不可能像合法用户一样进行同样的操作。

(2) 基于入侵者的特征的检测

当外界用户或入侵者试图访问某个计算机系统时，会进行某些特殊的活动或使用特殊方法，如果这些活动能够予以描述并作为对入侵者的描述，入侵活动就能够被检测到。非法入侵者活动的一个典型例子是，当其获得系统的访问权时，通常会立即查看当前有哪些用户在线，并且会反复检查文件系统和浏览目录结构，还会打开这些文件。另外，非法入侵者在一个系统上不会停留过久，而一个合法的用户一般是不会这样做的。

(3) 基于活动的检测

一般来说，非法入侵者在入侵系统时会进行某些已知的且具有共性的操作，比如在入侵UNIX时入侵通常要试图获得根(Root)权限，所以，用户有理由认为任何企图获得根权限的活动都要被检测。

2. 异常检测模型

1) 异常检测模型的基本原理

异常检测，也称为基于行为的检测。其基本前提是假定所有的入侵行为都是异常的。其基本原理是，首先建立系统或用户的“正常”行为特征轮廓，通过比较当前的系统或用户行为是否偏离正常的行为特征轮廓来判断是否发生了入侵，而不是依赖于具体行为是否出现来进行检测的。从这个意义上来讲，异常检测是一种间接的方法。

2) 异常检测的关键技术

(1) 特征量的选择

异常检测首先是要建立系统或用户的“正常”行为特征轮廓，这就要求在建立正常模型时，选取的特征量既要能准确地体现系统或用户的行为特征，又能使模型最优化，即以最少的特征量就能涵盖系统或用户的行为特征。例如，可以检测磁盘的转速是否正常，CPU 是否无故超频等异常现象。

(2) 参考阈值的选定

因为在实际的网络环境下，入侵行为和异常行为往往不是一对一的等价关系，经常发生这样的异常情况：某一行为是异常行为，而它并不是入侵行为；同样存在某一行为是入侵行为，而它却并不是异常行为的情况。这样就会导致检测结果的虚警(false positives)和漏警(false negatives)的产生。由于异常检测是先建立正常的特征轮廓作为比较的参考基准，这个参考基准即参考阈值的选定是非常关键的。阈值定得过大，则漏警率会很高；阈值定得过小，则虚警率就会提高。合适的参考阈值的选定是影响这一检测方法准确率的至关重要的因素。

从异常检测的原理可以看出，该方法的技术难点在于“正常”行为特征轮廓的确定、特征量的选取、特征轮廓的更新。由于这几个因素的制约，异常检测的虚警率很高，但对于未知的入侵行为的检测非常有效。此外，由于需要实时地建立和更新系统或用户的特征轮廓，这样所需的计算量很大，对系统的处理性能要求会很高。

3) 异常检测模型的实现方法

异常检测模型常用的实现方法有基于统计分析的异常检测方法、基于特征选择的异常检测方法、基于贝叶斯推理的异常检测方法、基于贝叶斯网络的异常检测方法、基于模式预测的异常检测方法、基于神经网络的异常检测方法、基于贝叶斯聚类的异常检测方法、基于机器自学习系统的异常检测方法和基于数据采掘技术的异常检测方法等。

(1) 基于统计分析的异常检测方法

基于统计分析的异常检测方法是根据异常检测器观察主体的活动情况，随之产生能刻画这些活动的行为框架。每一个框架能保存记录主体的当前行为，并定时地将当前的框架与存储的框架合并，通过比较当前的框架与事先存储的框架来判断异常行为，从而检测出网络的入侵行为。

(2) 基于特征选择的异常检测方法

基于特征选择的异常检测方法是通过从一组度量中挑选能检测出入侵的度量构成子集来准确地预测或分类已检测到的入侵。

(3) 基于贝叶斯推理的异常检测方法

基于贝叶斯(Bayesian)推理异常检测方法是通过在任意的时刻，测量 $A_1, A_2, \cdots, A_n$ 变量值推理判断系统是否有入侵事件的发生。其中每个变量表示系统不同的方面特征(如磁盘 I/O 的活动数量，或者系统中页面出错的次数等)。

(4) 基于贝叶斯网络的异常检测方法

基于贝叶斯网络的异常检测方法是通过建立起异常入侵检测的贝叶斯网络，然后将其用作分析异常测量的结果。

(5) 基于模式预测的异常检测方法

基于模式预测异常检测方法是假设事件序列不是随机的而是能遵循可辨别的模式，这种检测方法的主要特点是考虑事件的序列及其相互联系。其典型模型是由 Teng 和 Chen 提出的基于时间的推理方法，利用时间规则识别用户行为正常模式的特征。通过归纳学习产生这些规则集，并能动态地修改系统中的这些规则，使之具有高的预测性、准确性和可信度。

(6) 基于神经网络的异常检测方法

基于神经网络的入侵检测方法是训练神经网络连续的信息单元，这里的信息单元指的是一条命令。网络的输入层是用户当前输入的命令和已执行过的 N 条命令，神经网络就是利用用户使用过的 N 条命令来预测用户可能使用的下一条命令。当神经网络预测不出某用户正确的后续命令，即在某种程度上表明了有异常事件发生，以此进行异常入侵的检测。

(7) 基于贝叶斯聚类的异常检测方法

基于贝叶斯聚类的异常检测方法是通过在数据中发现不同类别的数据集合，这些类反映出了基本的因果关系，以此就可以区分异常用户类，进而推断入侵事件发生来检测异常入侵行为。

(8) 基于机器自学习系统的异常检测方法

基于机器自学习系统的异常检测方法是将异常检测问题归结为根据离散数学临时序列学习获得个体、系统和网络的行为特征，提出一个基于相似度的学习方法 IBL。该方法通过新的序列相似度的计算，将原始数据转化成可度量的空间。然后，应用 IBL 的学习技术和一种新的基于序列的分类方法，从而发现异常类型事件，以此进行入侵行为的检测。

(9) 基于数据采掘技术的异常检测方法

基于数据采掘技术的异常检测方法是将数据采掘技术应用到入侵检测研究领域中，从审计数据或数据流提取感兴趣的知识、规则、规律和模式等形式，并用这些知识去检测异常入侵和已知的入侵。基于数据采掘技术的异常入侵检测通常使用的是数据库中的知识提取(knowledge discovery in databases，KDD)算法，该算法就是从数据库中自动提取有用的信息(知识)。这种算法的优点是选用于处理大量的数据，但 KDD 算法只能对事后数据进行分析，而不能进行实时跟踪处理。

3. 误用检测模型

1) 误用检测模型的基本原理

在介绍基于误用的入侵检测的概念之前，有必要对误用的概念做一个简单的介绍。误用是英文 misuse 的中文直译，其意思是“可以用某种规则、方式或模型表示的攻击或其他安全相关行为”。

根据对误用概念的这种理解，可以定义基于误用的入侵检测技术的含义，“误用检测技术主要是通过某种方式预先定义入侵行为，然后监视系统的运行，并从中找出符合预先定义规则的入侵行为”。

基于误用的入侵检测系统通过使用某种模式或者信号标识表示攻击，进而发现相同的攻击。这种方式可以检测许多甚至全部已知的攻击行为，但是对于未知的攻击手段却无能为力，这一点和病毒检测系统类似。

对于误用检测系统来说，最重要的技术是：如何全面描述攻击的特征，覆盖在此基础上的变种方式；如何排除其他带有干扰性质的行为，减少误报率。

误用检测，也称为基于知识的检测。其基本前提是假定所有可能的入侵行为都能被识别和表示。其原理是：首先对已知的攻击方法进行攻击签名（攻击签名是指用一种特定的方式来表示已知的攻击模式）表示，然后根据已经定义好的攻击签名，通过判断这些攻击签名是否出现来判断入侵行为的发生与否。这种方法是直接判断攻击签名的出现与否来判断入侵的。从这一点来看，它是一种直接的方法。

误用检测技术的关键问题是攻击签名的正确表示。误用检测是根据攻击签名来判断入侵的，如何用特定的模式语言来表示这种攻击行为，是该方法的关键所在。尤其是攻击签名必须能够准确地表示入侵行为及其所有可能的变种，同时又不会把非入侵行为包含进来。由于大部分的入侵行为是利用系统的漏洞和应用程序的缺陷进行攻击的，那么通过分析攻击过程的特征、条件、排列以及事件间的关系，就可具体描述入侵行为的迹象。这些迹象不仅对分析已经发生的入侵行为有帮助，而且对即将发生的入侵也有预警作用，因为只要部分满足这些入侵迹象就意味着有入侵行为发生的可能。

误用检测是通过将收集到的信息与已知的攻击签名模式库进行比较，从而发现违背安全策略的行为。该方法类似于病毒检测系统，其检测的准确率和效率都比较高。此外，这种技术比较成熟，国际上一些顶尖的入侵检测系统都采用该方法。但是该方法也存在一些缺点：

一是不能检测未知的入侵行为。由于其检测机理是对已知的入侵方法进行模式提取，对于未知的入侵方法由于缺乏认识而不能进行有效的检测，也即漏警率比较高。

二是与系统的相关性很强。由于不同的操作系统的实现机制不同，对其攻击的方法也不尽相同，很难定义出统一的模式库。

另外由于已知认识的局限性，难以检测出内部人员的蓄意破坏和攻击行为，如合法用户的泄露。

2) 误用入侵检测模型的基本方法

误用检测模型常用的检测方法有基于条件概率的误用入侵检测方法、基于专家系统的误用入侵检测方法、基于状态迁移分析的误用入侵检测方法、基于键盘监控的误用入侵检测方法和基于模型的误用入侵检测方法等。

(1) 基于条件概率的误用入侵检测方法

基于条件概率的误用入侵检测方法是将入侵的方式对应于一个事件序列，并通过对事件发生的情形的分析和观察来推测入侵的一种方法。这种方法的依据是根据贝叶斯定理(Bayesian principles)进行推理检测入侵行为。

(2) 基于专家系统的误用入侵检测方法

基于专家系统的误用入侵检测模型是通过将安全专家的经验知识表示成 if-then 规则而形成的专家知识库，然后，运用推理算法进行入侵行为的检测。

基于专家系统的误用入侵检测系统的典型模型是 CLIPS 模型。在该模型中，将入侵知识进行编码表示成 if-then 规则，并根据相应的审计跟踪事件的断言事实。编码规则说明攻击的必需条件作为 if 的组成部分。当规则的左边的条件全都满足时，规则右边的动作才会执行。

在基于专家系统的入侵检测模型中，要处理大量的数据和依赖于审计跟踪的次序。其推理方法有两种：根据给定的数据，应用符号推理出入侵行为的发生；根据其他的入侵证据，进行不确定性的推理。

(3) 基于状态迁移分析的误用入侵检测方法

状态迁移分析方法是将攻击表示成一系列被监控的系统状态迁移。攻击模式的状态对应于系统的状态，并且具有迁移到另外状态的特性，然后通过弧线连续的状态连接起来表示状态改变所需要的事件。

(4) 基于键盘监控的误用入侵检测方法

基于键盘监控系统的误用入侵检测方法是假设入侵者对应的击键序列模式，然后监测用户击键模式，并将这一击健模式与入侵检测模式相匹配，以检测入侵行为。

(5) 基于模型的误用入侵检测方法

基于模型的误用入侵检测方法是通过建立误用证据模型，根据证据推理来做出误用发生判断结论。

4. 异常检测模型和误用检测模型的比较

异常检测系统试图发现一些未知的入侵行为，而误用检测系统则是检测一些已知的入侵行为。

异常检测指根据使用者的行为或资源使用状况来判断是否有入侵行为的发生，而不依赖于具体行为是否发现来检测；而误用检测系统则大多是通过对一些具体行为的判断和推理，从而检测出入侵行为。

异常检测的主要缺陷在于误检率很高，尤其在用户数目众多或操作行为经常改变的环境中；而误用检测系统由于依据具体特征库进行判断，准确度要高很多。

异常检测对具体系统的依赖性相对较小；而误用检测系统对具体的系统依赖性很强，移植性不好。

7.6 计算机网络安全方案分析

随着各种组织部门企业组建自己的网络，并接入 Internet 网络，为了保护各自的机密和利益，网络安全越来越受到重视。不同规模企业和组织的计算机网络安全要求也不尽相同，因此各自的计算机网络安全解决方案也不同。我们在这里针对中型企业和部门组织的情况，对其计算机网络安全进行论述。

7.6.1 计算机网络安全需求概述

1. 计算机网络安全分析

网络系统的可靠运转是基于通信子网、计算机硬件和操作系统及各种应用软件等各方面、各层次的良好运行。因此，它的风险将来自对企业的各个关键点可能造成的威胁，这些威胁可能造成总体功能的失效。一般中型企业组织网络的规模都比较大，结构复杂，网络上运行着各种各样的主机和应用程序，使用了多种网络设备。同时，由于多种业务的需要，又和许多其他网络进行连接。因此，对这种应用规模的计算机网络安全应该从以下几个层面进行考虑：

第一层，外部网络连接及数据访问，其中包括出差在外的移动用户的连接、托管服务器网站对外提供的公共服务、公自动化网使用 ADSL 与 Internet 连接。

第二层，内部网络连接，其中包括通过 DDN 专线等方式连接的托管服务器网站与办公自动化网络。

第三层，同一网段中不同部门间的连接。这里主要是指同一网段中，即连接在同一个 HUB 或交换机上的不同部门的主机和工作站的安全问题。

2. 来自外部网络与内部网络的安全威胁分析

根据网络安全层次的划分，可以发现外部网络攻击威胁主要来自第一层，内部网络的安全问题集中在第二、三层上。

1）来自外部网络的安全威胁

由于业务的需要，企业的网络必须与外部网络进行连接，这些连接如果处理不好必然给计算机网络安全带来威胁。例如，内部网络和这些外部网络之间的连接为直接连接；外部网络可以直接访问内部网络的主机；内部和外部没有隔离措施等。

一般出差在外的移动用户常需要通过 Internet 连接企业内部网络。当该移动用户使用当地 ISP 拨号等直接连接方式进入内部网络，这时非法的 Internet 用户也可以通过各种手段访问内部网络，对企业网络进行攻击，如释放病毒、释放“特洛伊木马”、窃取信息等。

另外，由于公司宣传的需要，企业的服务器网站必须对外开放，提供公共服务。这也给外来攻击提供了渠道。因此必须借助防火墙、入侵检测系统、防病毒系统等综合防范手段才能有效抵御外来的攻击。

2）来自内部网络的安全威胁

中型部分组织的计算机网络一般都是分为多个层次，网络上节点众多，网络应用复杂，网络管理困难。具体表现在网络的实际结构无法控制；网管人员无法及时了解网络的运行状况；无法了解网络的漏洞和可能发生的攻击；对于已经或正在发生的攻击缺乏有效的追查手段等。内部网络的安全涉及到技术、应用以及管理等多方面的因素，只有及时发现问题，确定计算机网络安全威胁的来源，才能制定全面的安全策略，有效保证计算机网络安全。

（1）网络的实际结构无法控制

计算机网络上的用户众多，用户的应用水平差异较大，给管理带来很多困难。网络的物理连接经常会发生变化，这种变化主要由以下原因造成：办公地点调整，如迁址、装修等；网络应用人员的调整，如员工的加入或调离；网络设备的调整，如设备升级更新；人为错误，如网络施工中的失误。这些因素都会导致网络结构发生变化，网络管理者如果不能及时发现，将其纳入计算机网络安全的总体策略，很可能发生网络配置不当，从而造成网络性能的下降，更严重的是会造成计算机网络安全的严重隐患，导致直接经济损失。针对这种情况，可以使用一种有效的扫描工具，定期对网络进行扫描，发现网络结构的变化，及时纠正错误，调整计算机网络安全策略。

(2) 网管人员无法及时了解网络的运行状况

网络是一个多应用的平台，上面运行着多种应用，其中包括网站系统、办公自动化系统、邮件系统等。作为网络管理员，应该能够全面了解这些应用的运行情况。同时，由于网络用户众多，很可能发生用户运行其他应用程序的情况，这样做的后果一方面可能影响网络的正常工作，降低系统的工作效率，另一方面还可能破坏系统的总体安全策略，对计算机网络安全造成威胁。因此，网络管理员应拥有有效的工具，及时发现错误，关闭非法应用，保证网络的安全。

(3) 无法了解网络的漏洞和可能发生的攻击

网络建成后，应该制定完善的计算机网络安全和网络管理策略，但是实际情况是，再有经验的网络管理者也不可能完全依靠自身的能力建立十分完善的安全系统。具体原因表现为：即使最初制定的安全策略已经十分可靠，但是随着网络结构和应用的不断变化，安全策略也应该及时进行相应的调整；黑客工具可以轻易得到，依靠网络管理人员的个人力量无法与巨大的黑客群体抗衡；传统方式的安全策略采取被动挨打的方式，等待入侵者的攻击，而缺乏主动防范的功能；由于网络配置不当导致的安全隐患；来自内部网的病毒的破坏；内部网络各网段上运行不同应用，而这些应用又要共享某些数据，这些放有共享数据的主机没有有效的保护措施，容易受到攻击。这时，管理者就需要一种强有力的工具来对网络风险进行客观的评估，及时发现网络中的安全隐患，并提出切实可行的防范措施。

(4) 对于已经或正在发生的攻击缺乏有效的追查手段

网络的安全策略一旦建立，会对整个网络起到全面的保护作用，但是我们都清楚：没有绝对安全的网络，少数攻击行为会穿过防火墙最终发生。攻击行为一旦发生，最重要的问题在于怎样减小损失和追查当事人的责任。

首先，一旦发现有攻击行为，系统应该能够及时报警，自动采取相应的对策，如关闭有关服务、切断物理线路的连接等。

有些攻击行为相当隐蔽，攻击发生之后很长时间才会被发现。这种情况下，就需要网络管理者通过有关线索，追踪攻击行为的发起者，追究当事人的责任。但是，由于多种原因，类似的追查工作往往难以进行，其中包括对于某些欺骗行为不能够识别；对于日志文件记录的内容无法进行有效的分析；缺乏对攻击现场回放工具；缺乏防御同样攻击的解决办法。由此可见，为了能够追查攻击的来源，系统应该具备有效的工具，记录攻击行为的全过程，为调查工作提供依据，同时也是对非法入侵者的有效震慑。

此外，由于企业人手有限、节约成本或者人员管理的失误，使得某些工作人员经常一身数职，也有时因为临时需要而为部分管理员赋予了额外的管理权限，却在事后没有收回。这些都违反了安全系统原则，从而对系统安全构成严重威胁。因此，我们应该从技术和管理等多种渠道加强管理和监控，杜绝这个层面上的安全问题。

7.6.2 计算机网络安全系统的总体规划

1. 安全体系结构

计算机网络安全体系结构主要考虑安全对象和安全机制，安全对象主要有网络安全、系统安全、数据库安全、信息安全、设备安全、信息介质安全和计算机病毒防治等，其安全体系结构如图 7.1 所示。

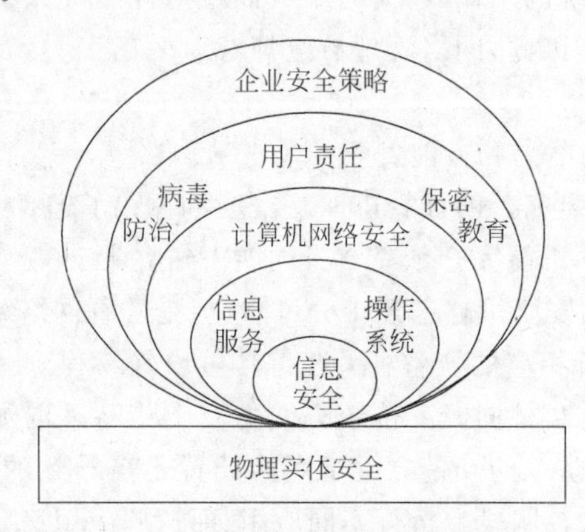

图 7.1 计算机网络安全体系结构

2. 安全体系设计原则

在进行计算机网络安全设计、规划时，应遵循以下原则。

(1) 需求、风险、代价平衡分析的原则

对任一网络来说，绝对安全难以达到，也不一定必要。对一个网络要进行实际分析，对网络面临的威胁及可能承担的风险进行定性与定量相结合的分析，然后制定规范和措施，确定本系统的安全策略。保护成本、被保护信息的价值必须平衡，价值仅 1 万元的信息如果用 5 万元的技术和设备去保护是一种不适当的保护。

(2) 综合性、整体性原则

运用系统工程的观点、方法，分析网络的安全问题，并制定具体措施。一个较好的安全措施往往是多种方法适当综合的应用结果。一个计算机网络包括个人、设备、软件、数据等环节。它们在计算机网络安全中的地位和影响作用，只有从系统综合的整体角度去看待和分析，才可能获得有效、可行的措施。

(3) 一致性原则

一致性原则这主要是指计算机网络安全问题应与整个网络的工作周期(或生命周期)同时存在，制定的安全体系结构必须与网络的安全需求相一致。实际上，在网络建设之初就考虑计算机网络安全对策，比等网络建设好后再考虑，不但容易，而且花费也少得多。

(4) 易操作性原则

安全措施要由人来完成，如果措施过于复杂，对人的要求过高，本身就降低了安全性。

其次，采用的措施不能影响系统正常运行。

(5) 适应性、灵活性原则

安全措施必须能随着网络性能及安全需求的变化而变化，要容易适应、容易修改。

(6) 多重保护原则

任何安全保护措施都不是绝对安全的，都可能被攻破。但是建立一个多重保护系统，各层保护相互补充，当一层保护被攻破时，其他层保护仍可保护信息的安全。

3. 计算机网络安全策略

安全策略分安全管理策略和安全技术实施策略两个方面。

(1) 管理策略

安全系统需要人来执行，即使是最好的、最值得信赖的系统安全措施，也不能完全由计算机系统来完全承担安全保证任务，因此必须建立完备的安全组织和管理制度。

(2) 技术策略

技术策略要针对网络、操作系统、数据库、信息共享授权提出具体的措施。

4. 安全管理原则

计算机网络信息系统的安全管理主要基于三个原则。

(1) 多人负责原则

每项与安全有关的活动都必须有两人或多人在场。这些人应是系统主管领导指派的，应忠诚可靠，能胜任此项工作。

(2) 任期有限原则

一般来讲，任何人最好不要长期担任与安全有关的职务，以免误认为这个职务是专有的或永久性的。

(3) 职责分离原则

除非系统主管领导批准，在信息处理系统工作的人员不要打听了解或参与职责以外与安全有关的任何事情。

5. 安全管理的实现

信息系统的安全管理部门应根据管理原则和该系统处理数据的保密性，制定相应的管理制度或采用相应规范，其具体工作是：确定该系统的安全等级；根据安全等级确定安全管理的范围；制定相应的机房出入管理制度，对安全等级要求较高的系统，要实行分区控制，限制工作人员出入与己无关的区域；制定严格的操作规程，操作规程要根据职责分离和多人负责的原则，各负其责，不能超越自己的管辖范围；制定完备的系统维护制度，维护时，要首先经主管部门批准，并有安全管理人员在场，故障原因、维护内容和维护前后的情况要详细记录；制定应急措施，要制订在紧急情况下，系统如何尽快恢复的应急措施，使损失减至最小；建立人员雇用和解聘制度，对工作调动和离职人员要及时调整相应的授权。

安全系统需要由人来计划和管理，任何系统安全设施也不能完全由计算机系统独立承担系统安全保障的任务。一方面，各级领导一定要高度重视并积极支持有关系统安全方面的各项措施。其次，对各级用户的培训也十分重要，只有当用户对计算机网络安全性有了深入了解后，才能降低网络信息系统的安全风险。

总之，制定系统安全策略、安装计算机网络安全系统只是网络系统安全性实施的第一步，只有当各级组织机构均严格执行计算机网络安全的各项规定，认真维护各自负责的分系统的网络安全性，才能保证整个系统网络的整体安全性。

6. 网络安全设计

由于网络的互联是在链路层、网络层、传输层、应用层不同协议层来实现，各个层的功能特性和安全特性也不同，因而其网络安全措施也不相同。

物理层安全涉及传输介质的安全特性，抗干扰、防窃听将是物理层安全措施制定的重点。

在链路层，通过"桥"这一互联设备的监视和控制作用，使我们可以建立一定程度的虚拟局域网，对物理和逻辑网段进行有效的分割和隔离，消除不同安全级别逻辑网段间的窃听可能。

在网络层，可通过对不同子网的定义和对路由器的路由表控制来限制子网间的节点通信，通过对主机路由表的控制来控制与之直接通信的节点。同时，利用网关的安全控制能力，可以限制节点的通信、应用服务，并加强外部用户识别和验证能力。对网络进行级别划分与控制，网络级别的划分大致包括 Internet/企业网、骨干网/区域网、区域网/部门网、部门网/工作组网等，其中 Internet/企业网的接口要采用专用防火墙，骨干网/区域网、区域网/部门网的接口利用路由器的可控路由表、安全邮件服务器、安全拨号验证服务器和安全级别较高的操作系统。增强网络互连的分割和过滤控制，也可以大大提高安全保密性。

随着企业个人与个人之间、各部门之间、企业和企业之间、国际间信息交流的日益频繁，信息传输的安全性成为一个重要的问题。尽管个人、部门和整个企业都已认识到信息的宝贵价值和私有性，但商场上的无情竞争已迫使机构打破原有的界限，在企业内部或企业之间共享更多的信息，只有这样才能缩短处理问题的时间，并在相互协作的环境中孕育出更多的革新和创造。然而，在群件系统中共享的信息却必须保证其安全性，以防止有意无意的破坏。

物理实体的安全管理现已有大量标准和规范，如《计算机场地安全要求》(GB 9361—1988)和《计算机场地技术条件》(GFB 2887—1988)等。

7. 安全产品选型原则

现在市场上的网络安全产品非常多，在进行网络安全方案的产品选型时，首先根据实际网络规模的大小、安全要求的高低等因素来选择。但是，无论怎样选择安全产品，至少应包含以下功能：

(1) 访问控制，通过对特定网段、服务建立的访问控制体系，将绝大多数攻击阻止在到达攻击目标之前。

(2) 检查安全漏洞,通过对安全漏洞的周期检查,即使攻击可到达攻击目标,也可使绝大多数攻击无效。

(3) 攻击监控,通过对特定网段、服务建立的攻击监控体系,可实时检测出绝大多数攻击,并采取相应的行动(如断开网络连接、记录攻击过程、跟踪攻击源等)。

(4) 加密通信,主动的加密通信,可使攻击者不能了解、修改敏感信息。

(5) 认证,良好的认证体系可防止攻击者假冒合法用户。

(6) 备份和恢复,良好的备份和恢复机制,可在攻击造成损失时,尽快恢复数据和系统服务。

(7) 多层防御,攻击者在突破第一道防线后,延缓或阻断其到达攻击目标。

(8) 隐藏内部信息,使攻击者不能了解系统内的基本情况。

(9) 设立安全监控中心,为信息系统提供安全体系管理、监控,保护及紧急情况服务。

习题

1. 什么是计算机网络安全?
2. 对计算机网络安全产生的威胁主要来自哪些方面?
3. 计算机网络安全有哪些特点?
4. 计算机网络信息系统的安全管理主要原则是什么?
5. 举例说明几种主要的网络安全技术。
6. 防火墙的概念是什么? 简述防火墙的发展过程。
7. 防火墙的主要功能有哪些?
8. 防火墙存在哪些局限性?
9. 构成防火墙的体系结构主要有几种,分别是什么?
10. 简述包过滤技术的工作原理,及其优缺点。
11. 简述代理服务技术的工作原理及其特点。
12. 简述防火墙的选择原则。
13. 什么是入侵检测? 它的作用是什么?
14. 入侵检测系统主要分为哪几类?
15. 入侵检测技术主要的发展方向是什么?
16. 异常检测与误用检测的区别是什么?
17. 简述安全体系设计的基本原则。

第8章

网络操作系统安全

8.1 网络操作系统概念

计算机网络是由多个相互独立的计算机系统通过通信媒体连接起来的。各计算机都具有一个完整独立的操作系统,网络操作系统(network operation system)是建立在这些独立的操作系统基础上用以扩充网络功能的系统(系统平台)。

网络操作系统是为网络用户能方便有效地共享网络资源而提供各种服务的软件及相关规程,它是整个网络的核心,通过对网络资源的管理,使网上用户能方便、快捷、有效地共享网络资源。网络操作系统除了具有一般操作系统所具有的处理机管理、存储器管理、设备管理和文件管理功能外,一般还具有如下功能。

(1) 支持多任务

要求操作系统在同一时间能够处理多个应用程序,每个应用程序在不同的内存空间运行。

(2) 支持大内存

要求操作系统支持较大的物理内存,以便应用程序能够更好地运行。

(3) 支持对称多处理

要求操作系统支持多个 CPU 减少事务处理时间,提高操作系统性能。

(4) 支持网络负载平衡

要求操作系统能够与其他计算机构成一个虚拟系统,满足多用户访问时的需要。

(5) 支持远程管理

要求操作系统能够支持用户通过 Internet 远程管理和维护,比如 Windows Server 2003 操作系统支持的终端服务。

目前应用较为广泛的网络操作系统有:Microsoft 公司的 Windows Server 系列、Novell 公司的 NetWare、UNIX 和 Linux 等。

网络操作系统在网络应用中发挥着十分重要的作用，因此，网络操作系统本身的安全就成为网络安全保护中的重要内容。

8.2 网络操作系统的安全

目前，网络上众多的病毒、木马、黑客攻击等不安全因素的存在，使得网络操作系统的安全运行和信息的保密受到了极大的威胁。为此需要研究系统的安全防护方法和策略，以保护系统和信息的安全。

8.2.1 网络操作系统安全概念

网络操作系统安全是计算机网络中信息安全的基础，所有的信息通信、交换、处理、存储都是通过网络操作系统提供的程序和服务来实现的。各种应用程序和服务要想获得安全的运行和信息的保密，必须依赖于网络操作系统提供的安全防护。在计算机网络信息系统中，网络操作系统的安全性决定了应用程序、信息和主机系统的安全性，任何脱离网络操作系统安全防护的安全性都不可能。

网络操作系统安全是整个网络系统安全的基础。网络操作系统的安全功能主要包括存储器保护(限定存储区和地址重定位，保护存储信息)、文件保护(保护用户和系统文件，防止非授权用户访问)、访问控制、身份认证(识别请求访问的用户权限和身份)等方面。操作系统安全机制主要包括访问控制和隔离控制。隔离控制主要有物理(设备或部件)隔离、时间隔离、逻辑隔离和加密隔离等实现方法；而访问控制是安全机制的关键，也是操作系统安全中最有效、最直接的安全措施。访问控制系统一般包括3个方面。

(1) 主体(subject)

主体是指发出访问操作、存取请求的主动方，它包括用户、用户组、主机、终端或应用进程等。

(2) 客体(object)

客体是指被主体使用的程序或要存取的数据的被动方，它包括文件、程序、内存、目录、队列、进程间报文、I/O设备和物理介质等。

(3) 安全访问政策

安全访问政策是一套规则，可用于确定一个主体能够对客体拥有哪些访问能力，或者说是主体能够进行什么样的操作。

网络操作系统内的活动都可以看作是主体对计算机系统内部所有客体的一系列操作。系统中任何含有数据的能被访问使用的都是客体，可能是一个字节、文件、程序或者是存储设备等。能访问或使用客体的实体是主体，主体一般是用户或者代表用户进行操作的进程。在计算机系统中，对于给定的主体和客体，必须有一套严格的规则来确定一个主体是否被授权对客体的访问。

8.2.2 网络操作系统的安全问题

经过人们的研究发现,网络操作系统最主要的安全问题集中在三个方面。

(1) 网络操作系统输入输出(Input/Output)非法访问

在一些操作系统中,一旦输入输出操作被检查通过后,该操作系统就继续执行操作而不再进行检查,这样就可能造成后续操作的非法访问。某些操作系统使用公共的系统缓冲区,任何用户都可以搜索该缓冲区。如果该缓冲区没有严格的安全措施,那么其中的机密信息(用户的认证数据、身份证号码、密码等)就有可能泄露。

(2) 网络操作系统漏洞

在计算机网络安全领域,"漏洞"是指硬件、软件或策略上的缺陷,这种缺陷导致非法用户未经授权而获得访问系统的权限或提高其访问权限。有了这种访问权限,非法用户就可以为所欲为,从而造成对网络安全的威胁。

(3) 网络操作系统后门

某些操作系统为了维护方便、增强系统兼容性和开放性,在设计时预留了一些端口或保留了某些特殊的管理程序功能,但这些端口和功能在安全性方面未受到严格的监视和控制,为黑客留下了入侵系统的"后门"。

8.3 Windows Server 2003 的安全

Windows Server 2003 操作系统界面友好、操作方便、功能强大,而且众多的应用系统都运行其上,因此如何保证系统的安全运行,则显得尤为重要。

8.3.1 Windows Server 2003 安全特性

Windows Server 2003 的安全特性主要体现在用户验证(user authentication)和访问控制(access control)两个方面。为了保证系统管理员能够方便有效地管理这些安全特性,Windows Server 2003 利用了 Active Directorv 的功能。

1. 用户验证

Windows Server 2003 安全模型包括用户验证的概念,它授予用户能够登录到网络并访问网络资源的能力。在该验证模型中,安全系统提供了两类验证。

(1) 交互式登录(interactive logon)

这是我们平常登录时最常见的类型,就是用户通过相应的用户账号(user account)和密码在本机进行登录。有些网友认为"交互式登录"就是"本地登录",其实这是错误的。"交互式登录"还包括"域账号登录",而"本地登录"仅限于"本地账号登录"。

(2) 网络验证(network authentication)

最简单的理解就是谁正在登录网络，当用户尝试进入网络，访问服务时，网络系统需要确认用户的授权身份。为提供此类证书，Windows Server 2003 安全系统提供了 3 种不同的验证机制：Kerberos V5、公用密钥证书和 NTLM(NT LAN Manager)。

2. 基于对象的访问控制(object-based access control)

在基于受控对象的访问控制模型中，将访问控制列表与受控对象或受控对象的属性相关联，并将访问控制选项设计成为用户、组或角色及其对应权限的集合；同时允许对策略和规则进行重用、继承和派生操作。这样，不仅可以对受控对象本身进行访问控制，受控对象的属性也可以进行访问控制，而且派生对象可以继承父对象的访问控制设置，这对于信息量巨大、信息内容更新变化频繁的管理信息系统非常有益，可以减轻由于信息资源的派生、演化和重组等带来的分配、设定角色权限等的工作量。

Windows Server 2003 通过安全描述符(security descriptor)来进行访问控制(access control)。系统的每个容器和对象都有一组附加的访问控制信息。该信息称为安全描述符，它控制用户和组允许使用的访问类型。安全描述符是和所创建的容器或对象一起自动创建的。带有安全描述符的对象的典型范例就是文件。安全描述符将列出授权访问对象的用户和组，以及指定给这些用户和组的特殊权限，同时还指定了需要为该对象进行审核的各类访问事件。权限是在对象的安全描述符中定义的。权限与特定的用户和组相关联，或者是指派到特定的用户和组。例如，对于文件 Temp. dat，Administrator 组可能指派了读取、写入和删除权限，而 Operator 组可能只指派了读取和写入权限。通过管理对象的属性，系统管理员可以设置权限、指定管理人并监视用户的访问。

3. Active Directory 和安全性

Active Directory 通过使用对象的访问控制和用户凭据(credentials)来提供用户账户和组信息的保护存储。由于 Active Directory 不仅存储用户凭据，而且还包括访问控制信息，因此登录到网络的用户，可以同时获得访问系统资源的验证(authentication)和授权(authorization)。例如，当用户登录到网络时，Windows Server 2003 安全系统将使用存储在 Active Directory 中的账户信息对用户进行验证。然后，当用户登录到网络服务时，系统将检查该服务的访问控制列表(ACL)中定义的属性。用户可以通过随意设定访问控制列表来设置对任何组织单位中的对象的管理。例如，授权一个系统管理员可以重新设置密码，但给他不授权增加或删除账号的权力。

通过在 Active Directory 中使用组策略，系统管理员可以集中地把所需要的安全保护加强到某个容器(SDOIJ)的所有用户/计算机对象上。Windows Server 2003 包括了一些安全性模板，既可以针对计算机所担当的角色来实施，也可以作为创建定制的安全性模板的基础。

一般而言，Windows Server 2003 中提供的是一个安全性框架，并不偏重于任何一种特定的安全特性。新的安全协议、加密服务提供者或者第三方的验证技术，可以很方便地结合到 Windows Server 2003 的“安全服务提供者接口”(security service provider interface,SSPI)中,以供用户选用。

8.3.2 Windows Server 2003 增强的安全机制

我们将一起探究 Windows Server 2003 增强的安全机制。新的操作系统中提高安全性的新特性随处可见,但这里我们只注重大多数 Windows 用户和管理员最关心的方面,借此感受一下 Windows Server 2003 新的安全机制。

1. NTFS 和共享权限

在以前的 Windows 中,默认的权限许可将"完全控制"授予了 Everyone 组,整个文件系统根本没有安全性可言(就本地访问来说)。但从 Windows XP Pro 开始,授予 Everyone 组的根目录 NTFS 权限只有读取和执行,且这些权限只对根文件夹有效。也就是说,对于任何根目录下创建的子文件夹,Everyone 组都不能继承这些权限。对于安全性要求更高的系统文件夹,例如 Program Files 和 Windows 文件夹,Everyone 组也已经从 ACL 中排除出去。

对于新创建的共享资源,Everyone 现在只有读取的权限。另外,Everyone 组现在不再包含匿名 SID(安全标识符,一种不同长度的数据结构,用来识别用户、组和计算机账户。网络上每一个初次创建的账户都会收到一个唯一的 SID。Windows 中的内部进程将引用账户的 SID,而不是账户的用户名或组名),进一步减少了未经授权访问文件系统的可能性。要快速查看文件或文件夹的 NTFS 权限,可以右击文件或文件夹,选择"属性"命令,选择"安全"选项卡,单击"高级"按钮,在"高级安全设置"对话框中查看"有效权限"选项卡,不用再猜测或进行复杂的分析来了解继承的以及直接授予的 NTFS 权限。不过,这个功能还不能涵盖共享权限。

2. 文件和文件夹的所有权

在 Windows Server 2003 系统中,你不仅可以拥有文件系统对象(文件或文件夹)的所有者权限,而且还可以通过该文件或文件夹"高级安全设置"对话框的"所有者"选项卡将权限授予任何人。

Windows 的磁盘配额是根据所有者属性计算的,授予其他人所有者权限的功能简化了磁盘配额的管理。例如,管理员应用户的要求创建了新的文件(例如复制一些文件,或安装新的软件),使得管理员成为新文件的所有者,即新文件占用的磁盘空间不计入用户的磁盘配额限制。以前,要解决这个问题必须经过繁琐的配置修改,或者必须使用第三方工具。现在 Windows Server 2003 直接在用户界面中提供了设置所有者的功能,这类有关磁盘配额的问题就可以方便地解决了。

3. Windows 服务配置

Windows 服务配置方面的变化可分为两个方面。

(1) 几种最容易受到攻击的服务,例如 Clipbook(启用"剪贴簿查看器"储存信息并与远程计算机共享)、Network DDE(为在同一台计算机或不同计算机上运行的程序提供动态数据交换(DDE)的网络传输和安全)、Network DDE DSDM(用于管理动态数据交换网络共享)、Telnet、WebClient(使基于 Windows 的程序能创建、访问和修改基于 Internet 的文件)等,在默认配置情况下已经被禁止了。还有一些服务只有在必要时才启用。例如 Intersite Messaging(启用在运行 Windows Server 的站点间交换消息)只有在域控制器提升时才启用;Routing and Remote Access Service(为网络上的客户端和服务器启用多重协议——LAN 到 LAN,LAN 到 WAN,虚拟专用网络(VPN)和网络地址转换(NAT)路由服务)只有在配置 Windows Server 2003 作为路由器、按需拨号的服务器、远程访问服务器时才启用。

(2) 因为 Local System 具有不受限制的本地特权,所以运行在 Local System 安全上下文之下的服务变少了。现在,许多情况下,Local System 被 Local Service 或 Network Service 账户取代,这两个账户都只有稍高于授权用户的特权。Local Service 账户用于本地系统的服务,它类似于已验证的用户账户的特殊内置账户。Local Service 账户对于资源和对象的访问级别与 Users 组的成员相同。如果单个服务或进程受到危害,则通过上述受限制的访问将有助于保护系统。

以 Local Service 账户运行的服务作为空会话,而且不使用任何凭据访问网络资源。相对地,Network Service 则被用于必须要有网络访问的服务,它对于资源和对象的访问级别也与 Users 组的成员相同,以 Network Service 账户来运行的服务将使用计算机账户的凭据来访问网络资源。

4. 身份验证

身份验证方面的增强涵盖了基于本地系统的身份验证和基于活动目录域的身份验证。

在本地系统验证方面,默认的设置限制不带密码的本地账户只能用于控制台。这就是说,不带密码的账户将不能再用于远程系统的访问,例如驱动器映射、远程桌面/远程协助连接。

活动目录验证的变化在跨越林的信任方面特别突出。跨越林的信任功能允许在林的根域之间创建基于 Kerberos 的信任关系(要求两个林都运行在 Windows 2003 功能级别上)。在 Windows Server 2003 林中,管理员可创建一个林,将单个林范围外的双向传递性扩展到另外一个 Windows Server 2003 林中。在 Windows Server 2003 林中,这种跨越将两个断开连接的 Windows Server 2003 林链接起来建立单向或双向可传递信任关系。双向林信任用于在两个林中的每个域之间建立可传递的信任关系。

在 Windows Server 2003 Active Directory 中,默认情况下,新的外部信任和林信任强制 SID 筛选。SID 筛选用于防止可能试图将提升的用户权限授予其他用户账户的恶意用户的攻击。强制 SID 筛选不会阻止同一林中的域迁移使用 SID 历史记录,而且也不会影响全局组的访问控制策略。

在默认配置下,身份验证是在林的级别上进行的,来自其他林的责任人将被授予与本地用户和计算机同样的访问能力。但无论是谁,都受到设置在资源上的权限的约束。

8.3.3 Windows Server 2003 安全配置

Windows Server 2003 在系统安装完之后初始默认的情况下是比较安全的，可以满足一般用户的需要，但还需要经过一些手工设置来获得更高的安全性。下面将介绍一些提高安全性的设置方法。

1. 修改管理员账号和创建陷阱账号

多年以来，微软一直在强调最好重命名 Administrator 账号并禁用 Guest 账号，从而实现更高的安全。方法是：打开“开始”→“程序”→“管理工具”→“本地安全策略”窗口，依次展开“本地策略”→“安全选项”，在右边窗格中有一个“账户：重命名系统管理员账户”的策略，双击打开它，给 Administrator 重新设置一个普通的用户名，尽量把它伪装成普通用户。密码最好采用数字加大小写字母加数字的上档键组合，长度最好不少于 14 位。

由于大多数攻击发生时，首先做的就是破解 Administrator 账号的密码，因此可以利用这一特点新建一个名为 Administrator 的陷阱账号，为其设置最小的权限，然后随便输入不低于 20 位的组合密码。

为了进一步加强账户的安全，可在运行中输入 gpedit. msc 回车，打开组策略编辑器。选择“计算机配置”→“Windows 设置”→“安全设置”→“账户策略”→“账户锁定策略”，将账户设为“三次登录无效”“锁定时间 20 分钟”“复位锁定计数设为 30 分钟”。在安全设置-本地策略-安全选项中将“不显示上次的用户名”设为启用。

2. 删除默认共享

在 Windows Server 2003 系统中，逻辑分区与 Windows 目录默认为共享，这是为管理员管理服务器的方便而设，但却成为了别有用心之徒可趁的安全漏洞。所以要禁止或删除这些共享以确保安全。首先创建记事本文件，并在编辑界面中输入下面的命令代码：

```
net share c$ /del
net share d$ /del
...
net share ipc$ /del
net share admin$ /del
```

由于不同用户的系统分区个数不同，用户可以根据自己的实际情况输入内容，有几个输入几个。然后将文件保存成扩展名为“bat”的批处理文件，存放到系统的 system32\GroupPolicy\user\Scripts\Logon 文件夹中。打开组策略编辑器。展开“用户配置”→“Windows 设置”→“脚本(登录/注销)”，双击右边窗格的“登录”项，在出现的“登录属性”对话框中单击“添加”按钮，在“添加脚本”对话框中的“脚本名”文本框中输入刚才创建的文件名称(包括扩展名)，单击“确定”按钮。这样就可以通过组策略编辑器使系统一开机即执行脚本，删除系统默认的共享。或者将刚创建好的批处理文件的快捷方式拖到“启动”菜单中，同样也能达到目的。

上面的方法使得计算机每次运行，都要执行删除行为，如果要永久删除默认共享则可以通过修改注册表来实现。单击“开始→运行”命令，在“运行”对话框中输入“Regedit”后回车，打开注册表编辑器。依次展开[HKEY_LOCAL_MACHINE\SYSTEM\CurrentControlSet\Services\lanmanserver\parameters]分支，将右侧窗格中的DOWRD值“AutoShareServer”设置为“0”即可。如果要禁止ADMIN$共享，可以在同样的分支下，将右侧窗口中的DOWRD值“AutoShareWKs”设置为“0”即可。如果要禁止IPC$共享，可以在注册表编辑器中依次展开[HKEY_LOCAL_MACHINE\SYSTEM\CurrentControlSet\Control\Lsa]分支，将右侧窗口中的DOWRD值“restrictanonymous”设置值为“1”即可。

3. 禁用IPC连接

IPC$(Internet process connection)，也就是远程网络连接。它是为了让进程间通信而开放的命名管道，可以通过验证用户名和密码获得相应的权限，在远程管理计算机和查看计算机的共享资源时使用。默认情况下，IPC是共享的。建立IPC连接不需要任何黑客工具，只须在命令行里键入相应的命令：net use \\ip address\ipc$ password /user:usernqme即可，不过有个前提条件，那就是需要知道远程主机的用户名和密码。

利用IPC$，连接者可以与目标主机建立一个空的连接，即无须用户名和密码就能连接主机，虽然这样的连接是没有任何操作权限的。但利用这个空的连接，连接者可以得到目标主机上的用户列表。利用获得的用户列表，就可以猜密码，或者穷举密码，从而获得更高，甚至管理员权限。

要防止别人用ipc$入侵，需要禁止ipc$空连接。打开注册表编辑器。找到如下组键[HKEY_LOCAL_MACHINE\SYSTEM\CurrentControlSet\Control\LSA]把RestrictAnonymous子键的DWORD键值改为：00000001，即可禁用IPC连接。

4. 先关闭不需要的端口

139端口是NetBIOS协议所使用的端口，在安装了TCP/IP协议的同时，NetBIOS也会被作为默认设置安装到系统中。在Windows Server 2003中，如果想彻底关闭139端口，除了单击“开始”→“控制面板”→“网络连接”，在“网络和拨号连接”窗口，右击“本地连接”，打开“属性”→“本地连接属性”对话框，取消选中“Microsoft网络的文件和打印机共享”复选框以外，还需要选中“Internet协议(TCP/IP)”，单击“属性”→“高级”→“WINS”，把“禁用TCP/IP上的NetBIOS”选中，才可彻底关闭139端口。

如果服务器还安装IIS，那么最好重新设置一下端口过滤。打开“本地连接属性”对话框，然后双击“Internet协议(TCP/IP)”。在“Internet协议(TCP/IP)属性”对话框的“常规”选项卡中，单击“高级”按钮，进入“高级TCP/IP设置”对话框，选择“选项”选项卡中的可选设置项：“TCP/IP筛选”项。然后点“属性”按钮，打开“TCP/IP筛选”对话框，在该对话框的“启用TCP/IP筛选(所有适配器)”前面打上“√”，然后根据需要配置就可以了。如果你只打算开放网页浏览，则只开放TCP端口80即可。在“TCP端口”上方选择“只允许”，然后单击“添加”按钮，输入80，再单击“确定”即可。

5. 关闭不必要的服务

服务其实是 Windows Server 2003 中一种特殊的应用程序类型，不过它是在后台运行，所以我们在任务管理器看不到它。安装 Windows Server 2003 后，通常系统会默认启动许多服务，其中有些服务是普通用户根本用不到的，不但占用系统资源，还有可能被黑客所利用。

服务分为三种启动类型。

(1) 自动

如果一些无用服务被设置为自动，它就会随机器一起启动，这样会延长系统启动时间。通常与系统有紧密关联的服务才必须设置为自动。

(2) 手动

只有在需要它的时候，才会被启动。

(3) 已禁用

表示这种服务将不再启动，即使是在需要它时，也不会被启动，除非修改为上面两种类型。

如果我们要关闭正在运行的服务，只要选中它，然后在右键菜单中选择“停止”即可。但是下次启动机器时，它还可能自动或手动运行。

如果服务项目确实无用，可以选择禁止服务。右击“我的电脑”，选择“管理”；在打开的“计算机管理”对话框中，单击“服务”选项；右击右边选项框中选择没有必要开放的服务，选择“属性”；在出现的服务属性对话框“常规”选项卡中，选择“启动类型”下的“禁用”选项；在服务状态选项中单击“停止”按钮；单击“确定”按钮，停止该项服务。这项服务就会被彻底禁用。

如果以后需要重新起用它，只要在此选择“自动”或“手动”即可。也可以通过命令行“net start 服务名”来启动，比如“net start telnet”。

6. Windows Server 2003 防火墙

Windows server 2003 系统自带“Internet 连接防火墙”功能，该防火墙功能可对黑客的攻击进行很好的防范。其设置方法如下：右击“网上邻居”，选择“属性”命令。然后右击“本地连接”，选择“属性”命令。在出现的“本地连接属性”对话框中，选择“高级”选项卡，选中其中的“Internet 连接防火墙”，确定后防火墙即起作用。在防火墙设置好以后，可在另外一台机器上 ping 本机，来测试防火墙是否已经起作用。如果 Ping 命令返回 Request timed out，表示 ping 不通本机，说明防火墙已经起作用。

有时在设置好防火墙以后，欲在本机开通相应的服务，此时可单击“本地连接属性”对话框的“高级”选项卡中的“设置”按钮，出现“高级设置”对话框。在此对话框的“服务”选项卡中选择要开通的服务。比如说选中了“FTP 服务”，这样从其他机器就可 FTP 到本机，扫描本机可以发现 21 端口是开放的。如果要开通的服务没有在列表中出现，可单击“添加”按钮增加相应的服务端口。在“高级设置”对话框的“服务”选项卡中设置日志。选择要记录的项目，防火墙将记录相应的数据，日志默认在 c:\Windows\pfirewall. 1og，其内容用“记事本”就可以打开查看。

8.4 Windows Server 2003 的安全策略

8.4.1 账户保护安全策略

攻击者攻击系统时，往往围绕着密码的破解来进行。为了避免用户身份由于密码的破解而被夺取或盗用，通常可采取诸如提高密码的破解难度、启用账户锁定策略、限制用户登录、限制外部连接以及防范网络嗅探等措施来加强安全。

1. 提高密码的破解难度

提高密码的破解难度主要是通过采用提高密码组成的复杂性、增加密码长度及提高更换密码的频率等措施来实现。对于用户来说这很难做到的，因为用户往往为了避免密码被忘记，常常长期使用一个容易记得简单密码。因此对于一些安全敏感用户就必须采取一些相关的措施，以强制改变用户这种不安全密码的使用习惯。

在 Windows Server 2003 系统中可通过一系列的安全设置，并同时制定相应的安全策略来解决这一问题。例如，可以通过在系统的安全策略中设定"密码策略"来实现。Windows Server 2003 系统的安全策略可以根据网络的情况，针对不同的场合和范围有针对性地设置。例如可以针对本地计算机、域及相应的组织单元来设置，这完全取决于该策略要影响的范围。

密码策略可以在域安全范围内设定。在域管理工具中运行"域安全策略"工具，然后就可以针对密码策略进行相应的设置。密码策略也可以在指定的计算机上用"本地安全策略"来设定。同时也可在网络中特定的组织单元通过组策略进行设置。

2. 启用账户锁定策略

账户锁定是指当某些情况发生时，为保护该账户的安全而将此账户锁定，从而使该账户在一定的时间内不能使用，从而挫败攻击者的攻击行为。

Windows Server 2003 系统在默认情况下，为方便用户起见，这种锁定策略并没有进行设定，此时，对黑客的攻击没有任何限制。账户锁定策略首先就是指定账户锁定的阈值，即设定该账户无效登录的次数。一般设置锁定阈值为 3 次，这样只允许 3 次登录尝试。如果 3 次登录全部失败，就会锁定该账户，用户将无法再使用该账户登录。

一旦账户被锁定后，只有管理员才可以重新开启该账户，这会为普通用户带来许多不便。为此，可以同时设定锁定的时间和复位计数器的时间，当锁定时间一过，账户又可以登录了。账户的锁定可以有效地避免自动猜测工具的攻击，虽然会给用户造成不便，但却加强了系统的安全性。

3. 限制用户登录

对于内部网络的用户还可以通过对其登录行为进行限制，比如登录的时间、地点等，来保障用户账户的安全。对于 Windows Server 2003 网络来说，运行“Active Directory 用户和计算机”管理工具，然后选择相应的用户，打开该账户的属性对话框。单击其中的“登录时间”按钮，在这里可以设置允许该用户登录的时间，这样就可防止非工作时间的登录行为。单击其中的“登录到”按钮，在这里可以设置允许该账户从哪些计算机登录。另外，还可以通过“账户”选项来限制登录时的行为。例如使用“用户必须用智能卡登录”，就可避免直接使用密码验证。除此之外，还可以引入指纹验证等更为严格的手段。这样限制以后，即使是密码出现泄露，系统也可以在一定程度上将黑客阻挡在“门外”。

4. 限制外部连接

由于一些工作的关系，通常需要在内部网络中提供拨号接入服务。由于这个连接无法隐藏，因此常常成为黑客入侵内部网络的最佳入口。为此，必须为远程接入账户采取一定的措施来降低风险，增加安全性。

在 Windows Server 2003 系统中，远程访问服务默认情况下将允许具有拨入权限的所有用户建立连接，但明显这是没有必要的，因为有一些账户不是远程接入账户，不必要给它们分配拨入权限。因此，要合理地、严格地设置用户账户的拨入权限，严格限制拨入权限的分配范围。此外，对于网络中的一些特殊用户和固定的分支机构的用户，还可通过回拨技术来提高网络安全性。这里所谓的回拨，是指在主叫方通过验证后立即挂断线路，然后由被叫方回拨到主叫方的电话上。如果活动目录工作在本机模式下，这时可以通过存储在访问服务器上或 Internet 验证服务器上的远程访问策略来管理账户拨入的安全性。

5. 限制特权组成员

在 Windows Server 2003 网络中，还有一种非常有效的防范黑客入侵和管理疏忽的辅助手段，就是利用“受限制的组”安全策略。该策略可保证组成员的组成固定。在域安全策略的管理工具中添加要限制的组，在“组”对话框中输入或查找要添加的组。一般要对管理员组等特权组的成员加以限制。下一步就是要配置这个受限制的组的成员。在这里选择受限制的组的“安全性”选项。然后，就可以管理这个组的成员组成，可以添加或删除成员，当安全策略生效后，可防止黑客将后门账户添加到该组中。

6. 防范网络嗅探

内部网络往往是由多个局域网构成，而局域网采用广播方式进行通信，使得信息很容易被窃听。网络嗅探就是通过搭线等手段侦听网络中传输的数据，来获得有价值的信息。对于普通的网络嗅探可通过采用交换网络和加密会话等手段来防御。

交换网络对于普通的网络嗅探手段具有先天的免疫能力。这是由于在交换网络环境下，每一个交换端口就是一个独立的广播域，通信的计算机之间通过交换机进行点对点通信，而非广播。因而网络嗅探在交换网络中就失去了作用。在通信双方之间建立加密的会话连接也是非常有效的方法。这样，即使黑客成功地进行了网络嗅探，但由于捕获的都是密文，在没有破译密文之前，获得的数据毫无价值。

7. 网络通信安全

为了加强 Internet 的安全性，从 1995 年开始，IETF 着手研究制订了一套用于保护 IP 通信的安全协议(IP Security，IPSec)。IPSec 提供了基于 IP 的网络层安全，它服务所有基于 IP 的网络通信，对于上层协议应用来说是完全透明的。

在 Windows Server 2003 系统中，其服务器产品和客户端产品都提供了对 IPSec 的支持，从而增强了安全性、可伸缩性以及可用性，同时使部署和管理更加方便。在 Windows Server 2003 系统的安全策略相关的管理工具集中，例如本地安全策略、域安全策略和组策略等都集成了相关的管理工具。可通过 Microsoft 管理控制台 MMC 定制的管理工具进行设置。首先在“开始”菜单中单击“运行”选项，然后输入 mmc，单击“确定”按钮。在“控制台 1”窗口的“文件”菜单中选择“添加/删除管理单元”命令。在“添加/删除管理单元”对话框中单击“添加”按钮。在“添加独立管理单元”对话框的可用的独立管理单元列表中，选择“IP 安全策略管理”选项，双击或单击“添加”按钮，在弹出的“选择计算机或域”对话框中选择被该管理单元所管理的计算机，然后单击“完成”按钮。关闭添加管理单元的相关窗口，就得到了一个新的管理工具，可将其重命名并保存。

此时可以看到 Windows Server 2003 系统自带的安全策略：安全服务器(要求安全设置)、客户端(只响应)、服务器(请求安全设置)。用户可以根据情况来添加、修改和删除相应的 IP 安全策略。

其中的“客户端”策略是根据对方的要求来决定是否采用 IPSec；“服务器”策略要求支持 IP 安全机制的客户端使用 IPSec，但允许不支持 IP 安全机制的客户端来建立不安全的连接；而“安全服务器”策略则最为严格，它要求双方必须使用 IPSec 协议。

不过，“安全服务器”策略默认允许不加密的受信任的通信，因此仍然能够被窃听。直接修改此策略或定制专门的策略，就可以实现有效的防范。选择其中的“所有 IP 通信”选项，在这里可以编辑其规则属性。

选择“筛选器操作”选项卡，选择其中的“要求安全设置”选项。

8.4.2 系统监控安全策略

由于软件系统的复杂性，安全漏洞问题会长期存在。为了能发现利用各种漏洞的入侵行为，除了对安全漏洞进行修补之外，还要对系统的运行状态进行实时监视。尤其是在有安全漏洞还没有得到修补的时候，这种监视就显得尤其重要。

1. 启用系统审核机制

系统审核机制可以对系统中的各类事件进行跟踪记录并写入日志文件，以供管理员进行分析、查找系统和应用程序故障以及各类安全事件。所有的操作系统、应用系统等都带有日志功能，因此可以根据需要实时地将发生在系统中的事件记录下来。同时还可以通过查看与安全相关的日志文件的内容，发现黑客的入侵行为。

对安装 Windows Server 2003 系统的服务器和工作站来说，默认的安全策略并不对安全事件进行审核。因此需要用户启用审核策略的安全设置。审核策略设置可以在“组策略对象编辑器”中的以下位置进行配置：计算机配置\Windows 设置\安全设置\本地策略\审核策略。

如果已经启用了“审核对象访问”策略，那么就要求必须使用 NTFS 文件系统。NTFS 文件系统不仅提供对用户的访问控制，而且还可以对用户的访问操作进行审核。但这种审核功能，需要针对具体的对象来进行相应的配置。

首先在被审核对象“安全”属性的“高级”属性中添加要审核的用户和组。在该对话框中选择好要审核的用户后，就可以设置对其进行审核的事件和结果。在所有的审核策略生效后，就可以通过检查系统的日志来发现黑客的蛛丝马迹。

在系统中启用安全审核策略后，管理员应经常查看安全日志的记录，否则就失去了及时补救和防御的时机。

2. 日志监视

除了安全日志外，管理员还应注意检查各种服务或应用的日志文件。例如，在 Windows Server 2003 IIS 6.0 中，其日志功能默认已经启动，并且日志文件存放的路径默认在 System32/LogFiles 目录下。在 IIS 日志文件中，可以看到对 Web 服务器的 HTTP 请求。IIS 6.0 系统自带的日志功能从某种程度上可以成为入侵检测的得力助手。

3. 监视开放的端口和连接

日志的监视只能是入侵事件发生后的一种监测手段，对入侵事件只能事后弥补，而对正在进行的入侵和破坏行为不能实时查看。这时，就需要管理员掌握一些基本的实时监视技术。

通常黑客或病毒入侵系统后，会在系统中留下木马类后门。木马程序在和外界通信时必须建立一个 Socket 会话连接。这时可用 netstat 命令进行会话状态的检查，可以查看已经打开的端口和已经建立的连接。当然也可以采用一些专用的检测程序对端口和连接进行检测。从而发现非法的网络连接或不明端口。

4. 监视共享

通过共享来入侵一个系统不失为一种方便的手段，最简单的方法就是利用系统隐含的管理共享。因此，只要是黑客能够扫描到的 IP 和用户密码，就可以使用 net use 命令连接到共享上。另外，当浏览到含有恶意脚本的网页时，计算机的硬盘也可能被共享，因此，监测本机的共享连接是非常重要的。

监测本机的共享连接具体方法如下：在 Windows Server 2003 系统中，右击“我的电脑”，再点击“管理”命令，打开“计算机管理”工具。在“计算机管理”窗口中展开“共享文件夹”选项。单击其中的“共享”选项，就可以查看其右面窗口，以检查是否有新的可疑共享，如果有可疑共享，就应该立即删除。另外，还可以通过选择“会话”选项，来查看连接到机器所有共享的会话。

5. 监视进程和系统信息

对于木马和远程监控程序，除了监视开放的端口外，还应通过任务管理器的进程查看功能进行进程的查找。在安装 Windows Server 2003 的支持工具（从产品光盘安装）后，就可以获得一个进程查看工具 Process Viewer。通常，隐藏的进程寄宿在其他进程下，因此查看进程的内存映像也许能发现异常。现在的木马越来越难发现，它常常会把自己注册成一个服务，从而避免了在进程列表中现形。因此，还应结合对系统中的其他信息的监视，这样就可对系统信息中的软件环境下的各项进行相应的检查。

8.5 Linux 操作系统安全

UNIX 系统对计算机硬件的要求比较高，对于一般的个人来说，想要在 PC 上运行 UNIX 是比较困难的。而 Linux 就为一般用户提供了使用 UNIX 界面操作系统的机会。因为 Linux 是按照 UNIX 风格设计的操作系统，所以在源代码级上兼容绝大部分的 UNIX 标准。可以说相当多的网络安全人员在自己的机器上运行的都是 Linux。

8.5.1 Linux 系统简介

Linux 是一套免费使用和自由传播的类 UNIX 操作系统，它主要用于基于 Intel x86 系列 CPU 的计算机上。这个系统是由全世界各地的成千上万的程序员设计和实现的。其目的是建立不受任何商品化软件的版权制约的、全世界都能自由使用的 UNIX 兼容产品。

Linux 的出现，最早开始于一位名叫 Linus Torvalds 的计算机业余爱好者，当时他是芬兰赫尔辛基大学的学生。他的目的是想设计一个代替 Minix（是由一位名叫 Andrew Tannebaum 的计算机教授编写的一个操作系统示教程序）的操作系统，这个操作系统可用于 386、486 或奔腾处理器的个人计算机上，并且具有 Unix 操作系统的全部功能，因而开始了 Linux 雏形的设计。

最近几年，Linux 的发展和推广速度远远高于其他所有操作系统，已经在网络服务器领域占据了 20%以上的市场份额。Linux 具有与 UNIX 高度兼容、稳定性和可靠性高、源代码开放和价格低廉、安全可靠和绝无后门等特点。正是由于 Linux 的源代码是开放的，从而学习者可以阅读到源代码，有时间的人甚至可以了解整个操作系统是怎么编的。这样在 Linux 下搞开发与在 Windows 上从事开发就完全不同，因为如果用户在 Windows 上从事开发，可以很容易地找到 Borland 公司或是微软公司的带有友好图形界面的开发工具，但用户接触不到底层的东西，弄不明白操作系统底层的连接是如何实现的。而在 UNIX 上开发和 Linux 上也不相同，在 UNIX 上开发，用户需要一台 Sun 或 IBM 的工作站，而在 Linux 下开发，用户只需一台高档的 PC。此外，Linux 下有如 gcc 编译器等很多免费资源。Linux 极大地降低了开发成本,这也是它得以流行的一个主要原因。

Linux 和 Windows NT 比起来技术上存在很多优势。最主要体现在 3 个方面:一是 Linux 更安全,二是 Linux 更稳定,三是 Linux 的硬件资源占用要比 Windows NT 少得多。在安全问题上,首先是针对 Linux 的病毒非常少。经常遇到这种现象,就是运行 Windows NT 的服务器时,每星期都会由于故障而重新启动一次,而运行 Linux 的服务器则几乎没有这种情况。对此,可以认为 Linux 在稳定性上确实胜 Windows NT 一筹。在资源占用方面,Linux 和 Windows NT 的差距超出了人们的想象。一台运行 Windows NT 的服务器可以跑 50 个用户,而同一台服务器如果安装了 Linux,则可以跑 1000 个用户。由此可见,使用 Windows NT 和使用 Linux 的成本差异实在是太大了。

Red Hat 推出的 Red Hat Linux Advanced Server 产品,它是第一种企业级 Linux 操作系统。Red Hat Linux Advanced Server 操作系统能够保证大型企业尽快从昂贵的 UNIX 操作系统当中转移到非常经济的 Linux 系统当中。根据 IDC 公司的一个分析数据,在 Internet/Intranet/Extranet 环境中使用 Linux 比起使用 Risc/UNIX,每个使用者成本将下降一半。而在合作计算任务条件下,成本更可以节省 75%以上。

目前国内一些小网站很流行使用 Linux,配合以 Apache 做服务器软件,PHP 做开发工具,MySQL 做数据库。这种组合对于那些以省钱为目的,其重要性又无足轻重的小网站来说,确实强过目前微软的 Windows 2003 + IIS + Exchange Server + SQL Server 组合。

8.5.2 Linux 操作系统网络安全

随着 Internet 网络的发展,越来越多的重要交易都会通过网络完成。与此同时数据被损坏、截取和修改的风险也在增加,网络变得越来越不安全。基于 Linux 的系统也不能摆脱这个“普遍规律”而独善其身。因此,优秀的系统应当拥有完善的安全措施,应当足够坚固、能够抵抗来自 Internet 的侵袭,这正是 Linux 之所以流行并且成为 Internet 骨干力量的主要原因。

1. Linux 网络系统受到的攻击类型

远程攻击者会用各种方法闯入用户的机器。他们经常寻找并利用现有程序中的漏洞,或者其他手段来进行非法访问。一般的攻击类型有以下几种。

(1)“拒绝服务”攻击

所谓“拒绝服务”攻击是指黑客采取具有破坏性的方法阻塞目标网络的资源,使网络暂时或永久瘫痪,从而使 Linux 网络服务器无法为正常的用户提供服务。例如黑客可以利用伪造的源地址或受控的其他地方的多台计算机同时向目标计算机发出大量、连续的 TCP/IP 请求,从而使目标服务器系统瘫痪。

(2)“口令破解”攻击

口令安全是保卫自己系统安全的第一道防线。“口令破解”攻击的目的是破解用户的口令,从而可以取得已经加密的信息资源。例如黑客可以利用一台高速计算机,配合一个字典库,尝试各种口令组合,直到最终找到能够进入系统的口令,打开网络资源。

(3)“欺骗用户”攻击

“欺骗用户”攻击是指网络黑客伪装成网络公司或计算机服务商的工程技术人员,向用户发出呼叫,并在适当的时候要求用户输入口令,这是用户最难对付的一种攻击方式,一旦用户口令失密,黑客就可以利用该用户的账号进入系统。

(4)“扫描程序和网络监听”攻击

许多网络入侵是从扫描开始的,利用扫描工具黑客能找出目标主机上各种各样的漏洞,并利用漏洞对系统实施攻击。网络监听也是黑客们常用的一种方法,当成功地登录到一台网络上的主机,并取得了这台主机的超级用户控制权之后,黑客可以利用网络监听收集敏感数据或者认证信息,以便日后夺取网络中其他主机的控制权。

2. 加固 Linux 网络系统安全的方法

一般来说,Linux 系统上运行的后台服务越多,就可能打开更多的安全漏洞,但 Linux 组织总是能够快速地发现这些问题并发布补丁。如果配置的恰当的话,Linux 本身是非常安全可靠的。如何才能防止 Linux 系统因此类问题而遭受损失呢?下面介绍一些构造安全的 Linux 系统的方法。

(1) 关闭网络服务

作为一种服务器软件,Linux 提供了 FTP、WWW、电子邮件等各种各样的服务。Linux 管理大多数这类服务的方法是通过一个端口体系实现的,例如 FTP 的端口号是 21。如果有兴趣的话,可以在/etc/services 文件找到一个端口号和服务名字的对照清单。为了节约系统资源以及简化系统管理,许多服务都通过配置文件/etc/inetd. conf 控制,/etc/inetd. conf 文件告诉系统怎样来运行各个服务。从尽可能安全的角度来看,它们中的许多服务都应该关闭。在一般的内部网环境下,这样的安全性不会产生问题。但是,对于直接和 Internet 相连的 Linux 机器就不能这么认为了。

要检查 Linux 系统中当前运行了哪些服务,输入命令:

```
netstat -vat
```

该命令的输出如下:

```
tcp 0 0 * : 6000 * : * LISTEN
tcp 0 0 * : www * : * LISTEN
tcp 0 0 * : auth * : * LISTEN
tcp 0 0 * : finger * : * LISTEN
tcp 0 0 * : shell * : * LISTEN
tcp 0 0 * : sunrpc * : * LISTEN
```

每一个带有“LISTEN”的行代表一个正在等待连接的服务。这些服务中有一部分以独立程序的形式运行,但其中许多服务都由/ete/inetd. conf 控制。如果不能肯定某个服务的具体情况,请查一下/etc/inetd. conf。如果有不需要的服务,则可以在/etc/inetd. conf 中关闭它。方法是:首先注释掉该行内容(在行的前面加一个 #),然后执行命令

killall -HUP inetd。这样就立即关闭了服务，系统不需要重新启动。

为了保证“inetd. conf”文件的安全，可以用 chattr 命令把它设成不可改变。把文件设成不可改变的可使用下面的命令：[root]# chattr +i /etc/inetd. conf，这样可以避免“inetd. conf”文件的任何改变（意外或是别的原因）。一个有“i”属性的文件是不能改动的：不能删除或重命名，不能创建这个文件的链接，不能往这个文件里写数据。只有系统管理员才能设置和清除这个属性。如果要改变 inetd. conf 文件，必须先清除这个不允许改变的标志：[root]# chattr -i /etc/inetd. conf。

确保/etc/inetd. conf 的所有者是 root，且文件权限设置为 600。可使用下面的命令来修改权限：[root]# chmod 600 /etc/inetd. conf。然后再重启动 inetd：[root]# stat /etc/inetd. conf。

如果某个服务没有在/etc/inetd. conf 内列出，很有可能它是一个独立的程序。独立后台程序提供的服务可以通过反安装软件包删除。

(2) 允许/拒绝服务器

Linux 系统提供了一个允许或禁止它们选择服务器的机制，通过该机制可以进一步加强各种服务的安全性。例如，用户可能希望允许自己网络的计算机登录，但不允许来自 Internet 的计算机登录。/ete/hosts. allow 和/ete/hosts. deny 这两个文件列出了服务器和服务的信任关系。

(3) ssh(安全 Shell)

通过检查服务器名字拒绝连接是一种很好的基本攻击防范方法。但这还不够，因为连接请求中的服务器名字有可能是伪造的。当数据在 Internet 上的两个程序之间传输时，它同时也处在危险当中。任何懂得这方面知识的人都可以偷看这些数据，使用一种称为“IP 欺骗”的技术甚至还可以将伪造的数据注入原来的数据当中。产生这些问题的原因在于 Internet 协议的作用方式。为了解决这些难题人们设计出了 ssh。

ssh 是一个工具，该工具最流行的现代版可以从 openssh 软件包获得，而该软件包几乎存在于每个 Linux 分发版中。

ssh 使用强加密对客户机和服务器之间的所有通信进行加密。通过这样做，监控客户机和服务器之间的通信就变得困难（甚至不可能）。用这样的方式，ssh 提供的服务正如宣传的那样：它是安全的 shell。事实上，ssh 具有极好的“全能”安全性：即使认证，也会利用加密和各种密钥交换策略来确保用户的密码不会轻易被任何监控着网络上传输数据的人截取。

(4) 监视程序和运行日志

Linux 为系统管理员了解系统中所发生的事情提供了一组精简的程序。下面要介绍的就是有关日志记录的工具。检查一下这些工具是否已经正确地安装，以后出现了可疑的入侵企图时就可以查看日志文件。记录事件日志的主要问题在于记录的数据往往太多，因此设置好过滤条件，只记录关键信息是非常重要的。

(5) 阻止 ping 请求

如果 Linux 系统响应任何从外部/内部来的 ping 请求，则会将机器暴露在他人的视线中，并且为攻击者提供了攻击的手段。因此阻止他人 ping 通你的机器并收到响应，可以大大增强计算机的安全性。要禁用和禁止响应 ping 命令只要在/etc/r(c) d/rc. local 中增加一条命令：echo 1 > /proc/sys/net/ipv4/icmp_echo_ignore_all,以使每次启动后自动运行。

提高系统安全性的主要缺点在于,它会降低系统的可访问性(易访问性)。Linux 提供了大量的安全工具,联合运用这些工具应该可以获得可访问性和安全之间的最佳平衡。

8.5.3　Linux 操作系统安全命令

Linux 系统一样是一个多用户的系统,该系统地许多配置和运行都是依靠命令来实现,下面重点介绍 Linux 系统安全的一些命令。

(1) passwd

passwd 命令原来修改账户的登录密码,使用权限是所有用户。

它的命令格式是：passwd [选项]账户名称。

主要参数如下：

-l：锁定已经命名的账户名称,只有具备超级用户权限的使用者方可使用。

-u：解开账户锁定状态,只有具备超级用户权限的使用者方可使用。

-x, --maximum=DAYS：最大密码使用时间(天),只有具备超级用户权限的使用者方可使用。

-n, --minimum=DAYS：最小密码使用时间(天),只有具备超级用户权限的使用者方可使用。

-d：删除使用者的密码,只有具备超级用户权限的使用者方可使用。

-S：检查指定使用者的密码认证种类,只有具备超级用户权限的使用者方可使用。

(2) su

su 的作用是变更为其他使用者的身份,超级用户除外,需要键入该使用者的密码。

它的命令格式是：su [选项]... [-] [USER [ARG]...]

主要参数如下：

-f, --fast：不必读启动文件(如 csh. cshrc 等),仅用于 csh 或 tcsh 两种 Shell。

-l, --login：加了这个参数之后,就好像是重新登录为该使用者一样,大部分环境变量(例如 HOME、SHELL 和 USER 等)都是以该使用者(USER)为主,并且工作目录也会改变。如果没有指定 USER,默认情况是 root。

-m, -p,--preserve-environment：执行 su 时不改变环境变数。

-c command：变更账号为 USER 的使用者,并执行指令(command)后再变回原来使用者。

USER：欲变更的使用者账号,ARG 传入新的 Shell 参数。

(3) umask

umask 设置用户文件和目录的文件创建默认屏蔽值,若将此命令放入 profile 文件,就可控制该用户后续所建文件的存取许可。它告诉系统在创建文件时不给谁存取许可。使用权限是所有用户。

它的命令格式是：umask [-p] [-S] [mode]

主要参数如下：

-S：确定当前的 umask 设置。

-p：修改 umask 设置。

[mode]：修改数值。

传统 Unix 的 umask 值是 022,这样就可以防止同属于该组的其他用户及别的组的用户修改该用户的文件。既然每个用户都拥有并属于一个自己的私有组,那么这种“组保护模式”就不再需要了。严密的权限设定构成了 Linux 安全的基础,在权限上犯错误是致命的。需要注意的是,umask 命令用来设置进程所创建的文件的读写权限,最保险的值是 0077,即关闭创建文件的进程以外的所有进程的读写权限,表示为-rw-------。在~/.bash_profile 中,加上一行命令 umask 0077 可以保证每次启动 Shell 后,进程的 umask 权限都可以正确设定。

(4) chgrp

chgrp 表示修改一个或多个文件或目录所属的组。使用权限是超级用户。

它的命令格式是：chgrp [选项]……组文件……或 chgrp [选项]…… --reference=参考文件……。将每个＜文件＞的所属组设定为＜组＞。

主要参数如下：

-c, --changes：像--verbose,但只在有更改时才显示结果。

--dereference：会影响符号链接所指示的对象,而非符号链接本身。

-h, --no-dereference：会影响符号链接本身,而非符号链接所指示的目的地(当系统支持更改符号链接的所有者,此选项才有效)。

-f, --silent, --quiet：去除大部分的错误信息。

--reference=参考文件：使用＜参考文件＞的所属组,而非指定的＜组＞。

-R, --recursive：递归处理所有的文件及子目录。

-v, --verbose：处理任何文件都会显示信息。

该命令改变指定指定文件所属的用户组。其中 group 可以是用户组 ID,也可以是 /etc/group 文件中用户组的组名。文件名是以空格分开的要改变属组的文件列表,支持通配符。如果用户不是该文件的属主或超级用户,则不能改变该文件的组。例如改变/opt/local/book/及其子目录下的所有文件的属组为 book, $ chgrp - R book/opt/local/book。

(5) chmod

chmod 命令是非常重要的,用于改变文件或目录的访问权限,用户可以用它控制文件或目录的访问权限,使用权限是超级用户。

chmod 命令有两种用法。一种是包含字母和操作符表达式的字符设定法(相对权限设定)；另一种是包含数字的数字设定法(绝对权限设定)。这里只介绍字符设定法。

字符设定法的命令格式是：chmod [who] [+ - =] [mode]文件名

主要参数如下：

◆ 操作对象 who 可以是下述字母中的任一个或它们的组合

u：表示用户，即文件或目录的所有者。

g：表示同组用户，即与文件属主有相同组 ID 的所有用户。

o：表示其他用户。

a：表示所有用户，它是系统默认值。

◆ 操作符号

+：添加某个权限。

-：取消某个权限。

=：赋予给定权限，并取消其他所有权限(如果有的话)。

◆ 设置 mode 的权限可用下述字母的任意组合

r：可读。

w：可写。

x：可执行。

X：只有目标文件对某些用户是可执行的或该目标文件是目录时才追加 x 属性。

s：文件执行时把进程的属主或组 ID 置为该文件的文件属主。方式“u+s”设置文件的用户 ID 位，“g+s”设置组 ID 位。

t：保存程序的文本到交换设备上。

u：与文件属主拥有一样的权限。

g：与和文件属主同组的用户拥有一样的权限。

o：与其他用户拥有一样的权限。

文件名：以空格分开的要改变权限的文件列表，支持通配符。

一个命令行中可以给出多个权限方式，其间用逗号隔开。

(6) chown

chown 命令的作用是更改一个或多个文件或目录的属主和属组，使用权限是超级用户。

它的命令格式是：chown [选项]用户或组文件

主要参数如下：

--dereference：受影响的是符号链接所指示的对象，而非符号链接本身。

-h，--no-dereference：会影响符号链接本身，而非符号链接所指示的目的地(当系统支持更改符号链接的所有者，此选项才有效)。

--from=目前所有者：目前组只当每个文件的所有者和组符合选项所指定的，才会更改所有者和组。其中一个可以省略，这已省略的属性就不需要符合原有的属性。

-f，--silent，--quiet：去除大部分的错误信息。

-R，--recursive：递归处理所有的文件及子目录。

-v，--verbose：处理任何文件都会显示信息。

chown 将指定文件的拥有者改为指定的用户或组，用户可以是用户名或用户 ID；组可以是组名或组 ID；文件是以空格分开的要改变权限的文件列表，支持通配符。系统管理员经常使用 chown 命令，在将文件复制到另一个用户的目录下以后，让用户拥有使用该文件的权限。

(7) chattr

chattr 用于修改 ext2 和 ext3 文件系统属性(attribute),使用权限超级用户。

它的命令格式是：chattr [-RV] [-+=AacDdijsSu] [-v version]文件或目录

主要参数如下：

-R：递归处理所有的文件及子目录。

-V：详细显示修改内容,并打印输出。

-：失效属性

+：激活属性。

=：指定属性。

A：Atime,告诉系统不要修改对这个文件的最后访问时间。

S：Sync,一旦应用程序对这个文件执行了写操作,使系统立刻把修改的结果写到磁盘。

a：Append Only,系统只允许在这个文件之后追加数据,不允许任何进程覆盖或截断这个文件。如果目录具有这个属性,系统将只允许在这个目录下建立和修改文件,而不允许删除任何文件。

i：Immutable,系统不允许对这个文件进行任何的修改。如果目录具有这个属性,那么任何的进程只能修改目录之下的文件,不允许建立和删除文件。

D：检查压缩文件中的错误。

d：No dump,在进行文件系统备份时,dump 程序将忽略这个文件。

C：Compress,系统以透明的方式压缩这个文件。从这个文件读取时,返回的是解压之后的数据；而向这个文件中写入数据时,数据首先被压缩之后才写入磁盘。

s：Secure Delete,让系统在删除这个文件时,使用 0 填充文件所在的区域。

u：Undelete,当一个应用程序请求删除这个文件,系统会保留其数据块以便以后能够恢复删除这个文件。

chattr 命令的作用很大,其中一些功能是由 Linux 内核版本来支持的,如果 Linux 内核版本低于 2.2,那么许多功能不能实现。同样－D 检查压缩文件中的错误的功能,需要 2.5.19 以上内核才能支持。另外,通过 chattr 命令修改属性能够提高系统的安全性,但是它并不适合所有的目录。chattr 命令不能保护/、/dev、/tmp、/var 目录。在 Linux 下,有些配置文件(passwd,fatab)是不允许任何人修改的,为了防止被误删除或修改,可以设定该文件的“不可修改位(immutable)”：# chattr +i /etc/fstab。

(8) sudo

sudo 是一种以限制配置文件中的命令为基础,在有限时间内给用户使用,并且记录到日志中的命令,权限是所有用户。

它的命令格式是：sudo [-bhHpV] [-s] [-u ＜用户＞] [指令]或者 sudo [-klv]

主要参数如下：

-b：在后台执行命令。

-h：显示帮助。

-H：将 HOME 环境变量设为新身份的 HOME 环境变量。

-k：结束密码的有效期，即下次将需要输入密码。

-l：列出当前用户可以使用的命令。

-p：改变询问密码的提示符号。

-s：执行指定的 Shell。

-u <用户>：以指定的用户为新身份，不使用时默认为 root。

-v：延长密码有效期 5min。

sudo 命令的配置在/etc/sudoers 文件中。当用户使用 sudo 时，需要输入口令以验证使用者身份。随后的一段时间内可以使用定义好的命令，当使用配置文件中没有的命令时，将会有报警的记录。sudo 是系统管理员用来允许某些用户以 root 身份运行部分/全部系统命令的程序。一个明显的用途是增强了站点的安全性，如果需要每天以超级用户的身份做一些日常工作，经常执行一些固定的几个只有超级用户身份才能执行的命令，那么用 sudo 是非常适合的。

(9) ps

ps 显示瞬间进程(process)的动态，使用权限是所有使用者。

它的命令格式是：ps [options] [-help]

ps 的参数非常多，此出仅列出几个常用的参数：

-A：列出所有的进程。

-l：显示长列表。

-m：显示内存信息。

-w：显示加宽可以显示较多的信息。

-e：显示所有进程。

-a：显示终端上的所有进程，包括其他用户的进程。

-au：显示较详细的信息。

-aux：显示所有包含其他使用者的进程。

要对进程进行监测和控制，首先要了解当前进程的情况，也就是需要查看当前进程。ps 命令就是最基本、也是非常强大的进程查看命令。使用该命令可以确定有哪些进程正在运行、运行的状态、进程是否结束、进程有没有僵尸、哪些进程占用了过多的资源等。大部分信息都可以通过执行该命令得到。ps 最常用的三个参数是 u、a、x。

(10) who

who 显示系统中有哪些用户登录系统，显示的资料包含了使用者 ID、使用的登录终端、上线时间、呆滞时间、CPU 占用以及做了些什么。使用权限为所有用户。

它的命令格式是：who - [husfV] [user]

主要参数如下：

-h：不要显示标题列。

-u：不要显示使用者的动作/工作。

-s：使用简短的格式来显示。

-f：不要显示使用者的上线位置。

-V：显示程序版本。

该命令主要用于查看当前在线上的用户情况。如果用户想和其他用户建立即时通信，比如使用 talk 命令，那么首先要确定的就是该用户确实在线上，不然 talk 进程就无法建立起来。又如，系统管理员希望监视每个登录的用户此时此刻的所作所为，也要使用 who 命令。who 命令应用起来非常简单，可以比较准确地掌握用户的情况，所以使用非常广泛。

8.5.4 Linux 系统安全漏洞及防范措施

1. Linux kernel 拒绝服务漏洞

Linux kernel 是开放源码操作系统 Linux 所使用的内核。

漏洞描述：Linux Kernel 的 wait_task_stopped()函数中存在安全漏洞，本地攻击者可能利用此漏洞导致服务器不可用。Linux Kernel 是开源操作系统 Linux 所使用的内核。如果本地用户控制了子进程的状态而父进程仍在等待状态更改，也就是父进程处于 wait()或 waitpid()，就会导致拒绝服务的情况。受影响系统：Linux kernel ＜ 2.6.23.8，不受影响系统：Linux kernel 2.6.23.8。

防范措施：目前厂商已经发布了升级补丁以修复这个安全问题，请到厂商的主页下载：http：//www kernel. org/。

2. Linux kernel capiutil. c 缓冲区溢出漏洞

漏洞描述：Linux kernel 的 capiutil. c 文件中 libcapi 库所使用的 bufprint 函数中存在缓冲区溢出漏洞，本地用户可以通过发送特制的 CAPI 报文来触发这个漏洞，导致拒绝服务或执行任意指令。受影响系统：Linux kernel 2.6.9-2.6.20。

防范措施：目前厂商还没有提供补丁或者升级程序，建议使用此软件的用户随时关注厂商的主页以获取最新版本：http：//www. kernel. org/。

3. Linux kernel ptrace 提升权限漏洞

漏洞描述：Linux kernel 的某些版本在处理 ptrace 时存在一些实现上的漏洞。本地用户可能非法提升权限，比如获取 root 权限。问题在于当一个进程被 ptrace 跟踪后，如果它再启动某个 setuid 程序时，系统仍然认为它是一个被跟踪的进程。这可能导致普通用户的进程可以修改特权进程的执行流程，从而提升权限。受影响的系统：Linux kernel 2.2. x，x<=19；Linux kernel 2.4. y，y<=9。

防范措施：Linux kernel 2.4.12 已经解决了这一问题，可以在厂商主页下载最新升级版本：http：//www. kernel. org/。注意升级到新版本需要重新编译并替换原有内核，并重新启动系统才能生效。

4. Linux kernel 深层链接拒绝服务漏洞

漏洞描述：Linux kernel 的某些版本中存在一个漏洞，当处理一个深层链接的目录时，将消耗大量的 CPU 时间，其他进程将无法继续运行。这可能允许本地攻击者进行拒绝服务攻击。受影响的系统：Linux kernel 2.2.x,x<=19；Linux kernel 2.4.y,y<=9。

防范措施：在厂商主页下载安装最新的补丁：http：//www.kernel.org/。

5. Linux kernel 2.4 iptables MAC 地址匹配绕过漏洞

漏洞描述：Linux 2.4 内核中包含一个新的功能强大的防火墙体系——Netfilter,它的主要组件是 iptables。iptables 中包含了一个扩展模块 MAC,它可以基于 MAC 地址来匹配经过防火墙的报文。这个模块主要是用来防止恶意的内部用户通过修改 IP 地址进行欺骗攻击。然而,MAC 模块没有正确匹配长度很小的报文,例如 4 个字节的 ICMP 或者 UDP 报文。这使得内部攻击者可能利用这一漏洞来探测受 iptables 保护的主机是否存活。受影响的系统：Linux kernel 2.4。

防范措施：在厂商主页下载安装最新的补丁包：http：//www.kernel.org/。

6. Linux kernel 处理 64 位 ELF 头代码内存泄露漏洞

漏洞描述：Linux kernel 在 64 位 x86 平台上处理 ELF 头的函数产生内存泄露,本地攻击者一旦成功触发此漏洞可以导致本地拒绝服务攻击。受影响系统：Linux kernel 2.6.1-2.6.13。

防范措施：升级到 Linux kernel version 2.6.13 -rc4 可以解决此问题。

7. Linux kernel 共享内存绕过安全限制漏洞

漏洞描述：Linux kernel 实现上存在漏洞,允许本地用户绕过 IPC 权限控制,可能导致内存信息泄露。通过使用 mprotect 可以获得以只读方式 attach 的共享内存的写权限。受影响系统：Linux kernel < 2.6.16 和 Linux kernel 2.4.x 等。

防范措施：目前厂商已经发布了升级补丁以修复这个安全问题,请到厂商的主页下载：http://www.kernel.org/pub/linux/kernel/v2.6/patch-2.6.16.7.bz2。

8. Linux kernel PRCTL Core Dump 处理本地权限提升漏洞

漏洞描述：Linux kernel 的 prctl()调用在处理 Core Dump 时存在漏洞,本地攻击者可能利用此漏洞提升自己的权限。prctl()调用允许未授权进程设置 PR_SET_DUMPABLE=2,因此当发生段错误时产生的 core 文件将被 root 用户拥有。本地用户可以创建恶意程序,将 core 文件 dump 到正常情况下无权写入的目录中。这可能导致拒绝服务(磁盘耗尽)或获得 root 权限。受影响系统：Linux kernel 2.6.13-2.6.17。

防范措施：如果您不能立刻安装补丁或者升级,建议您采取以下措施以降低威胁：通过将生成的 core 文件设定在指定目录中,可以减少此漏洞带来的风险,例如以 root 身份执行如下操作：

```
echo /tmp/core > /proc/sys/kernel/core_patter
echo 0 > /proc/sys/kernel/core_uses_pid
echo 0 > /proc/sys/fs/suid_dumpable
```

这将只允许普通用户在运行非 suid 程序时,在/tmp 下生成唯一的 core 文件,避免了磁盘 DOS 以及特权提升。为了使得上述操作在系统重启后也生效，建议将其放入系统启动脚本（例如/etc/rc.local）中。目前厂商已经发布了升级补丁以修复这个安全问题，请到厂商的主页下载：http://kernel.org/pub/linux/kernel/v2.6/linux-2.6.17.4.tar.bz2。

习题

1. 网络操作系统安全主要存在哪些问题？
2. Windows Server 2003 的安全特性主要体现在什么方面？请简单叙述。
3. Windows Server 2003 基本安全设置包含哪些方面？
4. 怎样删除默认共享？
5. 如何禁用 IPC 连接。
6. 简述添加站点到“信任区域”的具体做法。
7. Windows Server 2003 IIS 存在的漏洞是什么？如何检测和解决？
8. Windows Server 2003 DNS 服务器漏洞是什么？具体解决办法是什么？
9. Windows Server 2003 的账户保护安全策略有哪些？
10. 攻击 Linux 操作系统的方式有哪些？
11. 试举例说明加固 Linux 系统网络安全的一种方法。
12. Linux 系统安全命令主要有哪些？试说明其作用。
13. 简述执行#chattr +i /etc/fstab 命令后会产生什么样的后果。
14. 请使用 PS 命令显示指定进程 name 的所有信息。
15. 请简述当前流行的 Linux 有哪些？

第9章

计算机病毒

曾经使用过计算机的人，几乎都受到过无处不在的计算机病毒的骚扰，让人不胜其烦。因此对于使用计算机的工作者来说，对待病毒绝不能麻痹大意，否则就有可能造成无法挽回的损失。计算机病毒的入侵常常是在不知不觉中进行的，稍不留意就可能感染，因此做好防范工作是至关重要的。要想很好地解决计算机病毒，我们就必须先了解它的工作原理、传播途径、表现形式，同时必须掌握它的检测、预防和清除方法。在计算机病毒技术飞速发展的今天，我们也必须不断更新关于计算机病毒的相关理论和知识技术。

9.1 计算机病毒概述

随着信息化社会的发展和社会生产信息化的深入，以及信息化对社会生活影响的不断加深，人们的活动越来越依赖于各类计算机和各种计算机网络。然而随着计算机病毒技术的发展和日益成熟，由其造成的计算机崩溃、重要数据破坏和丢失，给社会财富带来了巨大浪费。那么，计算机病毒到底是什么样子，它是怎么出现的呢？我们必须对计算机病毒的产生、发展、结构和主要特征等有一个清楚的认识。只有了解了它们，我们才能更好地防治。

9.1.1 计算机病毒的概念

计算机病毒的概念是由美国计算机研究专家最早提出来的。与生物病毒相类似，计算机病毒有独特的感染性，可以很快地蔓延，又常常难以根除。它们能把自身附着在各种类型的文件上，当文件被复制或从一个用户传送到另一个用户时，它们就随同文件一起蔓延开来。当你看到计算机病毒似乎表现在文字和图像上时，它们可能已毁坏了文件、修改了数据、格式化了磁盘甚至引发了其他类型的灾害。还有一些病毒并不寄生于一个感染程序，但它仍然可以通过占据存储空间为你带来麻烦，并降低计算机的各种性能。

随着计算机病毒技术的不断发展，人们对它有了清楚的认识，许多专家和研究者从不同角度描述了它。例如：有些人认为计算机病毒是指通过磁盘、磁带和网络等作为媒介传播扩散，能“感染”其他程序的程序；有人认为它是能够实现自身复制且借助一定的载体存在的具有潜伏性、传染性和破坏性的程序；还有的人认为它是一种人为制造的程序，通过不同的途径潜伏或寄生在存储媒体（如磁盘、内存）或程序里，当某种条件或时机成熟时，它会自动复制自己并传播，使计算机的资源受到不同程度的破坏。由于人们从不同的角度来认识它，因此长久以来在我国一直没有公认的明确定义。直至1994年2月18日，我国正式颁布实施了《中华人民共和国计算机信息系统安全保护条例》，在《条例》第二十八条中明确将计算机病毒定义为：计算机病毒是指编制或者在计算机程序中插入的破坏计算机功能或者毁坏数据、影响计算机使用，并能自我复制的一组计算机指令或者程序代码。

9.1.2 计算机病毒的发展历史

早在1949年，距离第一部商用计算机的出现还有好几年时，计算机的先驱者冯·诺依曼在他的一篇论文《复杂自动机组织论》，提出了计算机程序能够在内存中自我复制，即已把病毒程序的蓝图勾勒出来。在当时，大多数的人们认为计算机程序的自我复制是无法实现的。但20世纪60年代初，在美国电话电报公司（AT&T）的贝尔实验室中，3个年轻程序员道格拉斯·麦耀莱、维特·维索斯基和罗伯·莫里斯设计了一种电子游戏叫做“磁芯大战（Core War）”，游戏中通过复制自身来摆脱对方的控制。该游戏实现了程序的自我复制，而它成了计算机病毒的祖先。

1977年，美国科普作家托马斯·捷·瑞安在科幻小说《P-1的青春》中，构思了一种能够自我复制，利用信息通道传播的计算机程序，并称之为计算机病毒。它可以从一台计算机传染到另一台计算机，最终控制了数千台计算机。这是人类第一次幻想出来的计算机病毒，它为计算机病毒的出现起到了促进的作用。

1983年11月3日，弗雷德·科恩博士研制出一种在运行过程中可以复制自身的破坏性程序，伦·艾德勒曼将它命名为计算机病毒，并在每周一次的计算机安全讨论会上正式提出，8小时后专家们在VAX11/750计算机系统上运行，第一个病毒实验成功，一周后又获准进行5个实验的演示，从而在实验上验证了计算机病毒的存在。

1985年3月，在该月《科学美国人》月刊里，杜特尼再次讨论“Core War”和计算机病毒，在该文章中第一次提到“计算机病毒”这个名称。他说：“意大利的罗勃吐·歇鲁帝和马高·莫鲁顾帝发明了一种破坏软件的方法。他们想用计算机病毒来使计算机受到感染”。

1987年10月，在美国，世界上第一例计算机病毒（Brian）被发现，这是一种系统引导型病毒。它以强劲的势头蔓延开来。世界各地的计算机用户几乎同时发现了形形色色的计算机病毒，如大麻、IBM圣诞树、黑色星期五等。

1988年11月3日，美国康奈尔大学23岁的研究生罗伯特·莫里斯将一种苹果机的计算机病毒蠕虫投放到网络中,结果使美国6000台计算机被病毒感染,导致Internet不能正常运行,造成计算机系统直接经济损失达9600万美元。这是一次非常典型的计算机病毒入侵计算机网络的事件,引起了世界范围的轰动。

1991年,在"海湾战争"中,美军第一次将计算机病毒用于战争,在空袭巴格达的战斗中,成功地破坏了对方的指挥系统,使之瘫痪,保证了战斗顺利进行,直至最后胜利。

1995年8月9日,在美国发现第一个宏病毒Concept。Concept的出现,带来了一个全新的概念:那就是病毒可以感染文档文件。程序员利用了功能强大的宏语言,编制了各色各样的宏病毒。宏病毒的简单易学性,使得宏病毒很快成为全球发展最快的病毒。目前,在每年出现的新病毒中,大部分是宏病毒。

1998年,世界上首例破坏计算机硬件的CIH病毒出现,引起了人们的恐慌。1999年4月26日,CIH病毒在我国大规模爆发,造成了巨大的损失。

2003年,以"冲击波"病毒为代表,出现了以利用系统或应用程序漏洞进行感染的计算机病毒。这些病毒的出现为人类带来了不可估量的损失。

新世纪是计算机病毒迅猛发展的时代。随着计算机病毒技术的不断进步,各种新型病毒层出不穷,而智能化、人性化、隐蔽化、多样化也正在逐渐成为计算机病毒发展的新趋势。

9.1.3 计算机病毒的分类

随着计算机病毒的发展,究竟现在有多少种病毒,人们已经很难进行准确的统计。各种病毒的特性也不尽相同。因此,计算机病毒的分类方法多种多样,即使同一种病毒也可能有多种不同的分法。有的从病毒破坏力的大小来分;有的从计算机病毒的传染途径来分;有的从病毒的寄生方式来分;有的从病毒的攻击行为来分;等等。根据Symantec等公司多年对计算机病毒的研究和总结,以及当前计算机病毒的新发展,这里将可识别的计算机病毒分为以下7类:引导区病毒、文件型病毒、混合型病毒、宏病毒、蠕虫病毒、特洛伊病毒和脚本病毒。

1. 引导区病毒

引导区病毒主要是利用操作系统的引导模块放在某个固定的位置,并且控制权的转交方式是以物理位置为依据,而不是以操作系统引导区的内容为依据,因而病毒占据该物理位置即可获得控制权,而将真正的引导区内容搬家转移或替换,待病毒程序执行后,将控制权交给真正的引导区内容,使得这个带病毒的系统看似正常运转,而病毒已隐藏在系统中并伺机传染、发作。这种病毒在运行一开始就能获得控制权,其传染性较大。典型的病毒有大麻(Stoned)、2708、INT60、Brain、小球病毒等。

2. 文件型病毒

文件型病毒是文件感染者,也称为寄生病毒。它运行在计算机存储器中,通常感染扩展名为COM、EXE、BAT等类型的可执行代码文件。但是,也有些会感染其他可执行文件，如 DLL、SCR 等。当受感染的程序从软盘、硬盘或网络上运行时电脑病毒便会发作。电脑病毒会将自己复制到其他可执行文件，并且继续执行原有的程序，以免被用户所察觉。这些病毒中有许多是内存驻留型病毒，内存受到感染之后，运行的任何未感染的可执行文件都会受到感染。在各种计算机病毒中，文件型病毒占的数目最大，传播最广，采用的技巧也多。已知的文件传染源病毒包括 Die_Hard、CIH、HPS、Murburg、Cascade 等。

3. 混合型病毒

混合型病毒是多种类型病毒的混合。混合型病毒的目的是为了综合利用以上 2 种病毒的传染渠道进行破坏。混合型病毒不仅传染可执行文件而且还传染硬盘引导区。被这种病毒传染的系统有时用 Format 命令格式化硬盘都不能消除病毒。如果要清除该类病毒，必须同时清除引导区和文件，因为如果只清除其中一项，则另一项仍会被感染。典型的混合型病毒有 One_half、Casper、Natas、Emperor、Anthrax、Flip 等。

4. 宏病毒

宏病毒专门针对特定的应用软件，可感染依附于某些应用软件内的宏指令，它可以很容易通过电子邮件附件、软盘、文件下载和群组软件等多种方式进行传播。如 Word、Excel 和 Access、PowerPoint、Project 等办公自动化程序编制的文档进行传染，不会传染给可执行文件。宏病毒采用程序语言撰写，例如 Visual Basic 或 CorelDraw，而这些又是易于掌握的程序语言。宏病毒最先在 1995 年被发现，在不久后已成为最普遍的电脑病毒。在我国流行的宏病毒有：TaiWan1、Concept、Simple2、Macro. Melissa（美丽莎）、WM. NiceDay、W97M. Groov 等。

5. 蠕虫病毒

蠕虫病毒是一种能自行复制和经由网络扩散的程序，以尽量多复制自身(像虫子一样大量繁殖)而得名。蠕虫病毒主要的破坏方式为：尽可能多感染电脑和占用系统、网络资源，造成 PC 和服务器负荷过重而死机，并使系统内数据混乱。蠕虫病毒传染途径是通过网络和电子邮件，例如把自己隐藏于邮件附件中，并于短时间内发送给多个用户。危害很大的“尼姆达”病毒就是蠕虫病毒的一种。这一病毒利用了微软视窗操作系统的漏洞。计算机感染这一病毒后，会不断自动拨号上网，并利用文件中的地址信息或者网络共享进行传播，最终破坏用户的大部分重要数据。最著名的蠕虫病毒有“红色代码”“爱虫”“尼姆达”等。

6. 特洛伊病毒

特洛伊病毒也叫木马病毒，源自古希腊特洛伊战争中著名的“木马计”而得名，顾名思义就是一种伪装潜伏的网络病毒，等待时机成熟就出来进行破坏。一般此种病毒分成服务器端和客户端两种。木马病毒的发作要在用户的机器里运行客户端程序，一旦发作，就会修改注册表、驻留内存、在系统中安装后门程序、开机加载附带的木马，定时地发送该用户的隐私到木马程序指定的地址，一般同时内置可进入该用户电脑的端口，并可任意控制此计算机，进行文件删除、复制、改密码等非法操作。此类典型病毒有“网络天空”“灰鸽子”等。

7. 脚本病毒

脚本病毒的公有特性是使用脚本语言编写，通过网页进行传播的病毒。脚本病毒依赖一种特殊的脚本语言（如：VBScript、JavaScript 等）起作用，同时需要主软件或应用环境能够正确识别和翻译这种脚本语言中嵌套的命令。脚本病毒可以在多个产品环境中进行，还能在其他所有可以识别和翻译它的产品中运行。脚本语言比宏语言更具有开放终端的趋势，这样使得病毒制造者对感染脚本病毒的机器可以有更多的控制力。典型的脚本病毒有“Script. Redlof”“新欢乐时光”“QQ 尾巴”等。

9.1.4　计算机病毒的特征

计算机病毒本身也是一段或一个人为编写的计算机程序，只是该程序是未经用户允许而执行的，用来破坏计算机系统或影响计算机系统正常运行的“恶行”代码。从计算机病毒的本质来看，它具有以下几个明显的特征。

（1）非法执行性

通常用户调用执行一个程序时，系统会把控制权交给这个程序，并分配给它相应的系统资源，从而使之完成用户的需求。虽然计算机病毒是非法程序，但由于计算机病毒具有正常程序的一切特性，所以当计算机病毒隐藏在合法的程序或数据中运行时，病毒便会伺机窃取到系统的控制权，并得以抢先运行。

（2）传染性

计算机病毒是一段人为编制的计算机程序代码，这段程序代码一旦进入计算机并得以执行，它会搜索其他符合其传染条件的程序或存储介质，确定目标后再将自身代码插入其中，达到自我繁殖的目的。只要一台计算机染毒，如不及时处理，那么计算机病毒会通过各种渠道从已被感染的计算机迅速扩散到未被感染的计算机。而被感染的计算机又成了新的传染源，再与其他机器进行数据交换或通过网络接触，病毒会继续进行传染。传染性是判别一个程序是否为计算机病毒的最重要条件。

（3）潜伏性

计算机病毒具有依附于其他程序的能力，即寄生能力，通常用于寄生计算机病毒的程序称为计算机病毒的宿主。依靠寄生能力，大部分病毒感染正常程序之后一般不会马上发作，而是隐藏一段时间后，在满足特定条件时才启动破坏模块。这样病毒的潜伏性越隐蔽，其存在时间就越长，破坏就越大。如著名的“黑色星期五”在逢13 日的星期五发作。最令人难忘的便是 4 月 26 日发作的 CIH。

（4）可触发性

触发性是指计算机病毒的发作一般都有一个或几个激发条件。这个条件根据病毒作者的要求可以是日期、时间、特定程序的运行或程序的运行次数等。当满足该触发条件后计算机病毒便会开始发作。

(5) 破坏性

任何病毒只要侵入系统,都会对系统及应用程序产生不同程度的影响。轻者会降低计算机工作效率,占用系统资源;重者删除文件、数据,摧毁整个系统,甚至破坏计算机硬件。根据该特性可将病毒分为良性病毒与恶性病毒。良性病毒可能只显示些画面或播出点音乐、无聊的语句,或者根本没有任何破坏动作,只是占用一些系统资源。这类病毒较多,例如 GENP、小球、W-BOOT 等。

(6) 隐蔽性

计算机病毒一般是具有很高编程技巧、短小精悍的程序。通常附在正常程序中或磁盘较隐蔽的地方,也有个别的以隐含文件形式出现,目的是不让用户发现它的存在。大部分病毒代码之所以设计得比较短小,也是为了便于隐藏。它一般只有几百或 1K 字节,而 PC 对 DOS 文件的存取速度可达每秒几百 KB 以上,所以病毒转瞬之间便可将这短短的几百字节附着到正常程序之中,非常不易察觉。一般在没有防护措施的情况下,病毒程序取得系统控制权后,可以在很短的时间里传染大量程序。而且受到传染后,计算机系统通常仍能正常运行,使用户不会感到任何异常。正是由于隐蔽性,病毒得以在用户没有察觉的情况下扩散到上百万台计算机中。

(7) 衍生性

这种特性为病毒制造者提供了一种创造新病毒的捷径。分析计算机病毒的结构可知。感染和破坏部分反映了设计者的设计思想和设计目的。但是,这可以被其他掌握原理的人以其个人的企图进行任意改动,从而又衍生出一种不同于原版本的新的计算机病毒(又称为变种)。这就是它的衍生性。这种变种病毒造成的后果可能比原版病毒严重得多。

(8) 针对性

计算机病毒是针对特定的计算机和特定的操作系统而设计的。例如,有针对 IBM PC 及其兼容机的,有针对 Apple 公司的 Macintosh 的,还有针对 UNIX 操作系统的。例如,小球病毒是针对 IBM PC 及其兼容机上的 DOS 操作系统的。

(9) 持久性

由于计算机病毒的变异,使得消灭计算机病毒的工作十分不易。即使发现了病毒,数据和操作系统的恢复都非常困难。特别是在网络操作情况下,由于病毒程序通过网络系统反复复制传播,使得病毒程序的清除变得非常复杂。

随着计算机网络时代的到来,网络为计算机病毒的传播带来了便捷,同时也展现出计算机病毒的许多新特点。

(1) 传播速度极快

现在,计算机病毒具有蠕虫的特点,可以利用网络进行传播。因此,当一种新病毒出现后,可以迅速通过国际互联网传播到世界各地。如"爱虫"病毒在一两天内迅速传播到世界的主要计算机网络,并造成欧美国家的计算机网络瘫痪。

(2) 主动通过网络和邮件系统传播

从当前流行的计算机病毒来看,其中 70%病毒都可以利用邮件系统和网络进行传播。虽然 W97M_ETHAN. A 和 097M_TRISTATE 等这些宏病毒不能主动通过网络传播，但是很多人使用Office系统创建和编辑文档，然后通过电子邮件交换信息。因此，宏病毒也是通过邮件进行传播的。

(3) 难以控制

利用网络传播、破坏的计算机病毒，一旦在网络中传播、蔓延便很难控制。往往准备采取防护措施的时候，可能已经遭受病毒的侵袭，除非关闭网络服务，但是这样做很难被人接受，同时关闭网络服务可能会蒙受更大的损失。

(4) 难以根治、容易引起多次疫情

最早在1999年3月份爆发的“美丽莎”病毒，人们花了很多精力和财力才控制住。但是，2001年它又在美国死灰复燃，再一次形成疫情，造成破坏。之所以出现这种情况，一是由于人们放松了警惕性，新投入使用的系统未安装防病毒系统；再者是使用了之前保存的染病毒文档，激活了病毒再次流行。

9.2 计算机病毒的工作原理

为了做好病毒的检测、预防和清除工作，首先要在认清计算机病毒的结构和主要特征的基础上，了解计算机病毒的工作的一般过程及其原理，针对每个环节做出相应的防范措施，为检测和清除病毒提供充实可靠的依据。

9.2.1 计算机病毒的结构

计算机病毒的种类虽多，但对病毒代码进行分析、比较可以看出，它们的主要结构是类似的。整个计算机病毒一般由四大部分组成：引导模块、感染模块、破坏模块和触发模块。当计算机病毒经过引导功能开始进入内存后，便处于活动状态，满足一定触发条件后就开始进行传染和破坏，从而构成对计算机系统和资源的威胁。

(1) 引导模块

引导模块也就是病毒的初始化部分，它的作用是将病毒主体加载到内存，并窃取系统的控制权，同时也完成把病毒程序的其他两个模块驻留内存及初始化的工作(如驻留内存、修改中断、修改高端内存等操作)，然后把执行权交给源文件。

(2) 感染模块

感染模块的作用是寻找被感染目标，检查目标是否感染本病毒或是否满足其他感染条件。如果条件满足，则将病毒代码复制到传染目标上去。一般来说，不同类型的病毒在感染方式、感染条件上各有不同。计算机病毒的感染方式基本可分为两大类：立即感染和驻留内存并伺机感染。

(3) 破坏模块

破坏模块是病毒对系统或磁盘上的文件进行破坏活动，前两个模块也是为这部分服务的。不同的病毒破坏的方式或破坏的杀伤力不一样，这取决于病毒作者的主观愿望和他所具有的技术能量。病毒破坏的主要目标如下：系统数据区、文件、内存、磁盘、系统文件、主板和网络等。

(4) 触发模块

大部分的病毒为了增加自己的隐藏性，往往都是有一定条件才会触发其破坏模块。可触发性是病毒的攻击性和潜伏性之间的调整杠杆，可以控制病毒感染和破坏的频度，在杀伤力和潜伏性之间寻求平衡。目前病毒采用的触发条件主要有日期触发、时间触发、键盘触发、启动触发、感染触发、访问磁盘次数触发等。这个模块也是最为灵活的部分，根据编制者的不同目的而千差万别，而有的病毒也可能根本没有这个模块。

9.2.2 计算机病毒的引导机制

1. 计算机病毒的寄生对象

计算机病毒要实现它的目标，就必须从存储体进入内存。因此，计算机病毒在存储体中的寄生位置一定是可以激活的部分。就目前出现的各种计算机病毒来看，其寄生对象主要有两种：一种是寄生在硬盘的主引导扇区或磁盘逻辑分析引导扇区中；另一种是寄生在可执行程序(如.exe或.com)中。不论是磁盘引导扇区还是可执行文件，它们都有获取执行权的可能，病毒程序寄生在它们的上面，就可以在一定条件下获得执行权，从而激活计算机病毒，然后进行病毒的动态传播和破坏活动。

2. 计算机病毒的寄生方式

计算机病毒的寄生方式有两种，一种是采用替代法，另一种是采用链接法。所谓替代法是指病毒程序用自己的部分或全部指令代码，替代磁盘引导扇区或文件中的全部或部分内容。所谓链接法则是指病毒程序将自身代码作为正常程序的一部分与原有正常程序链接在一起，病毒链接的位置可能在正常程序的首部、尾部或中间。寄生在磁盘引导扇区的病毒一般采取替代法，而寄生在可执行文件中的病毒一般采用链接法。

3. 计算机病毒的引导过程

计算机病毒寄生的目的就是为了能让自己运行，从而激活自己。计算机病毒的引导过程一般包括以下3个方面。

(1) 驻留内存

计算机病毒若要发挥其破坏作用，一般要驻留内存，为此就必须开辟所用内存空间或覆盖系统占用的部分内存空间。但是也有一些病毒是不用驻留在内存的。

(2) 窃取系统控制权

计算机病毒程序驻留内存后，必须使有关部分取代或扩充系统的原有功能，并窃取系统的控制权。此后病毒程序依据其设计思想，隐蔽自己，在时机成熟时进行传染和破坏。

(3) 恢复系统功能

计算机病毒为了隐蔽自己，驻留内存后还要恢复系统，使系统不会死机或出现明显的异常状况，只有这样才能等待时机成熟后，达到感染和破坏的目的。有的病毒在加载之前进行动态反跟踪和病毒体解密，这使得对病毒的发现和清除更加困难。

对于寄生在磁盘引导扇区的计算机病毒来说，为了能让自己运行，同时还不能影响原有系统的运行，病毒引导程序占用了原系统引导程序的位置，并把原系统引导程序转移到一个特定的地方。这样一来，当计算机系统启动的时候，病毒引导模块就会自动装入内存并获得执行权，然后该引导程序负责将病毒程序的其他模块装入内存的适当位置，并采取常驻内存技术以保证这些模块不会被覆盖，接着设定某种触发方式，使之在适当的时候获得执行权。之后，病毒引导模块将正常系统引导模块装入内存，使计算机系统在带毒状态下正常启动运行。

对于寄生在可执行文件中的病毒来说，计算机病毒程序一般通过修改原有可执行文件，使该文件在运行时，先转入病毒程序引导模块，完成驻留内存及初始化的工作后，再把执行权交给执行文件，使系统及可执行文件继续正常运行。

9.2.3 计算机病毒的触发机制

传染、潜伏、可触发、破坏是病毒的基本特性。可触发性是病毒的攻击性和潜伏性之间的调整杠杆，可以控制病毒感染和破坏的频度，兼顾杀伤力和潜伏性。

过于苛刻的触发条件，可能使病毒有好的潜伏性，但不易传播、杀伤力较低。而过于宽松的触发条件将导致病毒频繁感染与破坏，容易暴露，导致用户做反病毒处理，也不能有大的杀伤力。

计算机病毒在传染和发作之前，往往要判断某些特定条件是否满足，满足则传染或发作，否则不传染、不发作或只传染不发作，这个条件就是计算机病毒的触发条件。

实际上病毒采用的触发条件花样繁多，目前病毒采用的触发条件主要有以下几种。

(1) 启动触发

计算机病毒对机器的启动次数计数，并将此值作为触发条件称为启动触发。

(2) 键盘触发

有些病毒监视用户的击键动作，当发现病毒预定的键时，病毒被激活，进行某些特定操作。键盘触发包括击键次数触发、组合键触发、热启动触发等。

(3) 感染触发

许多病毒的感染需要某些条件触发，而且相当数量的病毒又以与感染有关的信息反过来作为破坏行为的触发条件，称为感染触发。它包括运行感染文件个数触发、感染序数触发、感染磁盘数触发、感染失败触发等。

(4) 时间触发

时间触发包括特定的时间触发、染毒后累计工作时间触发、文件最后写入时间触发等。

(5) 日期触发

许多病毒采用日期做触发条件。日期触发大体包括：特定日期触发、月份触发、前半年或后半年触发等。

(6) 访问磁盘次数触发

病毒对磁盘I/O访问的次数进行计数,以预定次数作为触发条件称为访问磁盘次数触发。

(7) 调用中断功能触发

病毒对中断调用次数计数,以预定次数作为触发条件。

(8) CPU型号/主板型号触发

计算机病毒以预定的CPU型号/主板型号作为触发条件,这种触发方式比较少见。

被计算机病毒使用的触发条件是多种多样的,而且往往不只是使用上面所述的某一个条件,可能使用由多个条件组合起来的触发条件。大多数病毒的组合触发条件是基于时间的,再辅以读写盘操作、按键操作以及其他条件。

计算机病毒中有关触发机制的代码是其敏感部分。剖析病毒时,如果搞清病毒的触发机制,可以修改此部分代码,使计算机病毒失效,就可以产生没有潜伏性的极为外露的病毒样本,供反病毒研究使用。

9.2.4 计算机病毒的破坏机制

计算机病毒的破坏机制是通过修改某一个中断向量入口地址,使该中断向量指向计算机病毒程序的破坏模块。当计算机系统或被加载程序访问该中断向量时,病毒的破坏模块被激活,在判断触发条件满足的情况下,展开设定的破坏行为。数以万计不断发展扩张的病毒,其破坏行为千奇百怪,难以做出全面的描述。根据已有的病毒资料分析,可以把病毒的破坏目标和攻击部位归纳如下。

(1) 系统数据区攻击

攻击部位包括:硬盘主引导扇区、Boot扇区、FAT表、文件目录。一般来说,攻击系统数据区的病毒是恶性病毒,受损的数据不易恢复。

(2) 文件攻击

病毒对文件的攻击方式很多,可列举如下:删除、改名、替换内容、丢失部分程序代码、内容颠倒、写入时间空白、变碎片、假冒文件、丢失文件簇、丢失数据文件等。

(3) 内存攻击

内存是计算机的重要资源,也是病毒的攻击目标。病毒额外地占用和消耗系统的内存资源,可以导致一些大程序运行受阻。病毒攻击内存的方式如下:占用大量内存、改变内存总量、禁止分配内存等。

(4) 磁盘攻击

比如攻击磁盘数据、不写盘、写操作变读操作、写盘时丢字节。

(5) CMOS攻击

在计算机的CMOS区中,保存着系统的重要数据,例如系统时钟、磁盘类型、内存容量等,并具有校验和。有的病毒激活时,能够对CMOS区进行写入动作,破坏系统CMOS中的数据。

(6) 运行速度攻击

病毒激活时,其内部的时间延迟程序启动。在时钟中纳入了时间的循环计数,迫使计算机空转,使计算机速度明显下降。

(7) 干扰系统运行攻击

病毒会干扰系统的正常运行,以此作为自己的破坏行为。此类行为也是花样繁多,例如:不执行命令、干扰内部命令的执行、虚假报警、打不开文件、内部栈溢出、占用特殊数据区、换现行盘、时钟倒转、重启动、死机、强制游戏、扰乱串并行口等。

9.3 计算机病毒的检测与防范

随着计算机网络的发展,使有些计算机病毒借助网络爆发流行,如"U 盘寄生虫""ARP 病毒""网游盗号病毒"等,给广大计算机用户带来了极大的困扰。因此,在与计算机病毒的对抗中,如何能及早发现计算机病毒很重要,早发现就能早处理,就可以减少损失。同时,如果能采取积极有效的防范措施,就能使系统不被计算机病毒侵害,或者染毒后能减少损失。

9.3.1 计算机病毒的检测

计算机病毒检测技术是通过一定的技术手段判定出计算机病毒。在早期进行病毒检测时,想要知道自己的计算机是否染有病毒,人们一般使用最简单的方法是人工观察,随着技术的发展,则使用较新的防病毒软件对磁盘进行全面的检测。

无论如何高明的病毒,在其侵入系统后总会留下一些"蛛丝马迹"。对于一些外在表现较为明显的病毒,可以通过一些简单的观察,从而能够及早地发现新病毒。首先,观察计算机的各种不正常的表现来判断。比如:计算机无故死机、运行速度异常、内存不足的错误、无意中要求对软盘进行写操作、正常运行的应用程序经常发生死机或非法错误等。这些现象的发生都有可能是计算机染毒的表现。其次,应注意常用的可执行文件(如 Command. com)的字节数。绝大多数的病毒在对文件进行传染后会使文件的长度增加。在查看文件字节数时应首先用干净的系统盘启动。

使用人为观察的方式能够发现一些病毒的存在,但还有很多的病毒是无法用观察的方式发现的。这时就需要使用计算机检测技术来检测计算机病毒的存在。计算机病毒检测技术主要有两种:一种是根据计算机病毒程序中的关键字、特征程序段内容、计算机病毒特征及感染方式、文件长度的变化,在特征分类的基础上建立的计算机病毒检测技术;另一种是对某个文件或数据段进行检验计算并保存其结果,以后定期或不定期地根据保存的结果检验该文件或数据段是否存在差异。

检测计算机病毒的技术主要有:特征代码法、校验和法、行为监测法、软件模拟法、系统数据对比法等,这些方法依据的原理不同,实现时所需开销不同,检测范围不同,各有所长。下面简单介绍其中的几种。

1. 特征代码法

计算机病毒程序通常具有明显的特征代码。特征代码可能是计算机病毒的感染标记,由字母或数组组成的串;也可能是以小段计算机程序,由若干计算机指令组成。将已知计算机病毒的特征代码收集起来就构成了计算机病毒特征代码数据库。若要判断程序是否感染病毒,只要查看该程序中是否有某些可执行代码段作判断即可。

特征代码法被早期应用于SCAN、CPAV等著名病毒检测工具中。国外专家认为特征代码法是检测已知病毒最简单、开销最小的方法。特征代码法的实现步骤如下:采集已知病毒样本;在计算机病毒样本中,抽取计算机病毒特征代码;将特征代码纳入计算机病毒数据库;检测文件。采用病毒特征代码法的检测工具,面对不断出现的新病毒,必须不断更新版本,否则检测工具便会老化,逐渐失去实用价值。病毒特征代码法对从未见过的新病毒,自然无法知道其特征代码,因而无法去检测这些新病毒。

计算机病毒代码串的选择是非常重要的,选择特征代码的规则如下所述:抽取的代码比较特殊,不大可能与普通正常程序代码吻合,能够将计算机病毒与正常的非计算机病毒程序区分开;抽取的代码要有适当长度,一方面维持特征代码的唯一性,另一方面又不要有太大的空间与时间的开销;代码串不应含有计算机病毒的数据区,数据区是会经常变化的;在既感染.com文件又感染.exe文件的病毒样本中,要抽取两种样本共有的代码。

特征代码法的优点是:检测准确快速;可识别病毒的具体类型;误报警率低;依据检测结果,可做杀毒处理。其缺点是:由于特征代码库的更新落后于新病毒的出现,因此不能检测未知病毒;搜集已知病毒的特征代码,研发费用开销大;在网络上效率低,因为在网络服务器上长时间检索会使整个网络服务性能降低。

2. 校验和法

针对正常文件内容的校验和,将该校验和写入文件中或写入别的文件中保存。在文件使用过程中,定期地或每次使用文件前,检查文件现在内容算出的校验和与原来保存的校验和是否一致,因而可以发现文件是否感染,这种方法称为校验和法。它既可发现已知病毒又可发现未知病毒。

校验和法不能识别病毒的种类,不能给出计算机病毒的名称。由于病毒感染并非文件内容改变的唯一的非他性原因,文件内容的改变有可能是正常程序引起的,所以校验和法常常误报警。而且此种方法也会影响文件的运行速度。

病毒感染的确会引起文件内容变化,但是校验和法对文件内容的变化太敏感,又不能区分正常程序引起的变动,故而频繁报警。用监视文件的校验和来检测病毒,不是最好的方法。

这种方法遇到下述情况:已有软件版更新、变更密码、修改运行参数,校验和法都会误报警。

运用校验和法查病毒一般采用以下3种方式。

① 在检测病毒工具中纳入校验和法，对被查的对象文件计算其正常状态的校验和，将校验和值写入被查文件中或检测工具中，而后进行比较。

② 在应用程序中，放入校验和法自我检查功能，将文件正常状态的校验和写入文件本身，每当应用程序启动时，比较现行校验和与原校验和值，实现应用程序的自检测。

③ 将校验和检查程序常驻内存，每当应用程序开始运行时，自动比较检查应用程序内部或别的文件中预先保存的校验和。

校验和法的优点是：方法简单；能发现未知病毒；被查文件的细微变化也能发现。其缺点是：需要预先记录程序正常状态的校验和；误报警率较高；不能识别计算机病毒类型；不能对付隐蔽型病毒。

3. 行为监测法

通过对病毒多年的观察、研究，计算机病毒有一些行为是计算机病毒的共同行为，而且比较特殊。利用计算机病毒的特有行为来监测程序，发现这些行为就报警的方法称为行为监测法。

这些作为监测病毒的行为特征如下。

① 占有 INT 13H 所有的引导型病毒，都攻击 Boot 扇区或主引导扇区。系统启动时，当 Boot 扇区或主引导扇区获得执行权时，系统刚刚开工。一般引导型病毒都会占用 INT 13H 功能，因为其他系统功能未设置好，无法利用。引导型病毒占据 INT 13H 功能，在其中放置病毒所需的代码。

② 修改 DOS 系统为数据区的内存总量。病毒常驻内存后，为了防止 DOS 系统将其覆盖，必须修改系统内存总量。

③ 对 COM、EXE 文件做写入动作。病毒要感染，必须修改.com 及.exe 文件。

④ 病毒程序与宿主程序的切换。染毒程序运行中，先运行病毒，而后执行宿主程序。在两者切换时，有许多特征行为。

⑤ 扫描、试探特定的端口，修改文件和文件夹属性，添加共享等。

行为监测法的优点是：能发现未知病毒；能准确地预报未知的多数病毒。缺点是：可能会出现误报警；不能识别病毒类型；实现时有一定难度。

9.3.2 计算机网络病毒的预防

计算机病毒的侵入并将对系统资源构成威胁，无论是良性的病毒还是恶性的病毒。尤其是通过网络传播的计算机病毒，具有传播速度快、传染范围大，短时间内就可能造成巨大的损失。因此，防止计算机病毒应以预防为主，建立网络系统病毒防护体系，采用有效的网络病毒预防措施和技术。

计算机病毒预防就是指通过建立合理的计算机病毒防范体系和制度，及时发现计算机病毒侵入，并采取有效的手段阻止计算机病毒的传播。

一般来说预防计算机病毒是主动的，而杀毒是被动的。我们希望在病毒还没有造成破坏以前就消灭它，而不是病毒已经造成损失再杀它。原则上说，计算机病毒防治应采取

"主动预防为主,被动杀毒为辅"的策略。

计算机病毒的预防应从两个方面入手,一方面是从管理制度上入手,另一方面则是从计算机病毒预防技术上入手,二者缺一不可,偏废哪一方都不应该。

1. 制度管理

计算机病毒预防的管理制度的制定是至关重要的,涉及管理制度、行为准则和操作规程等。如机房或计算机网络系统要制定严格的管理制度,避免蓄意制造、传播病毒的事件发生;对接触计算机系统的人员进行选择和审查;对系统工作人员和资源进行访问权限划分;下载的文件要经过严格检查,甚至下载文件、接收邮件要使用专门的终端和账号,接收到的程序要严格限制执行等。只有建立好的全面的安全管理制度,才能及早发现和清除安全隐患,减少或避免计算机病毒的入侵。

2. 预防技术

计算机病毒预防是在计算机病毒尚未入侵或刚刚入侵时,就阻击入侵和立即报警。针对病毒的特点,利用现有的技术和开发新的技术,使防病毒软件在与计算机病毒的抗争中不断得到完善,更好地发挥保护作用。目前可采用如下的技术来预防计算机病毒的入侵。

① 将查毒软件和杀毒软件集成在一起,检查是否存在已知病毒,如在开机时或在执行每一个可执行文件前执行扫描程序。

② 监测写盘操作,如果有一个程序对可执行文件进行写操作,就认为改程序可能是计算机病毒。

③ 对系统中的文件形成一个密码检验码和实现对程序完整性的验证,在程序执行前对程序进行密码校验,如有不匹配现象就报警。

④ 检测病毒经常要改变的系统信息,如引导区、中断向量表、可用内存空间等,来确定计算机病毒的存在与否。

9.4 蠕虫的防治

蠕虫是一种通过网络传播的恶性计算机病毒,它具有计算机病毒的一些共性,同时也具有不利用文件寄生等自己的一些特征。它使用危害的代码来攻击网络上的受害主机,并在受害主机上自我复制,再攻击其他的受害主机。

9.4.1 蠕虫的特征

蠕虫(worm)是通过分布式网络来扩散特定的信息,进而造成网络服务遭到拒绝并发生死锁。计算机网络系统的建立是为了使多台计算机能够共享数据资料和外部资源,然而也给计算机蠕虫带来了更为有利的生存和传播的环境。在网络环境下，蠕虫可以按指数增长模式进行传播。蠕虫侵入计算机网络，可以导致计算机网络效率急剧下降、系统资源遭到严重破坏，短时间内造成网络系统的瘫痪。在网络环境中，蠕虫具有以下一些新特性。

(1) 传播速度快

在单机上，病毒只能通过移动存储设备从一台计算机传染到另一台计算机，而在网络中则可以通过网络通信机制，借助高速通信网络进行迅速扩散。由于蠕虫在网络中传染速度非常快，扩散范围很大，不但能迅速传染局域网内所有计算机，还能通过远程工作站将蠕虫在一瞬间传播到千里之外。

(2) 清除难度大

在单机中，再顽固的病毒也可通过删除带毒文件、低级格式化硬盘等措施将病毒清除，而网络中只要有一台主机未能彻底杀毒就可能使整个网络重新被病毒感染，甚至刚刚完成杀毒工作的一台主机马上就能被网上另一台主机中的带毒程序所传染，因此，仅对主机进行病毒杀除不能彻底解决网络蠕虫的问题，而需要借助防火墙等安全设备进行管理。

(3) 破坏性强

网络中蠕虫将直接影响网络的工作状态，轻则降低速度，影响工作效率，重则造成网络系统的瘫痪破坏服务器系统资源，使系统数据毁于一旦。

9.4.2 蠕虫的分类与感染对象

蠕虫的最重要特征是它本身就是一个独立的个体，不需要依附于其他程序上，其自身能够进行复制和传播，并且以网络作为传播途径来感染计算机。

1. 蠕虫的分类

将“蠕虫”称为“蠕虫病毒”，是因为蠕虫具有病毒的一些共性，如传播性、隐蔽性、破坏性等。同时，蠕虫不同于其他的病毒，是因为它具有自己的一些特征，如不利用文件寄生(即没有宿主程序)，在IP网络中利用系统的漏洞进行扫描和入侵，导致网络被阻塞，以及和黑客技术相结合对网络进行攻击等。另外，从破坏性上看，由于蠕虫利用了现代计算机网络的特点，可以在很短时间内蔓延到整个网络，造成网络瘫痪，因此，蠕虫的破坏性是其他病毒所无法比拟的。

根据蠕虫对系统进行破坏的过程，可以将蠕虫分为两类。一类是利用系统漏洞进行攻击，对整个网络(网络企业内部网络和互联网)产生威胁，可造成网络瘫痪，主要有红色代码、尼姆达、SQL蠕虫王等。另一类是通过电子邮件及恶意网页的形式进行，主要针对个人用户，主要有爱虫病毒、求职信病毒等。其中，前一类蠕虫具有很大的主动攻击性和突发性，但由于它主要利用系统的漏洞对网络进行破坏，所以这类蠕虫的清除和防治并不困难。第二种病毒的传播方式比较复杂和多样，多利用微软应用程序的漏洞和社会工程学对用户进行欺骗和诱使，所以这类病毒较难完全根除。

2. 蠕虫的感染对象

蠕虫一般不依赖于某一个文件，而是通过 IP 网络进行自身复制。例如，病毒的传染能力主要是针对计算机内的文件系统而言，而蠕虫的传染目标是网络内的所有计算机，例如局域网中的共享文件夹、电子邮件、恶意网页、存在一定漏洞的主机（多为服务器）等都成为蠕虫传播的主选途径。

9.4.3 系统感染蠕虫的症状

当蠕虫感染计算机系统后，表现为系统运行速度和上网速度均变慢，如果网络中有防火墙，防火墙会产生报警等。下面根据不同类型蠕虫的传播和破坏方式，分别介绍几类主要的表现。

(1) 利用系统漏洞进行破坏的蠕虫

此类蠕虫主要有“红色代码”“尼姆达”“求职信”等。“尼姆达”病毒利用 Windows 操作系统中 IE 浏览器的漏洞，通过用 Web 方式接收邮件的方式传播。感染了“尼姆达”病毒的邮件，即使用户不打开它的附件，该类病毒也能够被激活，进而对系统进行破坏。“红色代码”则是利用了 Windows 操作系统中 IIS 的漏洞（idq. dll 远程缓存区溢出）来传播。而“SQL 蠕虫王”是利用了 Microsoft 公司的 SQL Server 数据库系统的漏洞进行大肆攻击。

(2) 通过网页进行触发的蠕虫

蠕虫的编写技术与传统的病毒有所不同，许多蠕虫是利用当前最新的编程语言与编程技术来编写的，而且同一蠕虫程序易于修改，从而产生新的变种，以逃避反病毒软件的搜索。现在大量的蠕虫用 Java、ActiveX、VBScript 等技术，多潜伏在 HTML 页面文件里，当打开相应的网页时则自动触发。

(3) 蠕虫与黑客技术相结合

现在的许多蠕虫不仅仅是单独对系统破坏，而且与黑客技术相结合，为黑客入侵提供了必要的条件。例如当系统感染“红色代码”后，在计算机的 Web 目录的\scripts 子目录下将生成一个 root. exe，利用该文件可以远程执行任何命令，从而使黑客能够再次进入。另外，像“尼姆达”“求职信”等蠕虫可通过文件、电子邮件、Web 服务器、网络共享等多种途径进行传播。

9.4.4 蠕虫的防治

病毒并不是非常可怕的，防范此类病毒需要注意以下几点。

1. 使用杀毒软件

随着病毒的发展，人们对杀毒软件的依赖也越来越高。因此，根据需要选购合适的杀毒软件成为防病毒的基本手段。杀毒软件对病毒的查杀是以病毒的特征码为依据的，而病毒每天都层出不穷，尤其是在网络时代，蠕虫病毒的传播速度快、变种多，所以必须随时更新病毒库，以便能够查杀最新的病毒。

2. 更新系统补丁

更新操作系统补丁的目的之一是堵住系统的漏洞。由许多病毒，例如 SQL 蠕虫王、冲击波和震荡波等病毒都是利用系统存在的不同漏洞来入侵并发作的，所以及时更新补丁对于防治蠕虫是非常重要的。可利用 Windows 操作系统自带的 Windows Update 补丁管理工具来为系统安装补丁程序。

Windows Update 分为在线更新和自动更新两种方法。在线更新需要计算机接入 Internet，在 IE 浏览器中输入 Microsoft 公司补丁程序网站的地址 http：//windowsupdate. microsoft. com；或者在 IE 浏览器中选择“工具”菜单下的“Windows Update”来打开在线更新功能。当用户打开在线更新功能时，系统本身会把自己的相关信息上传给补丁程序更新网站，然后网站根据收到的系统信息判断系统有哪些补丁程序还没有安装，并且将判断结果以列表的形式显示出来。用户可以在该列表中选择要安装的补丁程序。

自动更新功能就是由计算机操作系统自己按时去下载更新数据包，更新操作系统。Windows Update 自动更新的使用方法为选择“开始→设置→控制面板→自动更新”，在打开的如图 9.1 所示的对话框中进行配置，其中需要选择“自动(推荐)”单选按钮，然后在下方的下拉列表框中选择自动更新的时间。在自动更新中，系统还提供了“下载更新”和“下载通知”两个功能。如图 9.1 所示，如果选择了“下载更新，但是由我来决定什么时间来安装”一项，系统会随时到 Windows Update 网站下载补丁程序，之后会询问用户是否要安装该补丁程序；当选择了“有可用下载时通知我，但是不要自动下载或安装更新”一

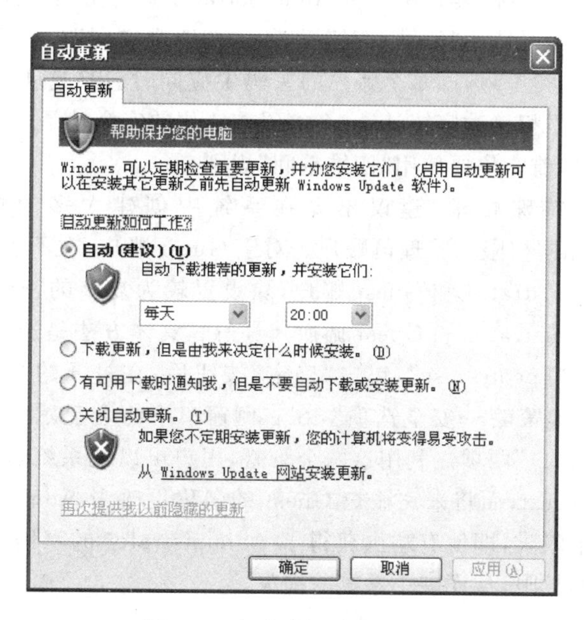

图 9.1 自动更新配置对话框

项时，如果 Windows update 网站有新的补丁发布，系统会提示用户来下载并安装该补丁程序，如图 9.2 所示。用户可以选择“快速安装(推荐)”来安装所有的补丁程序，也可以选择“自定义安装(高级)”来选择安装部分补丁程序。

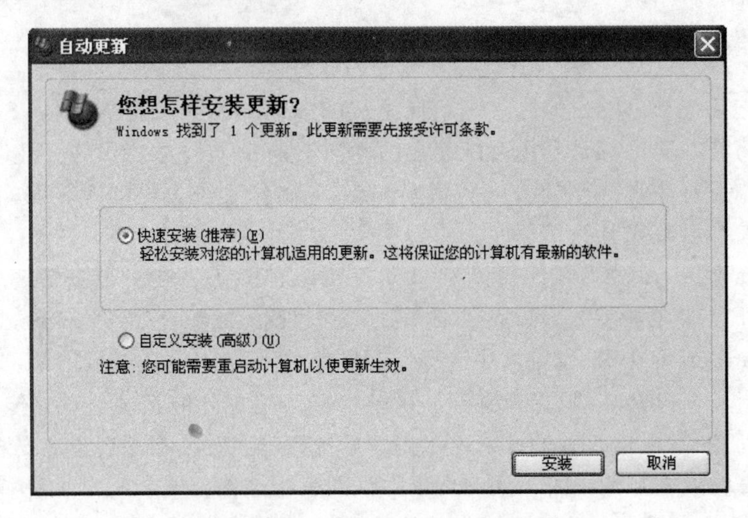

图 9.2 “自动更新”对话框

3. 加强对系统账户名称及密码的管理

现在的一些蠕虫已经具备了黑客程序的一些功能，有些蠕虫会通过暴力破解的方法来获得系统管理员的账户名称和密码，从而以系统管理员的身份入侵系统，并对其进行破坏。Windows 2000/XP/2003 默认的系统管理员账户名称 Administrator，为了防止蠕虫轻而易举地获得该账户名称，建议用户将 Administrator 进行更名。为了加强系统的安全性，对于密码的设置，建议使用“四维空间”规则。这“四维空间”分别为小写字母、大写字母、数字和特殊字符 4 类符号，即每个账户的密码中应同时包括这 4 类符号，同时密码的长度应在 8 位以上。据相关数字统计，一个密码前 6 位的安全性是非常重要的。因此，建议用户在设置密码时，前 6 位要使用“四维空间”规则。

另外，如果没有特殊要求，建议不要在系统中创建太多的账户，不要创建与 Administrator 具有相同权限的管理员账户。对于 Guest 账户，在不需要的时候可将其停用。此外，对于 Administrator 和 Guest 账户，除设置较为复杂的密码外，为了提高安全性，用户可以将 Administrator 和 Guest 调换其身份。具体方法是选择“开始→运行”，在打开的对话框中输入“gpedit. msc”，单击“确定”按钮后，在打开的“组策略”窗口中选择“Windows 设置→本地策略→安全选项”，在右侧窗口中将会显示“重命名来宾账户”和“重命名系统管理员账户”两项。利用这两个策略，用户可以把系统管理员 Administrator 的账户名称更改为 Guest，而将来宾账户 Guest 的名称更改为 Administrator。这样的设置会给蠕虫设置一个陷阱，即使有蠕虫获得了 Administrator 的密码，当其入侵系统后也只能获得来宾账户的权限，从而减小系统的损失。

4. 取消共享连接

文件和文件夹共享及IPC(Internet Process Connection)连接是蠕虫常用的入侵途径。因此,关闭不需要的共享文件或文件夹以及IPC,是减少蠕虫入侵的有效手段。打开某个文件夹的"属性"-"共享"对话框,在其中可以设置是否要共享这个文件夹。此外可以通过设置访问者及其权限来增强共享安全性。在共享文件夹的"属性"—"共享"对话框中,单击"权限"按钮,将打开"权限"对话框。其中,系统默认是每一个用户(Everyone)都能够访问该共享资源,而且访问权限是"完全控制"。为此,可将Everyone账户删除,然后单击"添加"按钮,添加允许访问该共享资源的用户名,同时可以根据用户实际需求来设置相应的权限。所有共享的文件夹可在"计算机管理"窗口的"系统工具"→"共享文件夹"中查看。

有时,为了获得更高的安全性,要求用户将系统中"共享"这一服务功能去掉。此时,用户可选择"开始→运行",在打开的对话框中输入"services.msc"命令,单击"确定"按钮,打开"服务"窗口。在该窗口中找到"Server"服务,单击鼠标右键,在出现的快捷菜单中选择"停止"命令,将打开"停止其他服务"对话框。单击"是"按钮,将关闭所有的共享服务,这样原来在"共享文件夹"中看到的共享连接将无法使用。

5. 提高防杀毒意识

在网络时代,人们使用计算机时,很大一部分是上网,因此养成好的习惯和意识,可以很好地防止计算机中毒。例如不要轻易去点击陌生的站点,有可能里面就含有恶意代码;不随意查看陌生邮件,尤其是带有附件的邮件等。

9.5 木马的防治

特洛伊木马(简称为"木马",英文为Trojan)不具有传统计算机病毒的特征,它不会感染其他的文件,不破坏计算机系统,同时也不进行自我的复制。但由于目前市面上的杀毒软件都支持对木马的查杀,因此习惯上将木马称为"木马病毒"。木马主要用来作为远程控制计算机、窃取用户密码以及私人数据的工具,它实际是一个具有非授权访问连接功能的后门程序。

当木马程序或带有木马的其他程序执行后,木马首先会在系统中潜伏下来,并修改系统的配置参数,使每次启动系统时都能够实现木马程序的自动加载。木马的工作方式属于客户/服务器模式(client/server,C/S)。客户端是指攻击者用于进行攻击的本地计算机,木马的客户端程序在本地主机运行,用来控制服务器端。服务器端则是被植入木马的远程计算机,木马的服务器端程序在远程主机上运行,一旦运行成功则远程主机就中了木马,它将成为一台木马服务器,可以被控制者通过客户端远程管理。

9.5.1 木马的隐藏

木马的运行一般是隐蔽的，是不能被用户发现的。为了防止被发现，因此它必须把自己隐藏起来。例如，有的木马在服务器端与正常程序进行绑定，从而使用户在使用被绑定的正常程序时实现木马的运行；有的木马会修改注册表和系统文件，以便使计算机在下一次启动后仍能运行木马程序，而不需要生成一个启动程序；有的木马程序能把自身的.exe 文件和服务端的图片文件(如扩展名为.jpg 或.bmp 的图片文件)绑定，在用户打开图片时，木马便能运行起来。虽然木马存在于用户计算机的方式多种多样，但其主要的隐藏方式有以下几种。

(1) 隐藏在“任务栏”里

有的木马在载入用户系统以后，会在 Windows 的“任务栏”里生成一些特有的图标，如果发现这种莫名的图标，应怀疑是木马程序在运行。但这种方式出现的木马很容易被用户发现，因此现在的许多木马程序在运行时已不会在“任务栏”中显示其程序图标。

(2) 隐藏在“任务管理器”里

在键盘上同时按下 Ctrl、Alt 和 Delete 三个键，将打开“任务管理器”程序，在打开的窗口中，选择“进程”标签，就可以查看系统中正在运行的进程。如果在进程列表中看到一些不知名的进程，这时可以怀疑是木马程序。有时，木马程序会将自己伪装为“系统服务”进程以欺骗用户。为了隐藏自己，现在的一些木马程序已实现了在进程中的伪装，使自己不出现在任务管理器中。这时，用户可以运行“开始”菜单→“运行”命令，在“运行”对话框中输入“cmd”命令，单击“确定”按钮，在打开的“命令行”窗口中，输入 tasklist 命令，来查看进程列表。

(3) 隐藏通信方式

由于服务器端的木马程序运行后都要和客户端进行通信连接，这种连接一般有直接连接和间接连接两种方式。直接连接是指攻击者通过客户端直接进入植有木马的服务器端。间接连接则是通过电子邮件、文件下载等方式把侵入主机的敏感信息发送给攻击者。为了把自己的通信隐藏起来，使之看上去就像正常进程的通信，现在大部分木马一般会在植入主机后，通过 TCP 或 UDP 端口进行驻留，而且有些木马多选择一些像 53、80、23 等常用的端口。例如，有的木马可以做到在通过 80 端口进行 HTTP 连接后，在收到正常的 HTTP 请求时仍然将其交给 Web 服务器进行处理，只有收到一些特殊约定的数据包时才调用木马程序。

(4) 隐藏加载方式

木马在植入主机后必须要运行才能起作用，为此在木马植入主机后需要伺机运行。在运行时，木马必须采取非常隐蔽的方式通过欺骗用户来运行，否则可能很快就被用户发现。为了实现这一个目的，木马程序常常潜入用户计算机的启动配置文件中，如 win.ini、system.ini 以及启动组文件等，以便木马程序能够随着系统的启动而运行。目前，由于一些互动网站大量应用脚本程序，例如 JavaScript、VBScript、ActiveX、XLM 等，这为木马的植入和运行提供了方便之门。因此不要随便点击网页上的链接，除非你了解它。

(5) 通过修改系统配置文件来隐藏

木马可以通过修改 VXD(虚拟设备驱动程序)或 DLL(动态链接库)文件来加载木马。这种方法与一般方法不同,它基本上摆脱了原有木马所采用的监听端口进行连接的模式,而是将木马程序改写成系统已知的 VXD 或 DLL 文件,以替代系统功能的方法来入侵。这样做不会增加新的文件,不需要打开新的端口,没有新的进程,使用常规的方法也就监测不到。

(6) 利用多重备份来隐藏

现在许多木马程序已实现了模块化,而其中的某些模块文件之间彼此互相备份,同时也可以相互恢复。因此当用户删除了其中的一个模块文件时,在其他模块中的备份文件就会立即运行,恢复已经删除的模块文件。

9.5.2 木马的自启动

一个好的木马程序在善于隐藏自己的同时,还必须具备自启动功能。例如,将木马加入到用户经常执行的程序(如 explorer. exe、iexplore. exe)中。当用户执行该程序时,木马程序就会随之运行。更普遍的方法是通过修改 Windows 系统文件和注册表来达到目的,主要表现在以下几个方面。

(1) 利用 win. ini 自启动

在 Windows 操作系统的 win. ini 文件的[windows]字段中有"load="和"run="两个启动命令,系统默认情况下这两条命令后面是空白的。如果要利用这两条命令启动木马,那么只要将要运行的木马程序加载到这两条启动命令就可以了。

(2) 利用 system. ini 自启动

在 Windows 的安装目录下有一个系统配置文件 system. ini,其中[386Enh]字段下的"driver=路径\程序名",是木马经常加载的地方。另外,在 system. ini 中用于给 Windows 操作系统来加载驱动程序的[mic]、[drivers]、[drivers32]字段,也是添加木马程序自启动的好地方。

(3) 利用 autoexec. bat 和 config. sys 自启动

在硬盘的系统引导分区(一般为 C: 分区)下存有 autoexec. bat 和 config. sys 两个系统批处理和配置文件,因为系统在启动时会运行这两个文件,因此也是木马经常用于自启动的地方。Winstart. bat 也是一个能自动被 Windows 加载运行的文件,它多数情况下为应用程序及 Windows 自动生成,在执行了 Win. com 并加载了多数驱动程序之后开始执行。

(4) 利用 Windows 启动组自启动

如果要在 Windows 操作系统启动时自动启动某一个程序,可以将其添加到"开始→程序→启动"组中,因此 Windows 的启动组也成为木马经常加载的地方。启动组对应的文件夹为 C:\Windows\start menu\program\startup,在注册表中的位置为 HKEY_CURRENT_USER\Software\Microsoft\Windows\CurrentVersion\Explorer\shell Folders 中的 Startup。

(5) 利用文件关联自启动

如果木马本身无法方便地实现自启动,就需要借助其他合法程序来完成,而文件关联就是其中最常用的方式之一。文件关联就是将一种类型的文件与一个可以打开它的程序建立起一种依存关系。例如,在 Windows 下我们将文本文件(.txt)与“记事本”(notepad.exe)程序关联起来。依靠这种关联,当你双击文本文件时,系统就会使用“记事本”程序来打开它。但是如果木马修改了这种关联后,使用木马程序代替了“记事本”程序,那么当打开文本文件时,将会自动运行木马程序。

(6) 利用捆绑文件自启动

木马的客户端通过工具软件将木马文件和某一应用程序的文件捆绑在一起后上传到服务器端,并覆盖服务器端的同名文件。这样即使运行的木马被发现并被删除,但只要系统运行捆绑有木马的应用程序,木马就会再次运行。这使得木马的查杀变得更加困难。如果将木马程序捆绑到杀病毒程序,那么每次 Windows 启动时均会启动木马,而且不会被杀病毒软件发现。

9.5.3 木马的种类

从木马程序产生以来,不但其隐蔽性得到加强,而且木马的技术和功能也在不断加强。从总体来看可以对目前已发现的木马程序进行以下分类。

(1) 远程控制型木马

远程控制木马是数量最多,危害最大,同时知名度也最高的一种木马。这类木马一般集成了其他木马和远程控制软件的功能:它可以让攻击者完全控制被感染的计算机,使其在被感染的机器上为所欲为,甚至可以完成一些连计算机主人本身都不能顺利进行的操作,可以得到机主的私人信息甚至包括信用卡、银行账号等至关重要的信息,给用户带来巨大的损失。例如冰河就是一个远程控制型木马,它可以进行键盘记录、上传和下载信息、修改注册表等操作。

(2) 密码发送型木马

密码发送型木马是专门为了窃取他人计算机上的各种密码而编写的程序。木马会自动搜索内存、Cache、临时文件夹以及其他各种包含有密码的文件,如 Windows XP、Windows Server 2003 的 SAM 文件中保存的账户密码等。当木马搜索到有用的密码,木马就会利用 25 号端口的简单邮件传输协议,将密码发送到指定的邮箱,从而达到非法窃取他人计算机上密码的目的。这种木马的设计目的是找到所有的隐藏密码并且在用户不知道的情况下把密码发送到指定的信箱。

(3) 键盘记录型木马

这种特洛伊木马是非常简单的,主要是用于记录用户敲击键盘的情况以及在日志文件(log 文件)中查找密码。它们分别记录用户在线和离线状态下敲击键盘时的按键情况,然后将记录的信息通过邮件发送到攻击者的邮箱中。攻击者在获得这些按键信息后,通过分析很容易就可以得到用户的各种计算机账户密码、游戏密码、邮件密码以及银行密码等。

(4) 破坏型木马

破坏型木马从字面意思就可以理解,即破坏植入木马的计算机系统,轻则删除重要数据、程序,传入病毒,重则使系统崩溃。破坏型木马的功能与计算机病毒有些相似,不同的是破坏型木马的激活是由攻击者控制的,其传播能力也比病毒要差很多。

(5) 拒绝服务攻击型木马

随着拒绝服务(denial of service,DOS)和分布式拒绝服务(distributed denial of service,DDOS)攻击的广泛应用,与之相伴的DOS攻击型木马也越来越流行。这种木马的危害不是体现在被感染计算机上,而是体现在攻击者可以利用它来攻击一台又一台计算机,给网络造成很大的伤害和带来损失。当黑客入侵了一台主机并植入了DOS攻击型木马,那么这台主机就成为黑客攻击信息的发起源头。黑客控制的主机越多,发起的DOS攻击也就越具有破坏性。例如邮件炸弹木马,主机被植入木马后,木马就会随机自动生成大量的邮件,并将其发送到特定的邮箱中,直到对方的邮件服务器瘫痪为止。

(6) 代理型木马

所谓代理其实就是一个跳板或中转,即两台计算机之间的通信必须借助中间的主机来完成,这台主机就是代理主机。代理型木马被植入主机后,该计算机就成为代理主机,木马程序会在本机开启HTTP、SOCKS等代理服务功能,攻击者把受感染的代理主机作为跳板,以被感染用户的身份进行黑客活动。例如,使用Telnet远程登录程序;ICQ、QQ、IRC等即时信息程序等,从而达到隐藏自己的目的。

(7) FTP木马

FTP木马是相对比较早期的类型,它利用网上广泛使用的FTP功能,通过FTP使用的TCP 21端口来实现主机之间的连接。后期发展的FTP木马加上了密码功能,这样只有攻击者本人才知道正确的密码,从而进入对方的计算机。

(8) 程序杀手木马

木马程序进入用户主机并不一定就能够生存下去,因为一般用户都安装有杀毒软件。只有通过了杀毒软件的检测,木马才能发挥自己的作用。程序杀手木马的功能主要就是关闭对方计算机上运行防病毒程序或防木马程序,从而让其他的木马安全进入,实现对主机的攻击。

(9) 反弹端口型木马

防火墙是网络安全防护的一道重要屏障。其主要功能就是将内部网络与外部网络隔离,对进入内部网络的数据包进行严格的分析和过滤,从而保护内部网络资源数据不被非授权访问。这种防护一般偏重于对进入内网数据包的检测,而对从内网出去的数据包则没有那么严格。木马开发者利用防火墙的这一特点,开发了反弹端口型木马。这种木马与以往木马的不同之处在于它将服务器端安放在攻击者的计算机中,服务器端使用主动端口。客户端安放在被攻击者的计算机中,客户端使用被动端口。木马的服务器端会定时检测客户端的存在,发现客户端上线后,立即弹出端口主动连接客户端打开的端口。为了隐蔽起见,客户端的端口一般开在常用服务,如80这类的端口上,这样木马就可以将传送的数据包含在正常服务协议(如HTTP)的报文中,从而避免被发现。

9.5.4 木马的特征

木马程序因为开发人和开发时期的不同、开发技术的不同以及开发目的不同而呈现出各种各样的种类，但无论哪种类型的木马程序，它们一般都有以下基本特征。

（1）隐蔽性

木马也是一种病毒，隐蔽性是木马首要特征。木马必须有能力长期潜伏于目标机器中，想尽一切办法不被发现，然后才能发挥作用。一个很容易被杀毒软件或者用户检查出来的木马程序将变得毫无价值。木马的隐蔽性主要体现在以下两个方面。一是不产生图标。它虽然在系统启动时会自动运行，但它不会在"任务栏"中产生一个图标，这样当木马运行时用户就不会在桌面上轻易发现它。二是木马程序自动在任务管理器中隐藏，并以"系统服务"的方式欺骗操作系统。这也就使用户不能轻易了解是否中了木马。

（2）自动运行性

木马程序只有运行起来才能为攻击者提供帮助，因此它是一个会随着系统启动时自动运行的程序。为了实现这一点，它常常潜入加载在启动配置文件中，如config. sys、autoexec. bat、win. ini、system. ini、winstart. bat以及启动组等文件之中。或者是与其他经常运行的程序绑定在一起，随着它们的运行而运行。

（3）欺骗性

为了能让自己存在于用户的计算机中，而不被用户发现，木马常常使用名字欺骗技术和假冒身份的方法来达到长期隐蔽的目的。它经常使用常见的文件名或扩展名，如dll、win、sys、explorer等字样；或者修改几个文件中的这些难以分辨的字符，仿制一些不易被人区别的文件名，如数字"1"与字母"l"、数字"0"与大写字母"O"；或者借用系统文件中已有的文件名，将它保存在不同路径之中。编制木马程序的人利用这些手段达到欺骗用户，隐藏自己的目的。

（4）自动恢复性

现在很多的木马程序中的功能模块已不再是由单一的文件组成，各模块文件之间互相备份，使木马具有多重备份的能力，即使木马程序中被删除了一个模块文件时，仅利用备份就可以恢复删除的文件。

9.5.5 系统中木马后的症状

一般木马程序进入用户的计算机，主要是通过电子邮件的附件、文件下载、脚本ActiveX及ASP. CGI交互脚本等方式，然后利用自启动方式使木马程序悄悄地在计算机中运行。由于木马程序都比较小，大小只有几KB到几十KB之间，因此木马程序一般很难被发现。与计算机病毒一样，当木马入侵系统后也会表现出一定的症状，主要表现为以下几种。

（1）随意弹出窗口

虽然用户的计算机已经连接了网络，但却没有打开任何浏览器。这时，如果系统突然弹出一个上网窗口，并打开某一个网站，这时就有可能运行了木马。如果用户上网使用的是拨号方式，如果系统突然进行自动拨号，也可能是有木马在运行。另外，在用户操作计算机时，有时会弹出一些警告框或信息提示对话框，这时也可能已运行了木马程序。

(2) 系统配置参数发生改变

有的时候，用户使用的Windows操作系统的配置（如屏幕保护、时间和日期显示、声音控制、鼠标的形状及灵敏度、CD-ROM的自动运行程序等）莫名其妙地被自动更改，系统变得不稳定，开机后就现异常，甚至有时蓝屏或死机。

(3) 频繁地读写硬盘

在计算机上并未进行任何操作时，如果系统很频繁地读写硬盘（硬盘指示灯会不停地闪烁），或者软盘驱动器也经常自动读盘，或者在没有正常程序工作时，系统速度明显降低（比以前要慢好多），这时就可能有木马在运行。

(4) 文件无故丢失，数据被无故删改

在操作系统的任务栏、任务管理器等处显示不认识或者是非用户安装的图标和进程。

(5) 在用户双击运行某个软件的时候，杀毒软件和防火墙出现警告或自动关闭

这意味计算机里面的这个软件已经被木马捆绑在一起了，只要双击那软件就会和木马一起运行。

9.5.6 木马的防治

防治木马的过程，其实就是预先采取一定的措施来预防木马进入系统，即将木马阻止在计算机之外。

1. 防止以电子邮件方式植入木马

目前电子邮件的使用已非常广泛，每一个使用Internet的用户几乎都拥有电子信箱，而大量的木马便利用电子邮件来植入用户的计算机系统。木马在电子邮件中的位置一般有两种：附件和正文。早期的电子邮件正文多使用文本，很显然木马程序是无法隐藏在文本中的，所以只能藏匿在电子邮件的附件中，而且还采取双后缀名方式。一旦用户打开了藏有木马的附件，就将木马植入到了系统中。为预防这类木马，建议用户不要随意打开来路不明的电子邮件的附件。如果确实要打开不确定来历的电子邮件附件时，建议先将其下载到指定的文件夹中，用杀病毒软件查杀病毒并用专用查杀木马工具扫描后再打开。

现在的电子邮件系统支持在正文中直接显示图片、HTML页面等内容，有些电子邮件系统还支持运行语音和视频。例如，当邮件正文中显示了HTML页面，并显示了一些链接时，一般不要点击这些链接。另外，HTML页面中本身也可以隐藏不安全的代码，一旦打开这类邮件，不知不觉中就已感染了计算机病毒或植入了木马。对于利用邮件正文传播的病毒和木马，唯一可行的预防方法是不要打开这类邮件，而将其直接删除。

2. 防止在下载文件时植入木马

计算机网络的特点之一是提供了海量的信息和资源，其中包括一些软件。目前，很多

网络用户已习惯于在网络上搜索和下载所需要的软件，但没有任何人能够保证网络上下载的软件是“干净”的。为了防止在网上下载文件时被植入木马，建议安装在服务器上的所有软件不要使用从网上下载的，对于客户机上使用的软件如果确实需要从网上下载的软件时，建议先将软件下载到某一个指定的文件夹中，用杀病毒软件查杀病毒并用专用查杀木马工具扫描后再安装使用。

建议习惯于从网上下载软件的用户使用专用的下载工具（如 FlashGet），并将文件下载到指定的文件夹中，同时把下载工具和杀病毒或查杀木马软件进行绑定，这样每当下载完一个文件后，下载工具便会利用已绑定的杀病毒或查杀木马软件对其进行自动扫描。以 FlashGet 为例，实现与杀病毒或查杀木马软件绑定的方法为，在 FlashGet 操作窗口中选择“工具→选项→文件管理”，在打开的对话框中选取“下载完毕后进行病毒检查”项，并单击“浏览”按钮，选择本机上已使用的杀病毒或查杀木马的软件名称，同时选择“下载完毕后打开或者查看已下载的文件”复选框。

3. 防止在浏览网页时植入木马

由于 IE 浏览器本身存在的缺陷，许多程序可以在用户不知情的情况下安装在系统中，这也为木马的植入提供了一条途径。加强 IE 的安全性，一方面是使用最新版本的 IE 软件，因为新版本的 IE 修改了老版本的许多不足，尤其在安全性方面得到了提高。同时，在使用任何一个 IE 时，都要及时升级 Services Pack 补丁程序，以修补 IE 存在的漏洞；另一方面是设置 IE 的设置属性，具体方法是在 IE 窗口中，选择“工具→Internet 选项→安全”，打开如图 9.3 所示的对话框。选取安全设置对象栏中的“Internet”后，单击“自定义级别”，在打开的如图 9.4 所示的对话框中把“ActiveX 控件和插件”下的选项全部设置为“禁用”，这样就阻止了 IE 自动下载和执行文件的可能性。

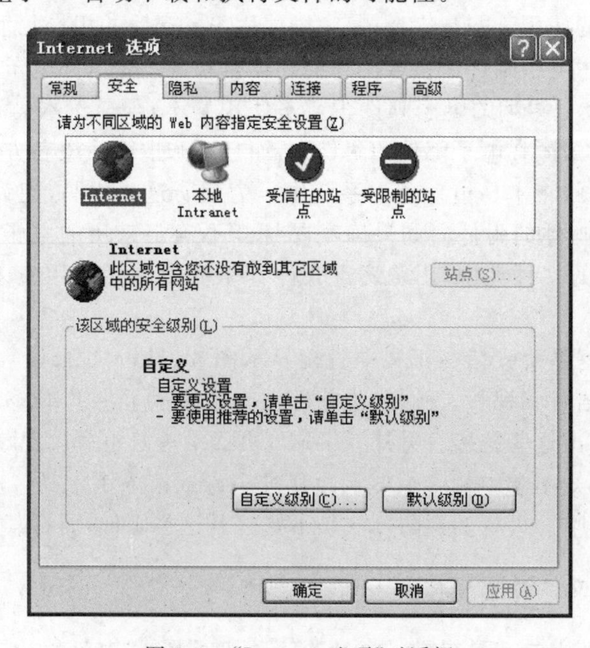

图 9.3 “Internet 选项”对话框

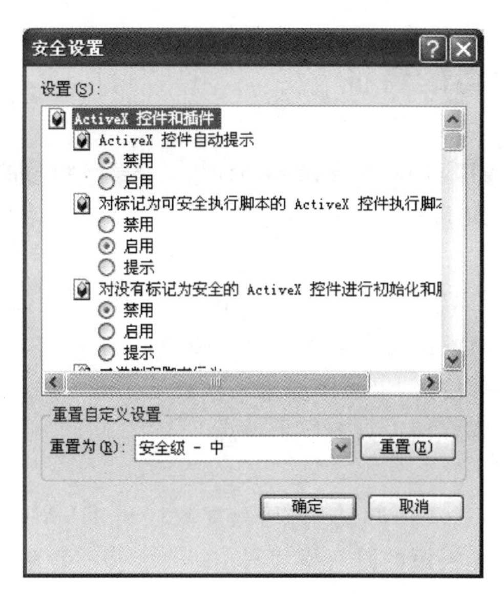

图 9.4　禁用 AeitveX 控件和插件

9.6　脚本病毒的防治

脚本(Script)是使用一种特定的描述性语言,依据一定的格式编写的可执行文件,又称作宏或批处理文件。脚本通常可以由应用程序临时调用并执行。因为脚本不仅可以减小网页的规模和提高网页浏览速度,而且可以丰富网页的表现(如动画、声音等),所以目前各类脚本被广泛地应用于网页设计中。也正因为脚本有这些特点,才被一些别有用心的人所利用。例如在脚本中加入一些破坏计算机系统的命令或直接植入木马等,这样当用户浏览网页时,一旦调用这类脚本,用户的系统便会受到攻击。本节将介绍脚本病毒的特征及其清除和防治方法。

9.6.1　脚本的特征

脚本语言能够嵌入到 HTML 文件中,同时具有解释执行功能。现在大量的 Web 页面都嵌入了脚本语言,同时越来越多的网络应用使用脚本语言来编写。也正是如此,一些别有用心的用户便使用脚本语言来编辑病毒程序(即脚本病毒),并通过网络进行传播。

根据脚本语言的工作原理,可以将其分为两大类:服务器端脚本和客户端脚本。服务器端脚本指由 Web 服务器负责解释执行的脚本,客户端的浏览器只需要显示服务器端的执行结果。ASP、PHP 是常用的服务器端脚本语言。客户端脚本指由浏览器负责解释执行的脚本。常见的客户端脚本语言有 VBScript(VBS)语言和 JavaScript(JS)语言。

9.6.2 脚本病毒的特征

脚本病毒主要是由 VBScript 语言和 JavaScript 语言来编写的计算机病毒，可以直接添加到同类的程序代码（如 HTML）中，通过调用 Windows 组件或对象，直接对注册表、文件系统进行操作。

脚本病毒的传播途径比较多，由于 VBScript 和 JavaScript 编写的代码可以直接插入到 HTML，文件中，同时浏览器也直接支持对这两种语言所编写的代码的解释，所以脚本病毒多通过 Web 页面进行传播，也可以经常插入到电子邮件的附件或通过局域网的共享设置来传播。总的来说，脚本病毒具有以下特点。

(1) 编写简单

即使一个以前对病毒一无所知的用户，只要略懂得 HTML、VBScript 和 JavaScript 语言的编写方法，就可以在很短的时间里编写出一个新型病毒来。例如，下面就是一段通过使用脚本语言显示当前时间的代码。

```
<html>
    <head>
        <title>网页中显示系统日期时间</title>
        <script language = "JavaScript">
            function startTime()
            {
                var today = new Date();
                var yyyy = today.getFullYear();
                var MM = today.getMonth() + 1;
                var dd = today.getDate();
                var hh = today.getHours();
                var mm = today.getMinutes();
                var ss = today.getSeconds();
                MM = checkTime(MM);
                dd = checkTime(dd);
                mm = checkTime(mm);
                ss = checkTime(ss);
                var day;
                if(today.getDay() == 0)    day    =    "星期日 "
                if(today.getDay() == 1)    day    =    "星期一 "
                if(today.getDay() == 2)    day    =    "星期二 "
                if(today.getDay() == 3)    day    =    "星期三 "
                if(today.getDay() == 4)    day    =    "星期四 "
                if(today.getDay() == 5)    day    =    "星期五 "
                if(today.getDay() == 6)    day    =    "星期六 "
                document.getElementById('nowDateTimeSpan').innerHTML = yyyy + " - " + MM + " - "
 + dd + " " + hh + ":" + mm + ":" + ss + "    " + day;
                setTimeout('startTime()',1000);
            }
            function checkTime(i)
```

```
            {
                if (i<10){
                    i="0" + i;
                }
                  return i;
            }
        </script>
    </head>
    <body onload="startTime()">
        当前时间:
<font color="#33FFFF"><span id="nowDateTimeSpan"></span></font>
    </body>
</html>
```

用户只需要使用任何一个文本编辑器来输入这段代码,并将其保存为以 html 为扩展名的文件,当利用浏览器打开时就会直接执行该脚本。

(2) 破坏力大

脚本病毒的破坏力不仅表现在对用户系统文件的破坏上,还可以使邮件服务器崩溃,网络发生严重阻塞。

(3) 感染力强

由于脚本是直接解释执行,而且它不像其他病毒那样需要做复杂的文件格式处理,因此脚本病毒可以直接通过自我复制的方式感染其他同类文件。

(4) 病毒源代码容易被获取,且变种较多

由于 VBS 和 JS 病毒直接解释执行,其源代码的可读性非常强,即使病毒源代码经过加密处理后,其源代码的获取还是比较简单。因此,这类病毒变种比较多,稍微改变一下病毒的结构,或者修改一下特征值,就可以躲过很多杀毒软件的查杀。

(5) 欺骗性强

脚本病毒为了能够迷惑用户而得以运行,往往会对自己进行必要的伪装。例如,有些插入到电子邮件附件中的脚本病毒,它会使用类似“.jpg.vbs”的后缀,由于 Windows 操作系统在默认情况下不会显示后缀,这样用户看到的将是一个 JPG 图片文件。

9.6.3 脚本病毒的防治

脚本病毒一般通过电子邮件的附件、局域网共享和 HTML、ASP、JSP、PHP 网页等方式传播。在传播过程中,脚本病毒要运行起来往往需要其他程序的支持,比如说:需要 FileSystemObject(文件系统对象)的支持;需要通过 Windows 脚本宿主(Windows Scripting Host,WSH)来解释执行;需要其关联程序文件 WScript.exe 的支持;当通过网页传播时需要 ActiveX 控件的支持:当通过电子邮件传播时需要 Outlook 的支持。

1. 网页脚本病毒的防治

根据微软公司权威软件开发指南(Microsoft Developer Network,MSDN)的定义,

ActiveX 控件以前也叫做 OLE 控件或 OCX 控件，它是一些软件组件或对象，可以将其插入到 Web 网页或其他应用程序中。ActiveX 插件技术是国际上通用的基于 Windows 平台的软件技术，除了网络实名插件之外，许多软件均采用此种方式开发，如 Flash 动画播放插件、Microsoft Media Player 插件等。一般软件需要用户单独在操作系统上进行安装，而 ActiveX 控件是当用户浏览到特定的网页时，Internet Explorer 浏览器即可自动下载并提示用户安装。ActiveX 控件安装的一个前提是必须经过用户的同意或确认。为了 ActiveX 插件能够在 IE 浏览器上安全运行，人们设计了多种安全保证措施。

① ActiveX 使用了两个补充性的策略，安全级别和证明，来进一步确保软件安全性。

② Microsoft 公司提供了一套工具，可以用来增加 ActiveX 对象的安全性。

③ 通过 Microsoft 公司的验证代码工具，可以对 ActiveX 控件进行签名，以保证用户的确是控件的作者且没有他人篡改过这个控件。

④ 为了使用验证代码工具对组件进行签名，必须从证书授权机构获得一个数字证书；证书包含表明特定软件程序是正版的信息，这确保了其他程序不能再使用原程序的标识。证书还记录了颁发日期。当用户试图下载软件时，Internet Explorer 会验证证书中的信息，以及当前日期是否在证书的截止日期之前。如果在下载时该信息不是最新的和有效的，Internet Explorer 将显示一个警告。

⑤ 在 Internet Explorer 默认的安全级别中，安装 ActiveX 控件之前，用户可以根据自己对软件发行商和软件本身的信任程度，选择决定是否继续安装和运行此软件。

从组成来看，ActiveX 既包含服务器端技术，也包含客户端技术，其主要内容是如下。

① ActiveX 控制(ActiveX Control)，用于向 Web 页面、Word 等支持 Activex 的容器(Container)中插入 COM 对象。

② ActiveX 文档(ActiveX Document)，用于在 Web 浏览器(主要是 Internet Explorer)或者其他支持 ActiveX 的容器中浏览复合文档(非 HTML 文档)，例如 Word 文档、Excel 文档或者用户自定义的文档等。

③ ActiveX 脚本描述(ActiveX Scripting)，用于从客户端或者服务器端操纵 ActiveX 控制和 Java 程序，传递数据，协调它们之间的操作。

④ ActiveX 服务器框架(ActiveX Server Framework)，提供了一系列针对 Web 服务器应用程序设计各个方面的函数及其封装类，例如服务器过滤器、HTML 数据流控制等。

从 ActiveX 的工作原理可以看出，网页脚本病毒与 ActiveX 控件之间存在着一种依赖关系，如果在技术上保证了 ActiveX 的安全，也就保证了网页的安全。此外，如果将下载 ActiveX 控件和插件的功能全部设置为“禁用”，那么即使浏览了带有脚本病毒的网页，由于 Internet Explorer 无法解析和执行这些 ActiveX 控件，病毒将找不到执行自身的程序，从而避免了脚本病毒入侵网页。如果禁用了 ActiveX 控件，那么浏览带有 ActiveX 控件的网站时，将无法查看和使用一些脚本语言实现的特效。这时，就需要在应用功能与安全之间进行必要的选择。具体配置方法是在桌面上选中“Internet Explorer”，单击鼠标右键，在出现的快捷菜单中选择“Internet 属性”。在打开的对话框中选择“安全”标签，单击其中的“自定义级别”按钮，在打开的新对话框中设置 ActiveX 控件和插件的属性。从安全考虑，对不安全的控件和插件全部设置为“禁用”，同时将“安全级”设置为“高”。

2. 局域网中脚本病毒的防治

一般的企业组建局域网的主要目的是实现资源共享，而局域网中的资源共享正是大多数脚本病毒传播的首选途径。局域网中脚本病毒入侵的方法很简单，脚本病毒主要是利用共享资源的“可写”属性，以将病毒文件放入共享文件夹，或添加到共享文件夹中的文件中。因此，在局域网中预防脚本病毒的方法主要是取消对共享资源的“可写”属性，将其修改为“只读”属性。

另外，在局域网中传播的许多脚本病毒会将自己伪装成为脚本文件，例如病毒文件love.vbs在传播之前为了避开杀毒软件的扫描，便将其修改为双扩展名的文件love.jpg.vbs。由于系统默认脚本文件*.vbs的属性是隐藏的，因此脚本病毒就能“骗过”杀毒软件的检查。因此，在手工清除这类双扩展名的脚本病毒文件时，首先要取消系统默认的隐藏扩展名的设置。

由于脚本病毒在局域网中还会利用邮件附件进行传播，所以在局域网中使用邮件系统时要特别注意，对于来源不明的邮件，建议不要随意打开其附件。如果一定要打开邮件的附件，可将附件下载到指定的磁盘上，然后再利用杀病毒软件对其进行查毒操作，在确认附件没有感染病毒后再打开它。

局域网中的脚本病毒要彻底清除比较困难，因为只要有一台计算机未彻底地清除病毒，就会使局域网中的清除病毒工作前功尽弃。当这台未清除病毒的计算机连接局域网后，病毒就会利用网络很快再次传播开来。

习题

1. 什么是计算机病毒？
2. 病毒代码主要由几部分构成？
3. 计算机病毒分为哪几类？
4. 计算机病毒的主要特征是什么？
5. 简述计算机病毒的工作过程。
6. 计算机病毒的触发机制是什么？病毒的触发条件有哪些？
7. 计算机病毒的检测方法有哪些？
8. 如何对计算机网络病毒进行预防？
9. 蠕虫病毒的特征是什么？蠕虫的感染对象主要有什么？
10. 简述蠕虫的防治方法。
11. 简述木马病毒的基本特征及隐藏方式。
12. 系统运行了木马后的症状表现是什么？
13. 木马主要通过修改Windows系统的哪些文件来达到目的？
14. 简述木马的防治方法。
15. 脚本病毒具有哪些特点？
16. 简述脚本病毒的防治方法。

参考文献

[1] [美]SCHNEIER B.应用密码学：协议、算法与C源程序[M].2版.吴世忠，祝世雄，张文政，译.北京：机械工业出版社，2014.

[2] 邵丽萍.计算机安全技术[M].北京：清华大学出版社，2012.

[3] MICHEAL T G，TAMASSIA R.计算机安全导论[M] 葛秀慧，田浩，等译.北京：清华大学出版社，2012.

[4] 宋秀丽.现代密码学原理与应用[M].北京：机械工业出版社，2012.

[5] ANDERSON R.信息安全工程[M]. 齐宁，韩智文，刘国萍，译.北京：清华大学出版社，2011.

[6] [美]KONHIEM A.计算机安全与密码学[M]. 唐明，王后珍，韩海清，等译.北京：电子工业出版后，2010.

[7] 唐乾林.网络安全系统集成与建设[M].北京：机械工业出版社，2010.

[8] 陈红松.网络安全与管理[M].北京：清华大学出版社，2010.

[9] 王文斌，王黎玲.计算机网络安全[M].北京：清华大学出版社，2010.

[10] 王群.计算机网络安全管理[M].北京：人民邮电出版社，2010.

[11] 吴秀梅.防火墙技术及应用教程[M].北京：清华大学出版社，2010.

[12] 田庚林，田华.计算机网络安全与管理[M].北京：清华大学出版社，2010.

[13] 李洋.Linux安全技术内幕[M].北京：清华大学出版社，2010.

[14] 范荣真.计算机网络安全技术[M].北京：清华大学出版社，2010.

[15] 李治国.计算机病毒防治实用教程[M].北京：机械工业出版社，2010.

[16] 王倍昌.走进计算机病毒[M].北京：人民邮电出版社，2010.

[17] 高焕芝.网络安全技术[M].北京：清华大学出版社，2009.

[18] 付忠勇.网络安全管理与维护[M].北京：清华大学出版社，2009.

[19] [美] OBAIDAT M S，[突尼斯] BOUDRIGA N A.计算机网络安全导论[M]. 毕红军，张凯，译.北京：电子工业出版社，2009.

[20] [美]Behrouz A. Forouzan.密码学与网络安全[M].北京：清华大学出版社，2009.

[21] 罗守山，陈萍，邹永忠，等.密码学与信息安全技术[M].北京：北京邮电大学出版社，2009.

[22] EASTTOM C.计算机安全基础[M]. 贺民，等译.北京：清华大学出版社，2008.

[23] 刘功申，李建华.计算机病毒及其防范技术[M].北京：清华大学出版社，2008.

[24] 孙钟秀，费翔林，骆斌.操作系统教程[M].4版.北京：高等教育出版社，2008.

[25] 徐国爱，张淼，彭俊好.网络安全[M].北京：北京邮电大学出版社，2007.

[26] 谢东青，冷健，熊伟.计算机网络安全技术教程[M].北京：机械工业出版社，2007.

[27] 徐茂智，游林.信息安全与密码学[M].北京：清华大学出版社，2007.

[28] 曹元大.入侵检测技术[M].北京：人民邮电出版社，2007.

[29] 朱文余，孙琦.计算机密码应用基础[M].北京：科学出版社，2007.

[30] 秦志光，张凤荔.计算机病毒原理与防范[M].北京：人民邮电出版社，2007.

[31] 刘永华.Windows Server 2003网络操作系统[M].北京：清华大学出版社，2007.

[32] 张仁斌，等.计算机病毒与反病毒技术[M].北京：清华大学出版社，2006.

[33] 胡昌振.网络入侵检测原理与技术[M].北京：北京理工大学出版社，2006.

[34] 贾春福，郑鹏. 操作系统安全[M].湖北：武汉大学出版社，2006.

[35] 胡向东,魏琴芳.应用密码学教程[M].北京:电子工业出版社,2005.
[36] 杨富国.网络操作系统安全[M].北京:北京交通大学出版社,2005.
[37] [美]BISHOP M.计算机安全学——安全的艺术与科学(英文版)[M].北京:清华大学出版社,2005.
[38] 阎慧,王伟.防火墙原理与技术[M].北京:机械工业出版社,2004.
[39] 黎连业,等.防火墙及其应用技术[M].北京:清华大学出版社,2004.
[40] 罗守山,褚永刚.入侵检测[M].北京:北京邮电大学出版社,2004.
[41] 黄志洪,等.Linux操作系统[M].北京:冶金工业出版社,2003.
[42] [以色列]GOLDREICH O.密码学基础[M].北京:电子工业出版社,2003.
[43] 周学广,刘艺.信息安全学[M].北京:机械工业出版社,2003.
[44] 陆建辉.Linux操作系统[M].北京:机械工业出版社,2002.
[45] 楚狂.网络安全与防火墙技术[M].北京:人民邮电出版社,2000.
[46] TOXEN B.Linux.安全[M].北京:机械工业出版社,2000.